普通高等教育电子信息类系列教材

微控制器原理与接口技术

佘黎煌　张新宇　张　石　编

机　械　工　业　出　版　社

本书以 MCS－51 系列单片机为例介绍单片机的硬件结构、工作原理、指令系统、汇编语言及接口技术、中断系统及单片机应用等，主要内容包括：单片机结构及原理、指令系统、汇编语言程序设计、定时器/计数器、中断系统、串行接口、系统扩展、单片机应用系统的设计与开发等。本书在各章中对关键性内容都结合实例予以说明，并附大量思考题与习题，配套电子课件、程序代码、参考答案等（凡选用本书作为教材的教师均可登录机械工业出版社教育服务网 www. cmpedu. com 下载）。

本书内容全面，通俗易懂，实例丰富，所列举的程序实例具有典型性，并且全部经过调试，有很大的参考价值。

本书可作为高等院校电子信息类专业的教材，也可作为工程技术人员的参考用书，或智能产品开发爱好者的自学用书。

图书在版编目（CIP）数据

微控制器原理与接口技术/佘黎煌，张新宇，张石编．—北京：机械工业出版社，2021.7（2023.7 重印）
普通高等教育电子信息类系列教材
ISBN 978-7-111-68660-6

Ⅰ.①微… Ⅱ.①佘… ②张… ③张… Ⅲ.①微控制器—理论—高等学校—教材 ②微控制器—接口技术—高等学校—教材 Ⅳ.①TP368.1

中国版本图书馆 CIP 数据核字（2021）第 132685 号

机械工业出版社（北京市百万庄大街 22 号 邮政编码 100037）
策划编辑：王玉鑫 责任编辑：王玉鑫 王 荣
责任校对：张晓蓉 封面设计：张 静
责任印制：郜 敏
北京富资园科技发展有限公司印刷
2023 年 7 月第 1 版第 2 次印刷
184mm×260mm · 15 印张 · 371 千字
标准书号：ISBN 978-7-111-68660-6
定价：45.00 元

电话服务 网络服务
客服电话：010-88361066 机 工 官 网：www. cmpbook. com
010-88379833 机 工 官 博：weibo. com/cmp1952
010-68326294 金 书 网：www. golden-book. com
封底无防伪标均为盗版 机工教育服务网：www. cmpedu. com

前 言

MCS－51 单片机在我国发展已有 30 多年的历史，得到了大力推广和广泛应用，从工业控制系统到日常工作和生活的方方面面，以及高等院校的电子电工类技能竞赛都可以见到 MCS－51 单片机的身影，经典的结构使其成为单片机学习的入门首选，得到了广大单片机使用者的推崇。

本书以 MCS－51 系列单片机为例介绍单片机的硬件和软件设计，深入浅出地介绍了 51 系列单片机的基础知识及各种应用开发技术。

本书力求实用，侧重于单片机应用系统的开发过程，力争能够指导学生进行一个完整的单片机应用系统的开发。

本书共 16 章，各章的具体内容如下：

第 1 章介绍了单片机的基本概念和主流单片机的发展历史、现状以及应用领域，包括单片机中最基本的 MCS－51 单片机系列的特点、应用领域，以及目前较为流行的 32 位 ARM 微处理器在传统单片机领域的应用现状和前景。

第 2 章介绍了单片机应用的数学基础，包括单片机中数制的表示及其转换方法，BCD 码、ASCII 码和汉字编码的使用方法。

第 3 章介绍了 MCS－51 单片机结构及原理，包括 MCS－51 单片机的内部硬件结构，单片机的存储系统、时钟等基本结构。

第 4 章介绍了 MCS－51 单片机指令系统，包括单片机指令的格式和使用方法，单片机编程中常用的寻址方式及使用方法，单片机指令系统中常用的算术运算、逻辑运算和控制转移等常用指令的使用方法。

第 5 章介绍了单片机的汇编语言程序设计，包括单片机汇编程序设计的基本方法，几种典型、常用的汇编程序设计结构和使用案例。

第 6 章介绍了单片机存储器的扩展，包括单片机系统总线扩展的基本原理和单片机三种类型总线的使用方法，利用单片机系统总线进行 RAM 和 ROM 扩展的方法和案例。

第 7 章介绍了 MCS－51 单片机的中断系统，包括单片机中断的基本概念和系统结构，中断的处理流程和中断程序设计的三要素法。

第 8 章介绍了 MCS－51 单片机的定时器/计数器，包括定时器/计数器的控制方法和工作方式，定时器/计数器程序的设计案例，定时器/计数器和中断的综合案例。

第 9 章介绍了 MCS－51 单片机 I/O 接口技术，包括单片机 P0、P1、P2 和 P3 四个 I/O 口的内部结构及使用方法，利用单片机的 I/O 口进行 LED 数码管和键盘的接口设计及使用案例。

第 10 章介绍了 MCS－51 单片机并行扩展应用，包括利用单片机并行接口进行 A/D 转换、D/A 转换和字符型 LCM 扩展的使用方法和设计案例。

第 11 章介绍了 MCS－51 单片机的串行接口技术，包括单片机内部串行口的基本结构和使用方法，单片机应用中比较常用的串行口使用案例，如 MCS－51 单片机与 PC 间通信、蓝牙扩展和 RS－485 总线通信等的串行口扩展设计方法。

第 12 章介绍了 MCS－51 单片机的串行扩展技术，包括常用的 IIC 串行总线和 SPI 串行总线的扩展方法和使用案例。

第 13 章介绍了 C51 语言编程基础，包括 C51 语言程序设计的特点和编程方法，C51 语言程序设计中特殊功能寄存器的定义和使用方法、函数和中断程序的设计方法。

第 14 章介绍了单片机应用系统的抗干扰及可靠性设计，包括单片机系统主要的干扰来源，还介绍了供电系统干扰、过程通道干扰和空间干扰的具体形式和抗干扰方法，以及常用的印制电路板抗干扰措施。

第 15 章介绍了单片机的应用实例，包括比较经典的单片机出租车计价器、智能称重电子秤和智能热水器控制系统的设计方法。

第 16 章介绍了 Keil C51 软件的使用和调试方法。

本书的编写是在多轮教学实践的基础上完成的。本书内容充实、系统全面、重点突出，阐述循序渐进、由浅入深，各章均安排了丰富的思考题与习题，便于学生自学和自测。

本书在编写过程中，借鉴了参考文献所列著作的相关内容及网上相关资料。有些文献未能在参考文献中列出，在此向本书引用研究成果的相关公司和作者一并表示衷心的感谢。

本书由余黎煌、张新宇、张石编写。研究生庞晓睿、丛珊和李家伟参与了本书相关资料的收集和整理工作。

由于作者水平有限，书中难免有一些疏漏和不足之处，恳请各位专家和读者批评指正。

编　者

目录

第1章 单片机概述

1.1 单片机的概念

1.1.1 单片机的定义

单片微型计算机简称单片机。它是把组成微型计算机的各功能部件：中央处理器（central processing unit，CPU）、随机存取存储器（RAM）、只读存储器（ROM）、I/O 接口、定时器/计数器以及串行口等制作在一块集成芯片中，构成一个完整的微型计算机。

单片机主要应用于控制领域，它的结构与指令功能都是按照工业控制要求设计的，故又称为微控制器（micro controller unit，MCU）。在国际上，"微控制器"的叫法更通用些，而我国比较习惯用"单片机"这一名称。

单片机在应用时通常嵌入到被控系统当中，即以嵌入的方式工作，为了强调其嵌入的特点，也常常将单片机称为嵌入式微控制器。

1.1.2 单片机内部结构

通常，单片机由单块集成电路芯片构成，内部包含计算机的基本功能部件：CPU、存储器和I/O 接口等。因此，单片机只需要与适当的软件及外部设备相结合，便可成为一个单片机控制系统。

单片机内部结构如图 1-1 所示。

由图 1-1 可见，CPU 是通过内部总线与 ROM、RAM、I/O 接口以及定时器/计数器相连的，这个结构并不复杂，但并不好理解。因此，在分析单片机工作原理前，先对图 1-1 中各部件进行基本介绍是十分必要的。

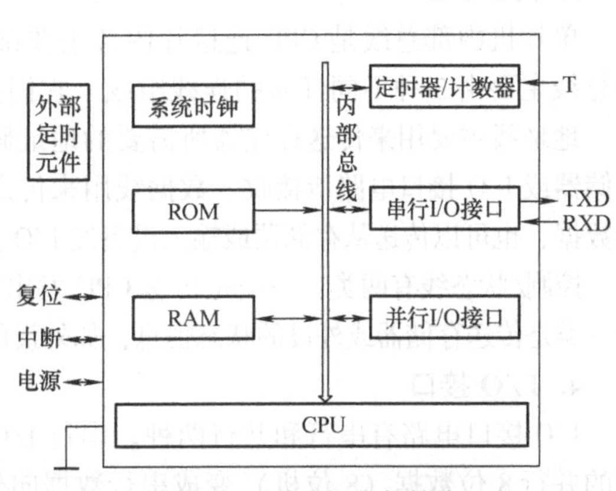

图 1-1 单片机内部结构

1. 存储器

在单片机内部，ROM 和 RAM 是分开制造的。通常，ROM 的容量较大，RAM 的容量较小，这是单片机用于控制的一大特点。

（1）ROM ROM（read only memory，只读存储器）的容量一般为 4KB 或 8KB（kilo byte，千字节），用于存放应用程序，故又称为程序存储器。单片机主要在控制系统中使用，因此一旦该系统研制成功，其硬件和应用程序均已定型。为了提高系统的可靠性，应用程序通常固化在片内 ROM 中。根据片内 ROM 的结构，单片机又可分为无 ROM 型、ROM 型和 EPROM（erasable programmable read only memory，可擦除可编程只读存储器）型三类。近年来，又出现了 EEPROM（electrically-erasable programmable read only memory，电擦除可编程只读存储器）和 flash 型 ROM。

（2）RAM　通常，单片机片内 RAM（random access memory，随机存取存储器）的容量为 128B 或 256B，最大可达 48KB。RAM 主要用来存放实时数据或作为通用寄存器、数据堆栈和数据缓冲器之用，又称为数据存储器。

2. CPU

CPU 的内部结构极其复杂，为了弄清它的基本工作原理，现以图 1-2 中的模型 CPU 结构框图为例加以概述。

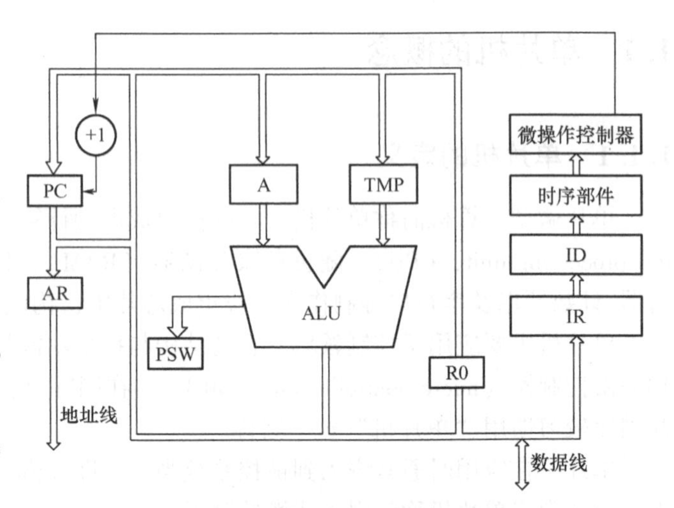

图 1-2　模型 CPU 结构框图

（1）运算器　运算器用于对二进制数进行算术运算和逻辑操作，其操作顺序在控制器控制下进行。运算器由算术逻辑单元 ALU、累加器 A、通用寄存器 R0、暂存器 TMP 和状态寄存器 PSW 组成。

（2）控制器　控制器是发布操作命令的机构，是计算机的指挥中心，相当于人脑的神经中枢。控制器由指令部件、时序部件和微操作控制部件三部分组成。

总之，CPU 是单片机的核心部件，它通常由上述的运算器、控制器和中断电路等组成。CPU 进行算术运算和逻辑操作的字长同样有 4 位、8 位、16 位和 32 位之分，字长越长，运算速度越快，数据处理能力也就越强。

3. 内部总线

单片机内部总线是 CPU 连接片内各主要部件的纽带，是各类信息传送的公共通道。内部总线主要由 3 种不同性质的连线组成，它们是地址线、数据线和控制/状态线。

地址线主要用来传送存储器所需要的地址码或外部设备的设备号，通常由 CPU 发出并被存储器或 I/O 接口电路所接收。数据线用来传送 CPU 写入存储器或经 I/O 接口送到输出设备的数据，也可以传送从存储器或输入设备经 I/O 接口读入的数据。因此，数据线通常是双向信号线。控制/状态线有两类：一类是传送 CPU 发出的控制命令，如读命令、写命令、中断响应等；另一类是传送存储器或外设的状态信息，如外设的中断请求、存储器忙和系统复位信号等。

4. I/O 接口

I/O 接口电路有串行和并行两种。串行 I/O 接口电路用于串行通信，它可以把单片机内部的并行 8 位数据（8 位机）变成串行数据向外传送，也可以串行接收外部送来的数据并把它们变成并行数据送给 CPU 处理。并行 I/O 接口电路可以使单片机和存储器或外设之间并行地传送 8 位数据（8 位机）。

1.1.3 单片机应用系统与单片机开发系统

1. 单片机与单片机系统

单片机通常是指芯片本身，它是由芯片制造商生产的，在它上面集成的是一些作为基本组成部分的运算器电路、控制器电路、存储器、中断系统、定时器/计数器以及I/O接口电路等。但一个单片机芯片并不能把计算机的全部电路都集成到其中，例如组成谐振电路和复位电路的石英晶体、电阻器、电容器等，这些元件在单片机系统中只能以散件的形式出现。此外，在实际的控制应用中，常常需要扩展外部电路和外部芯片。从中可以看到单片机和单片机系统的差别，即单片机只是一个芯片，而单片机系统则是在单片机芯片的基础上扩展其他电路或芯片构成的具有一定应用功能的计算机系统。

通常所说的单片机系统都是为实现某一控制应用需要由用户设计的，是一个围绕单片机芯片而组建的计算机应用系统。在单片机系统中，单片机处于核心地位，是构成单片机系统的硬件和软件基础。

学习单片机时，既要学习单片机也要学习单片机系统，即单片机芯片内部的组成和原理，以及单片机系统的组成方法。

2. 单片机应用系统与单片机开发系统

如前所述，单片机应用系统是为控制应用而设计的，该系统与控制对象结合在一起使用，是单片机开发应用的成果。但由于软硬件资源所限，单片机系统本身不能实现自我开发，要进行系统开发设计，必须使用专门的单片机开发系统。

单片机开发系统是单片机系统开发调试的工具。早期，人们曾把逻辑分析仪作为单片机应用系统的开发工具来使用，但由于功能有限，只能用于简单的单片机系统；对于复杂的单片机系统，可使用微型计算机来进行应用开发，人们把能开发单片机的微型计算机称为微型机开发系统（microcomputer development system，MDS）；此外，还有专门的单片机开发系统，称为在线仿真器（in circuit emulator，ICE），通过它可以进行单片机应用系统的软、硬件开发和EPROM写入。

其实仿真器本身也是一个单片机系统，只不过它是一个用于设计系统的系统。当设计单片机应用系统时，首先要根据所使用的单片机型号购买一台相应的在线仿真器，然后才能开展设计工作。

虽然仿真器要比一般的单片机系统复杂，但其规模和功能与微型计算机还无法相比。例如，在仿真器中没有像微型计算机那样复杂的操作系统，而只使用称之为监控程序的简单管理程序；另外，绝大多数仿真器中也不具有汇编程序，用户的汇编语言应用程序要拿到其他微型计算机上通过交叉汇编，才能得到供单片机使用的二进制目标码程序。

1.1.4 单片机程序设计语言和软件

这里谈到的单片机程序设计语言和软件，主要是指在开发系统中使用的语言和软件。在单片机开发系统中使用机器语言、汇编语言和高级语言，而在单片机应用系统中只使用机器语言。

机器语言是用二进制代码表示的单片机指令，用机器语言构成的程序称为目标程序。汇编语言是用符号表示的指令，汇编语言是对机器语言的改进，是单片机最常用的程序设计语言。虽然机器语言和汇编语言都是高效的计算机语言，但它们都是面向机器的低级语言，不便于记忆和使用，且与单片机硬件关系密切，这就要求程序设计人员必须精通单片机的硬件系统和指令系统。

单片机的应用程序设计有简单的一面，因为它们大多是控制程序，而且一般程序都不太长。但是单片机程序设计也有复杂的一面，因为编写单片机程序主要使用汇编语言，使用起来有一定的难度，而且由于单片机应用范围广泛，面对多种多样的控制对象、目标和系统，很少有现成的程序可供借鉴，这与微型机在数值计算和数据处理等应用领域中有许多成熟的经典程序可供直接调用或模仿有很大的不同。

1.2 单片机的发展

1.2.1 单片机的发展概述

在 1970 年微型计算机研制成功之后，单片机就随之出现了。1976 年，Intel 公司首先推出了 MCS－48 系列的单片机，它具有体积小、功能全、价格低等特点，获得了广泛的应用，为单片机的发展奠定了基础。

单片机的发展历史大致可分为 3 个阶段。

第 1 阶段（1976—1978 年）：这是单片机刚开始出现时的初级阶段，以 Intel 公司的 MCS－48 系列为代表，此系列单片机具有 8 位 CPU、并行 I/O 接口、8 位时序同步计数器，寻址范围≤4KB，但没有串行口。

第 2 阶段（1978—1982 年）：高性能单片机阶段，如 Intel 公司的 MCS－51、Motorola 公司的 6801 和 Zilog 公司的 Z－8 等系列。该类单片机具有串行口、多级中断处理系统和 16 位时序同步计数器，RAM 和 ROM 容量加大，寻址范围可达 64KB，有的芯片还有 A/D 转换接口。

第 3 阶段（1982 年至今）：8 位单片机改良型及 16 位与 32 位单片机阶段，如 Intel 公司的 16 位单片机 MCS－96 系列、32 位单片机 ARM 系列。

Intel 公司在 20 世纪 80 年代初发布了 MCS－51 系列单片机，其代表芯片包括基本型 8051/8751/8031 和增强型 8052/8752/8032，随后几年又相继推出了 80C51/87C51/80C31 和 80C52/87C52/80C32，这些统称为 51 系列单片机。

到目前为止，世界各地厂商研制出大约 50 个系列、300 多个各具特色的单片机产品。尽管目前单片机的品种繁多，但其中最具典型性的仍属 Intel 公司的 MCS－51 系列单片机和以 51 技术为内核的众多派生单片机产品，目前市场上流行并占据主导地位的仍是 51 内核及其兼容单片机。这些单片机和 MCS－51 单片机的指令完全兼容，资料和开发设备比较齐全，价格也比较便宜。另外，从学习的角度来看，有了 51 单片机的基础后，再学习其他单片机则非常容易。这也正是学习单片机技术要从学习 MCS－51 单片机开始的原因。

1.2.2 单片机与嵌入式系统

现在，单片机已成为科技领域的有力工具和人类生活的得力助手。它的应用遍及各个领域，应用形式主要为嵌入式。

1. 嵌入式系统的定义

所谓嵌入式系统（embedded system），实际上是嵌入式计算机系统的简称，它是相对于通用计算机而言的。

简言之，嵌入式系统就是一个嵌入到对象（目标）系统中的专用计算机系统，这个计算机系统就成为系统的一部分。它是面向产品、面向实际应用的系统，主要用于对目标系统各种信号的处理和控制，应用范围遍及各个领域，通常要求它具有很高的可靠性和稳定性。

2. 嵌入式处理器的分类

嵌入式计算机是嵌入式系统的核心，它是一种软、硬件高度专业化的特定计算机，它的核心部件是嵌入式处理器，根据目前的发展现状，嵌入式处理器可以分成下面几类：

（1）嵌入式微处理器（embedded microprocessor unit，EMPU） 微处理器实际是计算机或单片机的CPU。目前采用的嵌入式微处理器主要是32位的，常用的型号有ARM、MIPS、AM186/88、68000等，其中广为流行的是ARM，ARM是Advanced RISC（reduced instruction set computer）Machines的缩写，是设计ARM处理器技术的公司（英国公司）简称，同时可以认为它是一种技术的名称，它几乎变成32位微处理器的代名词，目前全世界较大的半导体厂家都在利用ARM技术。

ARM微处理器是一个32位元精简指令集（RISC），具有性能高、廉价、耗能低等特点，适用于多个领域。目前的ARM微处理器主要包括Classic处理器、Cortex-A系列处理器、Cortex-M系列处理器、Cortex-R系列处理器以及Secur Core系列处理器。

（2）微控制器 微控制器即单片机。为适应不同的应用需求，一般一个系列的单片机具有多种衍生产品，每种衍生产品的处理器内核都是一样的，不同的是存储器和外设的配置及封装，这样可以使单片机最大限度地和应用需求相匹配，从而减少功耗和成本，提高可靠性。

（3）嵌入式DSP（embedded digital signal processor，EDSP）处理器 为满足数字滤波、FFT、谱分析等运算量大的智能系统的要求，DSP算法已经大量进入嵌入式领域。为适合执行DSP算法，DSP处理器对系统结构和指令进行了特殊设计，使其编译效率较高，指令执行速度也较快，能满足高速算法的要求。实际上现在已经出现了很多DSP单片机，它是把单片机中的CPU改为DSP内核，其他基本不变。

DSP处理器的典型产品是TI公司的TMS320系列、Motorola公司的DSP56800系列等。

（4）嵌入式片上系统（system on chip，SoC） 随着电子技术、半导体技术的迅速发展，已经实现了把嵌入式系统的大部分功能集成到一块芯片上去，这就是SoC，芯片上除了具有计算机的主要部件之外，还增加了A/D、D/A及通信单元等用户需要的各种功能模块。这使应用系统电路板变得更简洁，体积更小，功耗更低，可靠性更高。

在上述4种嵌入式处理器中，单片机应用最广泛，因为它有专门为嵌入式应用设计的体系结构和指令系统，此外，它还具有体积小、价格低、易于掌握和普及的特点。

1.2.3 单片机的产品类型

自从8位单片机诞生至今已40多年，在百花齐放的单片机家族中，Intel公司的MCS-51以其典型的结构和完善的总线管理，众多的逻辑位操作功能及面向控制的丰富的指令系统，堪称一代“名机”，为其他单片机的发展奠定了基础。正因为其优越的性能和完善的结构，导致后来的许多半导体厂商多沿用或参考MCS-51体系结构，以8051为基核，推出了许多兼容性单片机产品，丰富和发展了MCS-51单片机，形成了品种丰富的80C51系列产品。

1. MCS-51 系列

MCS-51 是 Intel 公司生产的单片机系列名称，属于这一系列的单片机有 8051/8751/8031、8052/8752/8032、80C51/87C51/80C31、80C52/87C52/80C32 等。该系列生产工艺有 HMOS（具有高速度和高密度的特点）和 CHMOS（具有 CMOS 低功耗和 HMOS 高速度、高密度的特点）两种工艺。在产品型号中凡带有字母“C”的即为 CHMOS 芯片。CHMOS 芯片的电平既能与 TTL（transistor-transistor logic，晶体管晶体管逻辑）电平兼容，又与能 CMOS 电平兼容。

2. 80C51 系列

80C51 是 MCS-51 系列中 CHMOS 工艺的一个典型品种，其他厂商以 8051 为基核开发出的 CMOS 工艺单片机产品统称为 80C51 系列。当前常用的 80C51 系列单片机产品种类繁多，性能各异，各有所长。

（1）Philips 公司的 80C51 系列单片机　在 Intel 公司将 MCS-51 系列技术转让给 Philips 公司后，Philips 公司的主要任务是改善其性能。在原来的基础上发展了高速 I/O 接口、A/D 转换器、PWM（脉宽调制）、WDT（看门狗定时器）、复位电路等增强功能，并将低电压、微功耗、掉电检测、扩展串行总线（IIC）和控制网络总线（CAN）等功能加以完善。

在同一时钟频率下，Philips 公司的 80C51 系列单片机的运行速度是 8051 的 6 倍，在应用编程（IAP）和在线编程（ILP）功能允许用户 EPROM 实现简单的串行代码编程，使得程序存储器可用于非易失性数据的存储。

（2）Atmel 公司的 AT89 系列单片机　Atmel 公司推出的 AT89 系列兼容 80C51 的单片机，完美地将 flash（非易失闪存技术）EEPROM 与 80C51 内核结合起来，仍采用 80C51 的总体结构和指令系统，flash 的可反复擦写程序存储器能有效地降低开发费用，并能使单片机做多次重复使用，在我国单片机应用产品中被大量使用。

Atmel 的 8 位单片机有 AT89、AT90 两个系列。AT89 系列单片机是 8 位 flash 单片机，与 80C51 系列单片机相兼容，静态时钟模式；AT90 系列单片机是增强 RISC 结构、全静态工作方式、内载在线可编程 flash 的单片机，也称为 AVR 单片机。

（3）宏晶公司（STC）的 STC89 系列单片机　宏晶公司的 STC89 系列单片机是以 80C51 为内核派生出的一款低成本、高性能的单片机，增加了大量的新功能。STC89C51RC/RD + 系列单片机支持 ISP（在系统编程）及 IAP（在应用编程）技术。使用 ISP 技术可以不需要编程器，而直接在用户系统板上烧录用户程序，修改调试非常方便。利用 IAP 技术能将内部部分专用 flash 当作 EEPROM 使用，实现停电后保存数据的功能，擦写次数为 10 万次以上，可省去外接 EEPROM（如 93C46、24C02 等）。而且指令代码完全兼容传统 80C51，硬件无须改动，加密性好，抗干扰强。

（4）SST 公司的 SST89 系列单片机　SST 公司生产的 SST89 系列单片机以 80C51 为内核，与 MCS-51 系列单片机完全兼容。

（5）Siemens 公司的 C500 系列单片机　Siemens 公司也沿用 80C51 的内核，相继推出了 C500 系列单片机，在保持了与 80C51 指令兼容的前提下，其产品的性能得到了进一步的提升，特别是在抗干扰性能、电磁兼容和通信控制总线功能上独树一帜，其产品常用于工作环境恶劣的场合，也适用于通信和家用电器控制领域。

（6）Winbond 公司的 W78/W77 系列单片机　我国台湾地区的 Winbond 公司也开发了一系列兼容 80C51 的单片机，其产品具备丰富的功能特性，而且以其质优价廉在市场也占有一定的份额。W78系列与标准的80C51兼容，W77系列为增强型80C51系列，对80C51的时序做了改进，在同样时钟频率下，速度提高了2.5倍。flash ROM容量为4~64KB，有ISP功能。

1.3　单片机的应用领域

现在单片机的应用已极为广泛，下面仅就一些典型方面进行介绍。

1. 工业自动化方面

自动化能使工业系统处于最佳状态、提高经济效益、改善产品质量和减轻劳动强度。因此，自动化技术广泛应用于机械、电子、电力、石油、化工、纺织、食品等轻、重工业领域中，而在工业自动化技术中，无论是过程控制技术、数据采集和测控技术，还是生产线上的机器人技术，都需要有单片机的参与。

在工业自动化的领域中，机电一体化技术将发挥越来越重要的作用，在这种集机械、微电子和计算机技术于一体的综合技术中，单片机将发挥越来越大的作用。

2. 仪器仪表方面

现代仪器仪表（如测试仪表和医疗仪器等）的自动化和智能化要求越来越高，对此最好使用单片机来实现，而单片机的使用又将加速仪器仪表向数字化、智能化、多功能化和柔性化方向发展。

此外，单片机的使用还有助于提高仪器仪表的精度和准确度，简化结构、减小体积及重量使其易于携带和使用，并具有降低成本，增强抗干扰能力，便于增加显示、报警和自诊断等功能。

3. 家用电器方面

当前，家用电器产品的一个重要发展趋势是不断提高其智能化程度，而家电智能化程度的进一步提高就需要有单片机的参与，所以生产厂家常标榜“电脑控制”以提高其产品的档次（如洗衣机、电冰箱、空调机、微波炉、电视机和音像视频设备等），这里所说的“电脑”实际上就是单片机。

智能化家用电器将让我们更加的舒适和方便，进一步改善我们的生活质量，把我们的生活变得更加丰富多彩。

4. 信息和通信产品方面

信息和通信产品的自动化和智能化程度很高，这当然离不开单片机的参与。例如计算机的外部设备（键盘、打印机、磁盘驱动器等）和自动化办公设备（传真机、复印机、考勤机、电话机等），都有单片机在其中发挥着作用。

5. 军事装备方面

科技强军、国防现代化离不开计算机，在现代化的飞机、军舰、坦克、大炮、导弹、火箭和雷达等各种军用装备上，都有单片机运用其中。

思考题与习题

1. 简述单片机的定义。
2. 简述单片机和单片机系统的区别。
3. 单片机的应用领域有哪些？

第2章 计算机应用的数学基础

计算机是用于处理数字信息的，作为计算机的重要分支，单片机也是如此。各种数据及非数据信息在进入计算机前必须转换成二进制数或二进制编码。下面介绍计算机中常用的数制和数的编码以及数的表示。

2.1 计算机中的数制及数的转换

迄今为止，所有计算机都以二进制形式进行算术运算和逻辑操作，微型计算机也不例外。因此，对于用户在键盘上输入的十进制数字和符号命令，微型计算机必须先把它们转换成二进制形式进行识别、运算和处理，然后再把运算结果还原成十进制数字和符号，并在显示器上显示出来。

虽然上述过程十分烦琐，但都由计算机自动完成。为了使读者最终弄清楚计算机的这一工作机理，先对计算机中常用的数制和数制间数的转换进行讨论。

2.1.1 计算机中的数制

数制是指数的制式，是人们利用符号计数的一种科学方法。数制是人类在长期的生存斗争和社会实践中逐步形成的。数制有很多种，微型计算机中常用的数制有十进制、二进制、八进制和十六进制等。现对十进制、二进制和十六进制3种数制进行讨论。

1. 十进制（decimal）

十进制是大家很熟悉的进位计数制，它共有0、1、2、3、4、5、6、7、8和9十个数字符号。这十个数字符号又称为数码，每个数码在数中最多可有两个值的概念。例如，十进制数45中的数码4，其本身的值为4，但它实际代表的值为40。在数学上，数制中数码的个数定义为基数，故十进制数的基数为10。

十进制是一种科学的计数方法，它能表示的数的范围很大，可以从无限小到无限大。十进制数的主要特点如下：

1）它有0~9十个不同的数码，这是构成所有十进制数的基本符号。

2）它是逢10进位。十进制数在计数过程中，当它的某位计满10时就要向它邻近的高位进1。

因此，任何一个十进制数不仅与构成它的每个数码本身的值有关，而且还与这些数码在数中的位置有关。这就是说，任何一个十进制数都可以展开成幂级数形式。例如：

$$123.45=1\times10^{2}+2\times10^{1}+3\times10^{0}+4\times10^{-1}+5\times10^{-2}$$

其中，指数10^2、10^1、10^0、10^{-1}和10^{-2}在数学上称为权，10为它的基数；整数部分中每位的幂是该位位数减1；小数部分中每位的幂是该位小数的位数。

通常，任意一个十进制数N均可表示为

$$N = \pm(a_{n-1} \times 10^{n-1} + a_{n-2} \times 10^{n-2} + \cdots + a_0 \times 10^0 + a_{-1} \times 10^{-1} + a_{-2} \times 10^{-2} + \cdots + a_{-m} \times 10^{-m})$$

$$= \pm \sum_{i=n-1}^{-m} a_i \times 10^i$$

式中，i为数中任一位，是一个变量；a_i为第i位的数码；n为该数整数部分的位数；m为小数部分的位数。

2. 二进制（binary）

二进制比十进制更为简单，它是随着计算机的发展而发展起来的。二进制数的主要特点如下：

1）它共有0和1两个数码，任何二进制数都由这两个数码组成。

2）二进制数的基数为2，它奉行逢2进1的进位计数原则。

因此，二进制数同样也可以展开成幂级数形式，不过内容有所不同。例如：

$$\begin{aligned} 10110.11B &= 1 \times 2^4 + 0 \times 2^3 + 1 \times 2^2 + 1 \times 2^1 + 0 \times 2^0 + 1 \times 2^{-1} + 1 \times 2^{-2} \\ &= 1 \times 2^4 + 1 \times 2^2 + 1 \times 2^1 + 1 \times 2^{-1} + 1 \times 2^{-2} \\ &= 22.75 \end{aligned}$$

其中，指数2^4、2^3、2^2、2^1、2^0、2^{-1}和2^{-2}为权，2为基数，其余和十进制时相同。

为此，任何二进制数N的通式为

$$N = \pm(a_{n-1} \times 2^{n-1} + a_{n-2} \times 2^{n-2} + \cdots + a_0 \times 2^0 + a_{-1} \times 2^{-1} + a_{-2} \times 2^{-2} + \cdots + a_{-m} \times 2^{-m})$$

$$= \pm \sum_{i=n-1}^{-m} a_i \times 2^i$$

式中，a_i为第i位数码，可取0或1；n为该数整数部分的位数；m为小数部分的位数。

3. 十六进制（hexadecimal）

十六进制是人们学习和研究计算机中二进制数的一种工具，它随着计算机的发展而被广泛应用。十六进制数的主要特点如下：

1）它有0、1、2……9、A、B、C、D、E、F共16个数码，任何一个十六进制数都是由其中的一些或全部数码构成的。

2）十六进制数的基数为16，进位计数为逢16进1。

十六进制数也可展开成幂级数形式。例如：

$$70F.B1H = 7 \times 16^2 + F \times 16^0 + B \times 16^{-1} + 1 \times 16^{-2} = 1807.6914$$

其通式为

$$N = \pm(a_{n-1} \times 16^{n-1} + a_{n-2} \times 16^{n-2} + \cdots + a_0 \times 16^0 + a_{-1} \times 16^{-1} + a_{-2} \times 16^{-2} + \cdots + a_{-m} \times 16^{-m})$$

$$= \pm \sum_{i=n-1}^{-m} a_i \times 16^i$$

式中，a_i为第i位数码，取值为0~F中的一个；n为该数整数部分的位数；m为小数部分的位数。

为方便起见，现将部分十进制、二进制和十六进制数的对照表列于表2-1中。

表 2-1　部分十进制、二进制和十六进制数的对照表

整　数			小　数		
十进制	二进制	十六进制	十进制	二进制	十六进制
0	0000	0	0	0	0
1	0001	1	0.5	0.1	0.8
2	0010	2	0.25	0.01	0.4
3	0011	3	0.125	0.001	0.2
4	0100	1	0.0625	0.0001	0.1
5	0101	5	0.03125	0.00001	0.08
6	0110	6	0.015625	0.000001	0.04
7	0111	7			
8	1000	8			
9	1001	9			
10	1010	A			
11	1011	B			
12	1100	C			
13	1101	D			
14	1110	E			
15	1111	F			
16	10000	10			

在计算机内部，数的表示形式是二进制。这是因为二进制数只有 0 和 1 两个数码，用它可以很容易表示晶体管的导通和截止、脉冲的高电平和低电平等。此外，二进制数运算简单，便于用电子线路实现。

采用十六进制可以大大减轻阅读和书写二进制数时的负担。例如：

$$11011011B = DBH$$

$$1001001111110010B = 93F2H$$

显然，采用十六进制数描述一个二进制数特别简短，尤其在被描述二进制数的位数较长时，更令计算机工作者感到方便。

在阅读和书写不同数制的数时，如果不在每个数上外加一些辨认标记，就会混淆，从而无法分清。通常，标记方法有两种：一种是把数加上方括号，并在方括号的右下角标注数制代号，如 $[101]_{16}$、$[101]_2$ 和 $[101]_{10}$ 分别表示十六进制、二进制和十进制数；另一种是用英文字母标记，加在被标记数的后面，即用 B、D 和 H 分别表示二进制、十进制和十六进制数，如 89H 为十六进制数、101B 为二进制数，表示十进制数时 D 也可以省略。

2.1.2　计算机中数制间数的转换

计算机采用二进制数操作，但人们习惯于使用十进制数，这就要求计算机能自动对不同数制的数进行转换。下面暂且不讨论计算机怎样进行这种转换，先来看看在数学中如何进行上述 3 种数制间数的转换，如图 2-1 所示。

1. 二进制数和十进制数间的转换

（1）二进制数转换成十进制数　转换时只要把欲转换的数按权展开后相加即可，也可以从小数点开始每 4 位一组按十六进制的权展开并相加。

例如：

$$11010.01B = 1\times2^4 + 1\times2^3 + 1\times2^1 + 1\times2^{-2} = 26.25$$

$$11010.01B = 1A.4H = 1\times16^1 + 10\times16^0 + 4\times16^{-1} = 26.25$$

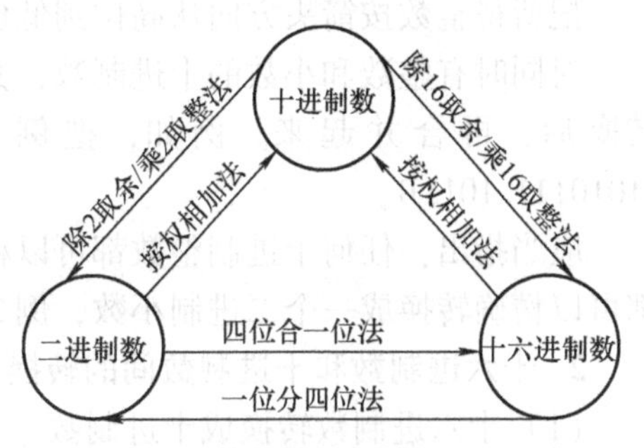

图 2-1　3 种数制间数的转换方法示意图

（2）十进制数转换成二进制数　该转换过程是上述转换过程的逆过程，但十进制整数和小数转换成二进制整数和小数的方法是不相同的，现分别进行介绍。

1）十进制整数转换成二进制整数的方法有很多种，但最常用的是除 2 取余法。除 2 取余法是用 2 连续去除要转换的十进制数，直到商 <2 为止，然后把各次余数按最后得到的为最高位、最先得到的为最低位，依次排列起来所得到的数便是所求的二进制数。现举例加以说明。

[例 2-1]　试求十进制数 215 的二进制数。

解：把 215 连续除以 2，直到商 <2，相应竖式为

除数	被除数/商		余数	
2	215	……	余1	最低位
2	107	……	余1	↑
2	53	……	余1	
2	26	……	余0	
2	13	……	余1	
2	6	……	余0	
2	3	……	余1	
	1	……	余1	最高位

把所得余数按箭头方向从高位到低位排列起来便可以得到：215 = 11010111B。

2）十进制小数转换成二进制小数通常采用乘 2 取整法。乘 2 取整法是用 2 连续去乘要转换的十进制小数，直到所得积的小数部分为 0 或满足所需精度为止，然后把各次整数按最先得到的为最高位、最后得到的为最低位，依次排列起来所得到的数便是所求的二进制小数，现结合实例加以说明。

[例 2-2]　试把十进制小数 0.6879 转换为二进制小数。

解：把 0.6879 不断地乘 2，取每次所得乘积的整数部分，直到乘积的小数部分满足所需精度，相应竖式为

0.6879 × 2 = 1.3758	……	取整数1	最高位
0.3758 × 2 = 0.7516	……	取整数0	↓
0.7516 × 2 = 1.5032	……	取整数1	
0.5032 × 2 = 1.0064	……	取整数1	最低位

把所得整数按箭头方向从高位到低位排列后得到：0. 6879≈0. 1011B。

对同时有整数和小数的十进制数，其转化成二进制数的方法是：对整数和小数部分分开转换后，再合并起来。例如，把例 2-1 和例 2-2 合并起来便可得到：215. 6879 ≈ 11010111. 1011B。

应当指出：任何十进制整数都可以精确转换成一个二进制整数，但不是任何十进制小数都可以精确转换成一个二进制小数，例 2-2 中的情况就是一例。

2. 十六进制数和十进制数间的转换

（1）十六进制数转换成十进制数　十六进制数转换成十进制数的转换方法和二进制数转换成十进制数的方法类似，即可以把十六进制数按权展开后相加。例如：

$$3FEAH = 3\times16^3 + 15\times16^2 + 14\times16^1 + 10\times16^0 = 16362$$

（2）十进制数转换成十六进制数

1）与十进制整数转换成二进制整数类似，十进制整数转换成十六进制整数可以采用除 16 取余法。除 16 取余法是用 16 连续去除要转换的十进制整数，直到商 < 16 为止，然后把各次余数按逆序排列起来所得的数，便是所求的十六进制数。

［**例 2-3**］　求 3901 所对应的十六进制数。

解：把 3901 连续除以 16，直到商 < 16，相应竖式为

16 | 3901	…………………	余13	写作D	最低位
16 | 243	…………………	余3	写作3	↑
15	…………………	余15	写作F	最高位

所以，3901 = F3DH。

2）十进制小数转换成十六进制小数的方法类似于十进制小数转换成二进制小数，常采用乘 16 取整法。乘 16 取整法是把欲转换的十进制小数连续乘以 16，直到所得乘积的小数部分为 0 或达到所需精度为止，然后把各次整数按得到的顺序排列起来，所得的数便是所求的十六进制小数。

［**例 2-4**］　求 0. 76171875 的十六进制数。

解：把 0. 76171875 连续乘以 16，直到所得乘积的小数部分为 0，相应竖式为

```
   0.76171875
×          16
─────────────
  12.18750000 ………………… 取整数12    写作C    最高位
   0.18750000                                    │
×          16                                    │
─────────────                                    ↓
   3.00000000 ………………… 取整数3     写作3    最低位
```

所以，0. 76171875 = 0. C3H。

3. 二进制数和十六进制数间的转换

二进制数和十六进制数间的转换十分方便，这就是人们要采用十六进制形式对二进制数加以表达的原因。

（1）二进制数转换成十六进制数　二进制数转换成十六进制数可采用四位合一位法。四位合一位法是从二进制数的小数点开始，或左或右每 4 位一组，不足 4 位以 0 补足，然后分别把每组用十六进制数码表示，并按序相连。

［例 2-5］　若把 1101111100011.10010100B 转换为十六进制数，则有

0001	1011	1110	0011	1001	0100
1	B	E	3	9	4

所以 1101111100011.10010100B = 1BE3.94H。

（2）十六进制数转换成二进制数　转换方法是把十六进制数的每位分别用 4 位二进制数码表示，然后把它们连在一起。

［例 2-6］　若把十六进制数 3AB.7A5H 转换为一个二进制数，则有

3	A	B	.	7	A	5
0011	1010	1011		0111	1010	0101

所以，3AB.7A5H = 1110101011.011110100101B。

2.2　计算机中数的表示

2.2.1　计算机中数的表示方法

在讨论计算机如何对有符号数或无符号数进行运算和处理之前，先弄清计算机中数的表示方法十分必要。在计算机中，小数和整数都是以二进制形式表示的，但对小数点通常有定点和浮点两种表示方法。小数点采用定点表示法的称为定点机，采用浮点表示法的称为浮点机。

1. 定点机中数的表示方法

在定点计算机中，二进制数的小数点位置是固定不变的，小数点位置可以固定在数值位之前，也可以固定在数值位之后。前者称为定点小数计算机，后者称为定点整数计算机。

在理论和习惯上，小数点固定在中间位置比较合适，但因为它所能表示的数既有整数部分又有小数部分，会给数在数制间替换带来麻烦，故这种方法通常并不被计算机设计师们所采用。

（1）定点整数表示法　在采用定点整数表示法的计算机中，小数点位置被固定在数值位之后。因此，这种计算机在实际运算前应先把参加运算的数（二进制形式）按适当比例替换成纯整数，并在运算后把结果操作数按同一比例还原后输出。设 N 为某一定点二进制整数，其表示形式为

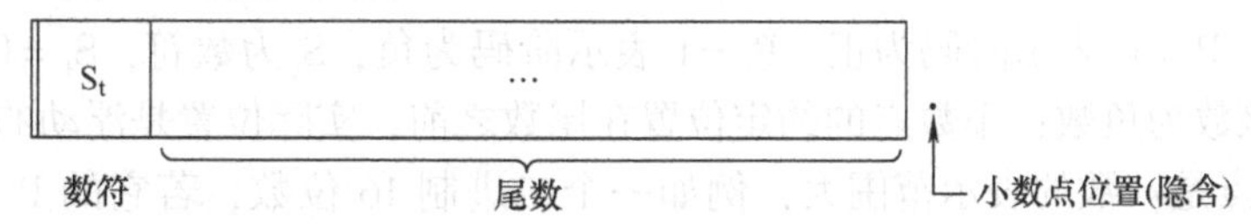

其中，S_t 为数符，$S_t = 0$ 表示 N 为正数；$S_t = 1$ 表示 N 为负数。

数的表示形式在大多数计算机中都采用定点整数法，MCS-51 单片机也是一种定点整数计算机。因此，MCS-51 单片机只能对二进制整数进行直接运算和处理，它在遇到二进制小数时必须把该小数按比例扩大成二进制整数后进行处理，并在处理完成后再按同一比例缩小后进行输出。

定点整数表示法的优点是：运算规则简单，它所能表示的数的范围没有相同位数的浮点法大。例如，一个16位的二进制定点整数N，若它的S_t占一位，尾数为15位，则它所能表示的原码数的范围为

$$|N| \leqslant \underbrace{11\cdots11}_{15位} = 1\underbrace{00\cdots00}_{15位} - 1 = 2^{15} - 1$$

近似形式为$-2^{15} \leqslant N \leqslant 2^{15}$。

（2）定点小数表示法　在采用定点小数表示法的计算机中，小数点的位置被固定在数值位之前。因此，这种计算机在实际运算前应先把参加运算的二进制整数按适当比例替换成纯小数，并在运算后把结果操作数（纯小数）按同一比例还原后输出。设N为定点小数，其表示形式为

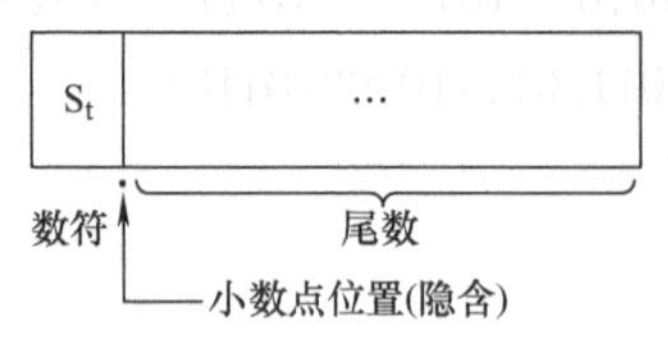

其中，S_t为数符，$S_t=0$表示N为正数；$S_t=1$表示N为负数。

定点小数表示法的优点是：运算规则简单，但它所能表示的数的范围较小。例如，一个16位的二进制小数N，若它的S_t占一位，尾数为15位，则它所能表示的原码数范围为

$$|N| \leqslant 0.\underbrace{11\cdots11}_{15位} = 1 - 0.\underbrace{00\cdots001}_{15位} = 1 - 2^{-15}$$

即$-(1-2^{-15}) \leqslant N \leqslant 1-2^{-15}$。

2. 浮点机中数的表示方法

在采用浮点表示的二进制数中，小数点位置是浮动的、不固定的。通常，任意一个二进制数都可以写成

$$N = 2^P \times S$$

其中，S为二进制数N的尾数，代表了N的实际有效值；P为N的阶码，可以决定小数点的具体位置。例如，$N = 101.11B = 2^3 \times 0.10111B$。

因此，任何一个浮点数N都由阶码和尾数两部分组成。阶码部分包括阶符和阶码，尾数部分由数符和尾数组成，其形式为

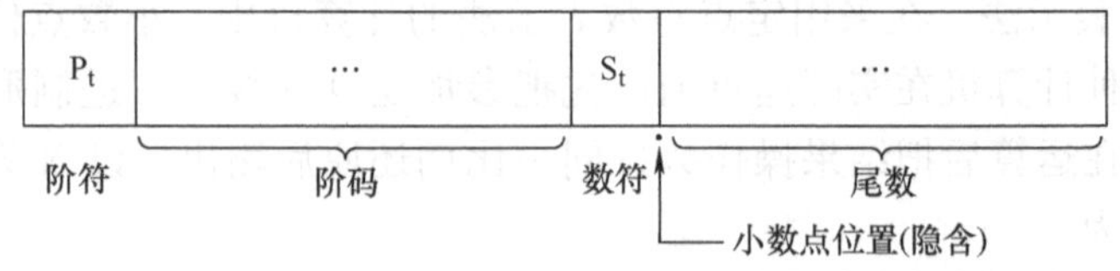

其中，P_t为阶符，$P_t=0$表示阶码为正，$P_t=1$表示阶码为负；S_t为数符，$S_t=0$表示该数为正数，$S_t=1$表示该数为负数；小数点的约定位置在尾数之前，实际位置是浮动的，由阶码决定。

浮点法的优点是：数的表示范围大，例如一个二进制16位数，若它的P_t和S_t各占一位，阶码为5位，尾数为9位，则采用浮点法所能表示的数的范围为$-2^{(2^5-1)} \times (1-2^{-9}) \sim 2^{(2^5-1)} \times (1-2^{-9})$，近似值范围为$-2^{31} \sim 2^{31}$。浮点表示法的缺点是：运算规则复杂，通常要对阶码和尾数分别运算。

3. 二进制数的运算

二进制数的运算可分为二进制整数运算和二进制小数运算，但运算法则完全相同。由于

大部分计算机中数的表示方法均采用定点整数表示法，故这里仅介绍二进制整数运算，二进制小数运算与它相同，留给读者思考。

在计算机中，经常遇到的运算分为两类：一类是算术运算；另一类是逻辑运算。算术运算包括加、减、乘、除运算，逻辑运算有逻辑乘、逻辑加、逻辑非和逻辑异或等，现分别加以介绍。

（1）算术运算

1）加法运算。二进制加法法则为

0 + 0 = 0

1 + 0 = 0 + 1 = 1

1 + 1 = 0（向邻近高位有进位）

1 + 1 + 1 = 1（向邻近高位有进位）

两个二进制数的加法过程和十进制加法过程类似，现举例加以说明。

[**例 2-7**]　设有两个 8 位二进制数 X = 10110110B，Y = 11011001B，试求出 X + Y 的值。

解：X + Y 可写成如下竖式：

被加数	X	10110110B
加数	Y	11011001B
和	X + Y	110001111B

所以，X + Y = 10110110B + 11011001B = 110001111B。

两个二进制数相加时要注意低位的进位，且两个 8 位二进制数的和最大不会超过 9 位。

2）减法运算。二进制减法法则为

0 − 0 = 0

1 − 1 = 0

1 − 0 = 1

0 − 1 = 1（向邻近高位借 1 当作 2）

两个二进制数的减法运算过程和十进制减法类似，现举例说明。

[**例 2-8**]　设两个 8 位二进制数 X = 10010111B，Y = 11011001B，试求 X − Y 的值。

解：由于 Y > X，故有 X − Y = −（Y − X），相应竖式为

被减数	Y	11011001B
减数	X	10010111B
差	Y − X	01000010B

所以，X − Y = −（11011001B − 10010111B） = −01000010B。

两个二进制数相减时先要判断它们的绝对值大小，把大数作为被减数，小数作为减数，差的符号由两数关系决定。此外，在减法过程中还要注意低位向高位借 1 当作 2。

3）乘法运算。二进制乘法法则为

0 × 0 = 0

1 × 0 = 0 × 1 = 0

1 × 1 = 1

两个二进制数相乘与两个十进制数相乘类似，可以用乘数的每一位分别去乘被乘数，所得结果的最低位与相应乘数位对齐，最后把所有结果加起来便得到积，这些中间结果又称为部分积。

[**例 2-9**] 设有两个 4 位二进制数 X = 1101B 和 Y = 1011B，试求 X × Y 的值。

解：二进制乘法运算竖式为

```
被乘数              1101B
 乘数               1011B
─────────────────────────
                    1101
                   1101
                  0000
                 1101
─────────────────────────
乘积    X×Y   10001111B
```

所以，X × Y = 1101B × 1011B = 10001111B。

上述人工算法可总结为：先对乘数最低位判断，若是 1 就把被乘数写在和乘数位对齐的位置上（若是 0，就全写下 0）；然后逐次从低位向高位对乘数其他位判断，每判断一位就把被乘数或 0（相对于前次被乘数位置）左移一位后写下来，直至判断完乘数的最高位；最后进行求和。这种乘法算法复杂，用电子线路实现较困难，故计算机中通常不采用这种算法。

在计算机中，部分积左移和部分积右移是普遍采用的两种乘法算法。前者从乘数最低位向高位逐位进行，后者从乘数最高位向低位逐位进行，其本质是异曲同工的。部分积右移法是：先使部分积为 0 并右移一位，若乘数最低位为 1，则右移后的部分积与被乘数相加（若乘数最低位是 0，则该部分积与 0 相加后仍为 0）；然后使得到的部分积右移位，用同样的方法对乘数次低位进行处理，直至处理到乘数的最高位为止。这就是说：部分积右移法采用了边相乘边相加的方法，每次加被乘数或 0 时总要先使部分积右移（相当于人工算法中的被乘数左移），而每次被加的被乘数的位置可保持不变。

上述算法很难被人们所理解，但它十分有利于计算机采用硬件或软件的方法来实现。有的微型计算机无乘法指令，乘法问题是通过由加法指令、移位指令和判断指令按部分积左移或部分积右移的算法编成的乘法程序来实现的。

4）除法运算。除法是乘法的逆运算。与十进制类似，二进制除法也是从被除数最高位开始，查找出够减除数的位数，并在其最高位处上商 1 和完成它对除数的减法运算，然后把被除数的下一位移到余数位置上。若余数不够减除数，则上商 0，并把被除数的再下一位移到余数位置上；若余数够减除数，则上商 1 并进行余数减除数。这样反复进行，直到全部被除数的各位都下移到余数位置上为止。

[**例 2-10**] 设 X = 10101011B，Y = 110B，试求 X ÷ Y 的值。

解：X ÷ Y 的竖式为

```
                1 1 1 0 0
110 | 1 0 1 0 1 0 1 1
        1 1 0
    -----------------
        1 0 0 1
          1 1 0
    -----------------
            1 1 0
            1 1 0
    -----------------
                  1 1
```

所以，X ÷ Y = 10101011B ÷ 110B = 11100B 余 11B。

归根到底，上述人工除法由判断、减法和移位等步骤组成。也就是说，只要有了减法器，外加判断和移位就可实现除法运算。在计算机中，原码除法常可分为比较法、恢复余数法和不恢复余数法 3 种，但基本原理和人工除法相同。其中，比较法常因算法复杂和实现困难较大而被人们忽略。

恢复余数法的规则是：一是要判断除数不为 0（除数为 0 时除法无法进行）；二是把被除数除以除数（实际做减法），若所得余数 >0，则上商 1（否则，上商 0 并恢复余数）；三是把所得余数连同被除数中的下一位作为本次除法的被除数，并用第二步中的同样方法完成本次除法；四是让除法逐位进行下去，直到除法完成为止。

在现代计算机中，恢复余数法和不恢复余数法是原码除法的两种基本算法，可以采用硬件电路实现，也可以采用软件程序实现。

（2）逻辑运算　计算机处理数据时常常要用到逻辑运算。逻辑运算由专门的逻辑电路完成。下面介绍几种常用的逻辑运算。

1）逻辑乘运算。逻辑乘又称为逻辑与，常用∧算符表示。逻辑乘的运算规则为

$$0 \wedge 0 = 0$$

$$1 \wedge 0 = 0 \wedge 1 = 0$$

$$1 \wedge 1 = 1$$

两个二进制数进行逻辑乘，其运算方法类似于二进制算术运算。

［例 2-11］　已知 X = 01100110B，Y = 11110000B，试求出 X∧Y 的值。

解： X∧Y 的运算竖式为

```
    0 1 1 0 0 1 1 0 B
∧   1 1 1 1 0 0 0 0 B
---------------------
    0 1 1 0 0 0 0 0 B
```

所以，X∧Y = 01100110B∧11110000B = 01100000B。

逻辑乘运算通常可用于从某数中取出某几位。由于例 2-11 中 Y 的取值为 F0H，因此逻辑乘运算结果中高 4 位可看作是从 X 的高 4 位中取出来的。若要把 X 中最高位取出来，则 Y 的取值显然应为 80H。

2）逻辑加运算。逻辑加又称为逻辑或，常用∨算符表示。逻辑加的运算规则为

$$0 \vee 0 = 0$$
$$1 \vee 0 = 0 \vee 1 = 1$$
$$1 \vee 1 = 1$$

[例 2-12] 已知 X = 00110101B，Y = 00001111B，试求 X∨Y 的值。

解：X∨Y 的运算竖式为

	0	0	1	1	0	1	0	1	B
∨	0	0	0	0	1	1	1	1	B
	0	0	1	1	1	1	1	1	B

所以，X∨Y = 00110101B∨00001111B = 00111111B。

逻辑加运算通常可用于使某数中某几位添加 1。由于例 2-12 中 Y 的取值为 0FH，因此逻辑加运算结果中低 4 位可看作是给 X 的低 4 位添加 1 的结果。若要使 X 的高 4 位添加 1，则 Y 的取值显然应取 F0H。

3）逻辑非运算。逻辑非运算又称为逻辑取反，常采用"-"算符表示。运算规则为

$$\overline{0} = 1$$
$$\overline{1} = 0$$

[例 2-13] 已知 X = 11000011B，试求出$\overline{X}$的值。

解：因为 X = 11000011B

所以$\overline{X}$ = 00111100B

4）逻辑异或。逻辑异或又称为半加，是不考虑进位的加法，常采用⊕算符表示。逻辑异或的运算规则为

$$0 \oplus 0 = 1 \oplus 1 = 0$$
$$1 \oplus 0 = 0 \oplus 1 = 1$$

[例 2-14] 已知 X = 10110110B，Y = 11110000B，试求 X⊕Y 的值。

解：X⊕Y 的运算竖式为

	1	0	1	1	0	1	1	0	B
⊕	1	1	1	1	0	0	0	0	B
	0	1	0	0	0	1	1	0	B

所以，X⊕Y = 10110110B⊕11110000B = 01000110B。

异或运算通常可用于使某数中某几位取反。由于例 2-14 中 Y 的取值为 F0H，因此异或运算结果中高 4 位可看作是 X 的高 4 位取反的结果。若要使 X 的最高位取反，则 Y 的取值应为 80H。异或运算还可用于乘除运算中的符号位处理。

2.2.2 计算机中数的表示形式

机器数是指数的符号和值均采用二进制的表示形式。因此，机器数在定点和浮点机中的表示形式各不相同。为了方便起见，这里的机器数均指在定点整数机中的表示形式，即最高位是符号位（0 表示正数，1 表示负数），其余位为数值位，小数点固定在数值位之后。在计算机中，机器数有原码、反码、补码等多种形式。

1. 机器数的原码、反码和补码

原码、反码和补码是机器数的3种基本形式，它和机器数的真值不同。机器数的真值定义为采用+和-表示的二进制数，并非真正的机器数。例如，+76的机器数真值为+1001100B，原码形式为01001100B（最高位的0表示正数）；-76的真值为-1001100B，原码为11001100B（最高位的1表示负数）。

（1）原码（true form）　机器数的原码（简称原码）定义为：最高位为符号位，其余位为数值位，符号位为0表示该数为正数，符号位为1表示该数为负数。通常，一个数的原码可以先把该数用方括号括起来，并在方括号右下角加个“原”字来标记。

[例2-15]　设X=+1010B，Y=-1010B，请分别写出它们在8位微型计算机中的原码形式。

解：因为X=+1010B，Y=-1010B

所以$[X]_{原}=00001010B$，$[Y]_{原}=10001010B$

在微型计算机中，0这个数非常特别，它有+0和-0之分，它也有原码、反码和补码3种表示形式。例如，0在8位微型计算机中的两种原码形式为

$$[+0]_{原}=00000000B$$

$$[-0]_{原}=10000000B$$

（2）反码（one's complement）　在微型计算机中，二进制数的反码求法很简单，有正数的反码和负数的反码之分。正数的反码和原码相同；负数反码的符号位和原码的符号位相同，反码的数值位是原码的数值位按位取反。反码的标记方法和原码类似，只要在被括数的方括号的右下角添加一个“反”字即可。

[例2-16]　设X=+1101101B，Y=-0110110B，请写出X和Y的原码和反码形式。

解：因为X=+1101101B，Y=-0110110B

所以$[X]_{原}=01101101B$，$[Y]_{原}=10110110B$

$[X]_{反}=01101101B$，$[Y]_{反}=11001001B$

（3）补码（two's complement）　在日常生活中，补码的概念是经常会遇到的。例如，如果现在是北京时间下午3点钟，而手表还停在早上8点钟。为了校准手表，自然可以顺拨7个小时，但也可倒拨5个小时，效果都是相同的。显然，顺拨时针是加法操作，倒拨时针是减法操作，据此便可得到如下两个数学表达式：

顺拨时针　$$8+7=12(自动丢失)+3=3 \tag{2-1}$$

倒拨时针　$$8-5=3 \tag{2-2}$$

顺拨时针时，人们通常在1点钟左右自动丢失了数12。但也有人把它提前到12点钟时丢失，这些人常常把12点称为0点。在数学上，这个自动丢失的数12称为模（mod），这种带模的加法称为按模12的加法，通常写为

$$8+7=3(\text{mod } 12) \tag{2-3}$$

比较式(2-1)和式(2-2)，可发现8-5的减法和8+7的按模加法等价。这里，+7和-5是互补的，+7称为-5的补码（mod 12）。它们在数学上的关系为

$$X+[-Y]_{补}=8+[-5]_{补}=12+3=模+3=3 \tag{2-4}$$

这就是说，8-5的减法可以用$8+[-5]_{补}=8+7$（mod 12）的加法替代。但遗憾的是，在求取$[-5]_{补}$时仍然要用减法实现，数学表达式为$[-5]_{补}=12-|-5|=+7$。如果在

求取负数的补码时不需要用减法，那么在既有加法又有减法的复合运算中碰到减法时就可采用补码加法实现。

在微型计算机中，加法器是采用二进制数加法法则进行的，加法器的最高进位位也会和钟表中的时针一样自动丢失模值。不过，加法器丢失的不是模 12，而是 2^n，这里 n 是加法器的字长。和以 12 为模的钟表校时运算一样，若微型计算机在求取负数补码时仍然要采用减法运算，则要想把 X - Y 的减法变成 X + $[-Y]_{补}$ 的加法来做也是一句空话。根据上述补码定义，一个字长为 n 的二进制数 - Y 的补码求取公式为

$$[-Y]_{补} = 2^n - |-Y| = (2^n - 1) - |-Y| + 1 = \overline{Y} + 1 \tag{2-5}$$

式(2-5) 可以解释为负数的补码是反码加 1（即 $\overline{Y}+1$）。

因此，微型计算机变 X - Y 为 $X+\overline{Y}+1$ 运算只要先判断 Y 的符号位。若它为正，则完成 X + Y 操作；若它为负，则完成 $X+\overline{Y}+1$ 运算。如果把所有参加运算的带符号数都用它们的补码来表示，并规定正数的原码、反码和补码相同，负数的补码是反码加 1，那么就可以用补码加法来替代加减运算（结果为补码形式）。在微处理器 CPU 内部，补码加法器既能做加法，又能变减法为加法来做。补码加法器还配有左移、右移和判断等电路，故它不仅可以进行逻辑操作，还能完成加、减、乘、除的四则运算，这就是微型计算机的补码加法所带来的巨大经济效益。

[例 2-17] 已知 X = +1010B，Y = -01010B，试分别写出它们在 8 位微型计算机中的原码、反码和补码形式。

解：因为 X = +1010B，Y = -01010B

所以 $[X]_{原}$ = 00001010B，$[Y]_{原}$ = 10001010B

所以 $[X]_{反}$ = 00001010B，$[Y]_{反}$ = 11110101B

所以 $[X]_{补}$ = 00001010B，$[Y]_{补}$ = 11110110B

由于 0 在反码中也有如下两种表现形式：

$$[+0]_{反} = 00000000B(\text{正数的原码和反码相同})$$

$$[-0]_{反} = 11111111B$$

因此，0 的补码形式为

$$[+0]_{补} = [+0]_{原} = [+0]_{反} = 00000000B$$

$$[-0]_{补} = [-0]_{反} + 1 = 11111111B + 1 = 00000000B$$

由此可见，无论是 +0 还是 -0，0 在补码中只有唯一的一种表现形式。

（4）补码数符号位的左移规则　补码数符号位的左移规则通常称为补码数的符号扩展，可以定义为一个 n 位补码数扩展为 2n 位补码数，只要把符号位向左扩展 n 位，其值不变。

例如，$[X]_{补}$ = 01H(+1)，符号扩展为 16 位后变为 0001H（+1）；$[Y]_{补}$ = FFH（-1），符号扩展为 16 位后变为 FFFFH(-1)。扩展过程图示如下：

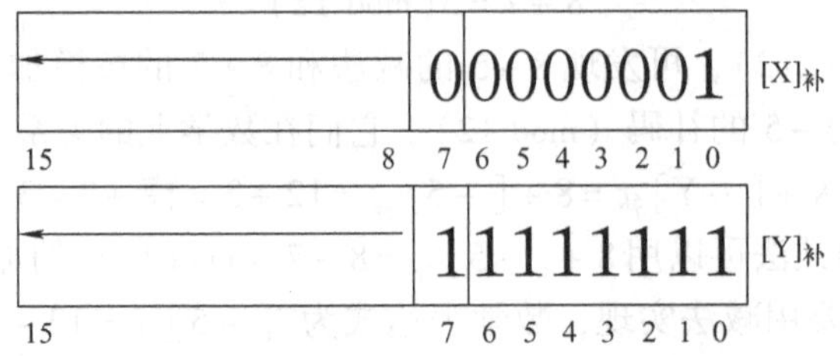

补码机器数的符号扩展是补码特有的一种算术运算特征，适合于定点整数计算机，常用于运算控制器中的电路设计，并以指令形式提供给用户使用。

（5）补码数的右移规则　补码数的右移规则可以表述为一个 n 位的 X 的补码数，其符号位连同数值位向右移动一位（符号不变），其值是 X/2 的补码（仍为 n 位）。

例如：设 $[X]_补=1.1000B$，则有

$$[X]_补=1.1000B$$

$$\left[\frac{X}{2}\right]_补=1.1100B$$

$$\left[\frac{X}{4}\right]_补=1.1110B$$

$$\left[\frac{X}{8}\right]_补=1.1111B$$

补码数的右移规则也是补码特有的一种算术运算特征，适用于定点小数计算机。

2. 补码的加减运算

在微型计算机中，原码表示的数易于被人们识别，但运算复杂，符号位往往需要单独处理。补码虽不易识别，但运算方便，特别在加减运算中更是这样。所有参加运算的带符号数都表示成补码后，微型计算机对它运算后得到的结果必然也是补码，符号位无须单独处理。

（1）补码加法运算　补码加法运算的通式为

$$[X+Y]_补=[X]_补+[Y]_补 \pmod{2^n} \tag{2-6}$$

即两数之和的补码等于两数补码之和，其中 n 为机器数字长。不过，X、Y 和 X+Y 三个数必须都在 $-2^{n-1}\sim 2^{n-1}$ 范围内，否则机器便会产生溢出错误。在运算过程中，符号位和数值位一起参加运算，符号位的进位位略去不计。

［例 2-18］　已知 X = +19，Y = −7，试求 X + Y 的二进制值。

解：因为 $[X+Y]_补=[X]_补+[Y]_补=[+19]_补+[-7]_补$

所以，有如下竖式：

$$\begin{array}{rccccccccc}
[X]_补= & & 0 & 0 & 0 & 1 & 0 & 0 & 1 & 1\ B \\
+\ [Y]_补= & & 1 & 1 & 1 & 1 & 1 & 0 & 0 & 1\ B \\
\hline
[X+Y]_补= & \boxed{1} & 0 & 0 & 0 & 0 & 1 & 1 & 0 & 0\ B
\end{array}$$

故有 $[X+Y]_补=[X]_补+[Y]_补=00001100B$，其值为 +0001100B。

（2）补码减法运算　补码减法运算的通式为

$$[X-Y]_补=[X]_补+[-Y]_补 \pmod{2^n} \tag{2-7}$$

即两数之差的补码等于两数补码之和，其中 n 为机器数字长。和补码加法情况一样，X、Y 和 X − Y 三个数也必须满足在 $-2^{n-1}\sim(2^{n-1}-1)$ 范围内。在补码减法过程中，符号位和数值位一起参加运算，符号位的进位位略去不计。

［例 2-19］　已知 X = +6，Y = +25，试求 X − Y 的值。

解：因为 $[X-Y]_补=[X]_补+[-Y]_补=[+6]_补+[-25]_补$

所以，有如下竖式：

$$
\begin{array}{rl}
[X]_{补} = & 0\ 0\ 0\ 0\ 0\ 1\ 1\ 0\ \mathrm{B} \\
+\ [-Y]_{补} = & 1\ 1\ 1\ 0\ 0\ 1\ 1\ 1\ \mathrm{B} \\
\hline
[X-Y]_{补} = & 1\ 1\ 1\ 0\ 1\ 1\ 0\ 1\ \mathrm{B}
\end{array}
$$

故有$[X-Y]_{补}=[X]_{补}+[-Y]_{补}=11101101B$，其值为$-0010011B$。

[例 2-20]　已知$|X|=13$，$|Y|=11$，试证明无论 X 和 Y 的符号如何变化，补码运算的结果都是正确的。

证明：（1）两数符号相同。

若$X=+13$和$Y=+11$，则有

$$
\begin{array}{rrl}
 & +13 & [X]_{补}=0\ 0\ 0\ 0\ 1\ 1\ 0\ 1\ \mathrm{B} \\
+ & +11 & [Y]_{补}=0\ 0\ 0\ 0\ 1\ 0\ 1\ 1\ \mathrm{B} \\
\hline
 & 24 & [X+Y]_{补}=0\ 0\ 0\ 1\ 1\ 0\ 0\ 0\ \mathrm{B}
\end{array}
$$

若$X=-13$和$Y=-11$，则有

$$
\begin{array}{rrll}
 & -13 & [X]_{补}= & \ \ \ \ 1\ 1\ 1\ 1\ 0\ 0\ 1\ 1\ \mathrm{B} \\
+ & -11 & [Y]_{补}= & \ \ \ \ 1\ 1\ 1\ 1\ 0\ 1\ 0\ 1\ \mathrm{B} \\
\hline
 & -24 & [X+Y]_{补}= & \boxed{1}\ 1\ 1\ 1\ 0\ 1\ 0\ 0\ 0\ \mathrm{B}\quad(-24\text{ 的补码})
\end{array}
$$

显然，十进制运算和补码运算的结果是相同的。

（2）两数符号相异。

若$X=+13$和$Y=-11$，则有

$$
\begin{array}{rrll}
 & +13 & [X]_{补}= & \ \ \ \ 0\ 0\ 0\ 0\ 1\ 1\ 0\ 1\ \mathrm{B} \\
+ & -11 & [Y]_{补}= & \ \ \ \ 1\ 1\ 1\ 1\ 0\ 1\ 0\ 1\ \mathrm{B} \\
\hline
 & +2 & [X+Y]_{补}= & \boxed{1}\ 0\ 0\ 0\ 0\ 0\ 0\ 1\ 0\ \mathrm{B}
\end{array}
$$

若$X=-13$和$Y=+11$，则有

$$
\begin{array}{rrll}
 & -13 & [X]_{补}= & 1\ 1\ 1\ 1\ 0\ 0\ 1\ 1\ \mathrm{B} \\
+ & +11 & [Y]_{补}= & 0\ 0\ 0\ 0\ 1\ 0\ 1\ 1\ \mathrm{B} \\
\hline
 & -2 & [X+Y]_{补}= & 1\ 1\ 1\ 1\ 1\ 1\ 1\ 0\ \mathrm{B}\quad(-2\text{ 的补码})
\end{array}
$$

显然，十进制运算的结果和补码运算的结果是完全相同的。

上述运算表明：补码加法可以将减法运算化为加法来做，把加法和减法问题巧妙地统一起来，从而实现了一个补码加法器在移位控制电路作用下完成加、减、乘、除的四则运算。

2.3　计算机中数和字符的编码

在计算机中，由于机器只能识别二进制数，因此键盘上的所有数字、字母和符号也必须事先为它们进行二进制编码，以便机器对它们加以识别、存储、处理和传送。和日常生活中的编码问题一样，所需编码的数字、字母和符号越多，二进制数的位数也就越长。

下面介绍几种微型计算机中常用的编码。

2.3.1　BCD 码和 ASCII 码

BCD 码（binary coded decimal，十进制数的二进制编码）和 ASCII 码（american standard code for information interchange，美国信息交换标准码）是计算机中两种常用的二进制编码。前者称为十进制数的二进制编码，后者是对键盘上输入字符的二进制编码。计算机对十进制数的处理过程是：键盘上输入的十进制数字先被替换成一个个 ASCII 码送入计算机，然后通过程序替换成 BCD 码，并对 BCD 码直接进行运算；也可以先把 BCD 码替换成二进制码进行运算，并把运算结果再变为 BCD 码，最后还要把 BCD 码形式的输出结果替换成 ASCII 码才能在屏幕上加以显示，这是因为 BCD 码形式的十进制数是不能直接在键盘/屏幕上输入和输出的。

1. BCD 码

BCD 码是一种具有十进制权的二进制编码。BCD 码的种类较多，常用的有 8421 码、2421 码、余 3 码和格雷码等。现以 8421 码为例进行介绍。

8421 码是 BCD 码中的一种，因组成它的 4 位二进制数码的权为 8、4、2、1 而得名。8421 码是一种采用 4 位二进制数来代表十进制数码的代码系统。在这个代码系统中，10 组 4 位二进制数分别代表了 0 ~9 中的 10 个数字符号，见表 2-2。

表 2-2　8421 码

十进制数	8421 码	十进制数	8421 码
0	0000B	8	1000B
1	0001B	9	1001B
2	0010B	10	00010000B
3	0011B	11	00010001B
4	0100B	12	00010010B
5	0101B	13	00010011B
6	0110B	14	00010100B
7	0111B	15	00010101B

4 位二进制数字共有 16 种组合。其中 0000B ~1001B 为 8421 的基本代码系统，1010B ~1111B 未被使用，称为非法码或冗余码。10 以上的所有十进制数至少需要两位 8421 码字（即 8 位二进制数）来表示，而且不应出现非法码，否则就不是真正的 BCD 数。因此，BCD 数是由 BCD 码构成的，是以二进制形式出现的，是逢十进位的，所以它并不是一个真正的二进制数，因为二进制数是逢二进位的。例如，十进制数 45 的 BCD 形式为 01000101B（即 45H），而它的等值二进制数为 00101101B（即 2DH）。

2. ASCII 码（字符编码）

现代微型计算机不仅要处理数字信息，而且还需要处理大量字母和符号。这就需要人们对这些数字、字母和符号进行二进制编码，以供微型计算机识别、存储和处理。这些数字、字母和符号统称为字符，故字母和符号的二进制编码又称为字符的编码。

ASCII 码诞生于 1963 年，是一种比较完整的字符编码，现已成为国际通用的标准编码，广泛应用于微型计算机中。

通常，ASCII码由7位二进制数码构成，共128个字符编码，如附录A所列。这128个字符共分两类：一类是图形字符，共96个；另一类是控制字符，共32个。96个图形字符包括十进制数符10个、大小写英文字母52个以及其他字符34个，这类字符有特定形状，可以显示在使用阴极射线管（cathode ray tuke，CRT）的显示器上以及打印在打印纸上，其编码可以存储、传送和处理。32个控制字符包括回车符、换行符、退格符、设备控制符和信息分隔符等，这类字符没有特定形状，其编码虽然可以存储、传送和起某种控制作用，但字符本身不能在CRT显示器上显示，也不能在打印机上打印。

在附录A的ASCII码字符表中，中间部分为96个图形字符和32个控制字符代号，最左边和最上边为相应字符的ASCII码，其中上边为高3位二进制码，左边为低4位二进制码。例如，数字0~9的ASCII码为0110000B~0111001B（即30H~39H），大写字母A~Z的ASCII码为41H~5AH。

在8位微型计算机中，信息通常是按字节存储和传送的，一个字节有8位。ASCII码共有7位，作为一个字节还多出一位。多出的这位是最高位，常常用作奇偶校验，故称为奇偶校验位。奇偶校验位在信息传送中用处很大，它可以用来校验信息传送过程中是否有错。

2.3.2 汉字的编码

西文是拼音文字，只需用几十个字母（英文为26个字母，俄文为33个字母）就可写出西文资料。因此，计算机只要对这些字母进行二进制编码就可以对西文信息进行处理。汉字是表意文字，每个汉字都是一个图形。计算机要对汉字文稿进行处理（如编辑、删改、统计等）就必须对所有汉字进行二进制编码，建立一个庞大的汉字库，以便计算机进行查找。

1. 国标码（GB/T 2312）

国标码是《信息交换用汉字编码字符集　基本集》的简称，是我国国家标准总局于1981年发布的国家标准，编号为GB/T 2312—1980。

在国标码中，共收集汉字6763个，分为两级。第一级收集汉字3755个，按拼音排序；第二级收集汉字3008个，按部首排序。除汉字外，该标准还收集一般字符202个（包括间隔符、标点符号、运算符号、单位符号和制表符等）、序号60个、数字22个、拉丁字母66个、汉语拼音符号26个、汉语注音字母37个等。因此，这张表很大，连同汉字一共是7445个图形字符。

为了给这7445个图形字符编码，采用7位二进制显然是不够的。因此，国标码采用14位二进制来给它们编码。14位二进制中的高7位占一个字节（最高位不用），称为第一字节；低7位占另一个字节（最高位不用），称为第二字节（见附录B）。

国标码中的汉字和字符分为字符区和汉字区。21H~2FH（第一字节）和21H~7EH（第二字节）为字符区，用于存放非汉字图形字符；30H~7EH（第一字节）和21H~7EH（第二字节）为汉字区。在汉字区中，30H~57H（第一字节）和21H~7EH（第二字节）为一级汉字区；58H~77H（第一字节）和21H~7EH（第二字节）为二级汉字区，其余为空白区，可供使用者扩充。因此，国标码是采用4位十六进制数来表示一个汉字的。例如，“啊”的国标码为3021H（30H为第一字节，21H为第二字节），“厂”的国标码为3327H（33H为第一字节，27H为第二字节）。

2. 区位码及其向国标码的替换

其实区位码和国标码的区别并不大，它们共用一张编码表（见附录 B）。国标码用 4 位十六进制数来表示一个汉字，区位码是用 4 位十进制区号和位号来表示一个汉字，只是在编码的表示形式上有所区别。具体来讲，区位码把国标码中第一字节的 21H ~ 7EH 映射成 1 ~ 94 区，把第二字节的 21H ~ 7EH 映射成 1 ~ 94 位。区位码中的区号决定对应汉字位于哪个区（每区 94 位，每位一个汉字），位号决定相应汉字的具体位置。例如，“啊”的区位码为 1601（十进制），16 是区号，01 是位号；“厂”的区位码为 1907（十进制），19 是区号，07 是位号。

国标码是计算机处理汉字的最基本编码，区位码在输入时比较容易记忆。计算机最终还是要把区位码替换成国标码，替换方法是先把十进制形式的区号和位号替换成二进制形式，然后分别加上 20H。例如，“啊”的区位码为 1601，替换成十六进制形式为 1001H，区号和位号分别加上 20H 后变为 3021H，这就是“啊”的国标码。同理，“广”的区位码为 1907，替换成国标码为 3327H。

思考题与习题

1. 十进制数和二进制数各有什么特点？举例加以说明。
2. 为什么微型计算机要采用二进制？
3. 标记二进制数、十进制数和十六进制数有哪两种方法？举例加以说明。
4. 区位码替换成国标码的方法是什么？

第3章 单片机硬件结构

MCS－51 单片机的硬件结构主要包括运算器、控制器、片内 RAM、片内 ROM、定时器/计数器、中断系统、串行口、并行口、时钟电路和复位电路。

3.1 MCS－51 单片机的基本组成

MCS－51 系列单片机的结构基本相同，主要差别仅在于片内 ROM 上。8051 单片机内部有 4KB ROM，8751 单片机内部有 4KB EPROM，8031 单片机内部无 ROM，除此之外，三者内部结构及引脚完全相同。MCS－51 系列单片机的其他品种都是在这 3 种基本类型上发展起来的。本书均以 8051 单片机为例进行介绍。

3.1.1 MCS－51 单片机的逻辑结构

8051 单片机的内部结构包含了作为微型计算机所必需的基本功能部件，如 CPU、RAM、ROM、定时器/计数器和可编程并行 I/O 口、可编程串行口等。这些功能部件通常通过单片机内部总线传送数据信息和控制信息。其内部结构如图 3-1 和图 3-2 所示。

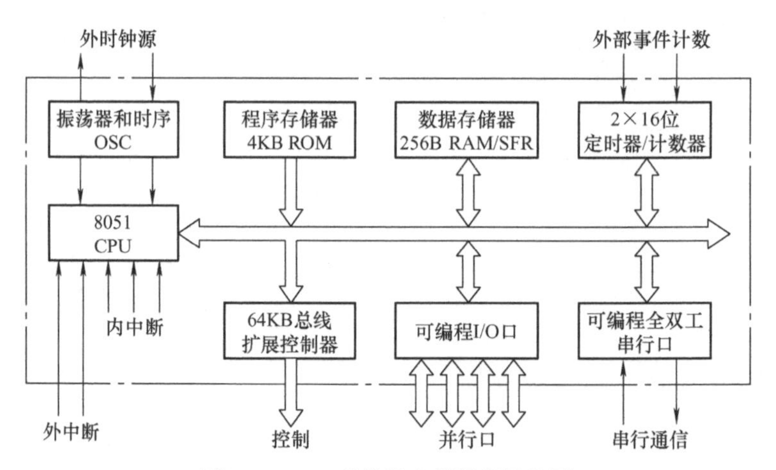

图 3-1　8051 单片机内部逻辑结构图

1. 中央处理器

中央处理器（CPU）是单片机的核心部件，由运算器、控制器组成。此外，在 CPU 的运算器中还有一个专门进行位数据操作的位处理器。

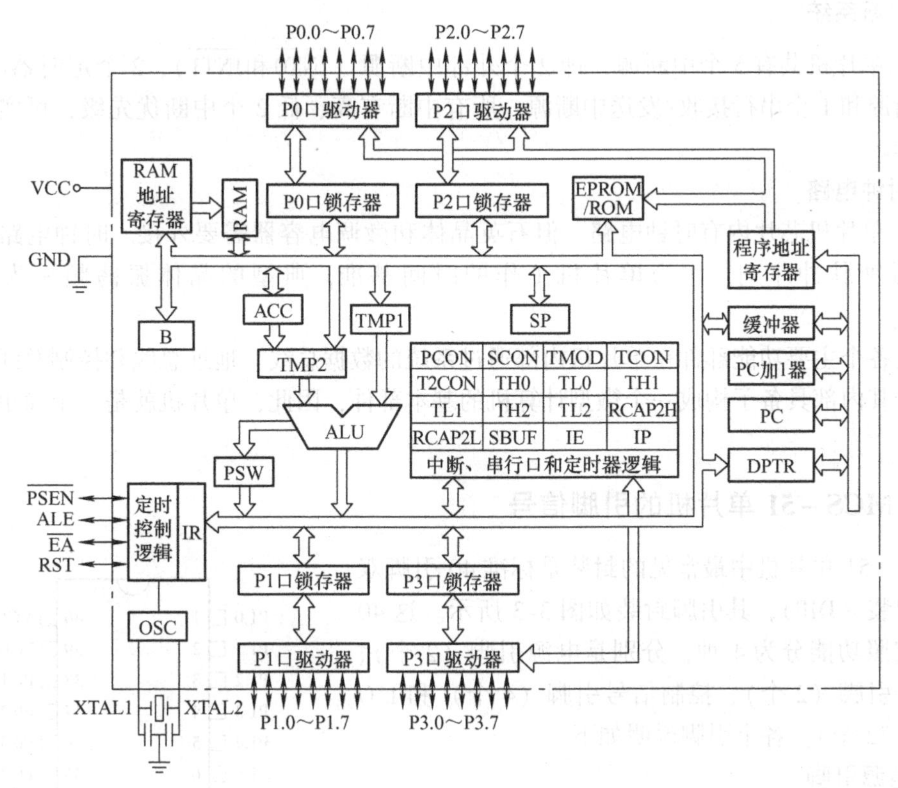

图 3-2 较详细的 8051 单片机内部结构图

2. 内部存储器

内部存储器是用来存放程序和数据的部件，分为内部程序存储器和内部数据存储器。在单片机中，内部程序存储器和内部数据存储器是分开寻址的。

（1）内部程序存储器　它由 ROM 和程序地址寄存器组成，称为片内 ROM。8051 单片机共有 4KB ROM，用于存放程序、原始数据和表格。单片机控制对象进行固定的工作时，程序是不必修改的，因此内部程序存储器采用只读存储器。

（2）内部数据存储器　它由 RAM 和数据地址寄存器组成，8051 单片机共有 256 个字节的 RAM 单元。其中，高 128 字节单元地址被特殊功能寄存器占用，能提供给用户使用的只是低 128 字节单元，称为片内 RAM，主要用于存放可随机存取的数据以及运算结果。

3. 定时器/计数器

8051 单片机共有 2 个 16 位长度的定时器/计数器，用于实现定时和计数功能，并可用定时、计数结果对单片机以及系统进行控制。

4. 并行 I/O 口

8051 单片机共有 4 个 8 位的并行 I/O 口（P0、P1、P2、P3），用于实现数据的并行输入、输出。

5. 串行口

8051 单片机有一个可编程的全双工串行口，以实现单片机和其他设备之间串行数据的传送。该串行口既可以作为全双工异步通信收发器使用，也可以作为同步移位寄存器使用。

6. 中断系统

8051 单片机共有 5 个中断源，即 2 个外部中断源（$\overline{\text{INT0}}$和$\overline{\text{INT1}}$），2 个定时器/计数器溢出中断源和 1 个串行接收/发送中断源。所有中断有高、低 2 个中断优先级，可实现二级中断嵌套。

7. 时钟电路

8051 单片机芯片内有时钟电路，但石英晶体和微调电容器需要外接。时钟电路为单片机产生时钟脉冲序列，作为单片机工作的时间基准，典型的晶体振荡频率为 12MHz 和 6MHz。

以上各个主要功能部件在单片机内部通过系统的数据总线、地址总线和控制总线连接起来。由于其内部具备了构成一个微型计算机的基本部件，因此，单片机就是一个简单的微型计算机。

3.1.2 MCS－51 单片机的引脚信号

MCS－51 单片机中最常见的封装是标准 40 引脚双列直插封装（DIP），其引脚封装如图 3-3 所示。这 40 个引脚按照功能分为 4 种，分别是电源引脚（2 个）、时钟信号引脚（2 个）、控制信号引脚（4 个）和 I/O 口引脚（32 个）。各个引脚说明如下。

1. 电源引脚

1）VCC（40 脚）：接 +5V 电源。

2）GND（20 脚）：接地。

2. 时钟信号引脚

XTAL1（19 脚）和 XTAL2（18 脚）的内部是一个振荡电路。为了产生时钟信号，对 8051 单片机的内部工作进行控制，在 8051 单片机内部设置了一个反相放大器，XTAL1 为反相放大器的输入端，XTAL2 为反相放大器的输出端。当使用芯片内部时钟时，在这两个引脚上外接石英晶体和微调电容器；当使用外部时钟时，用于接外部时钟脉冲信号。

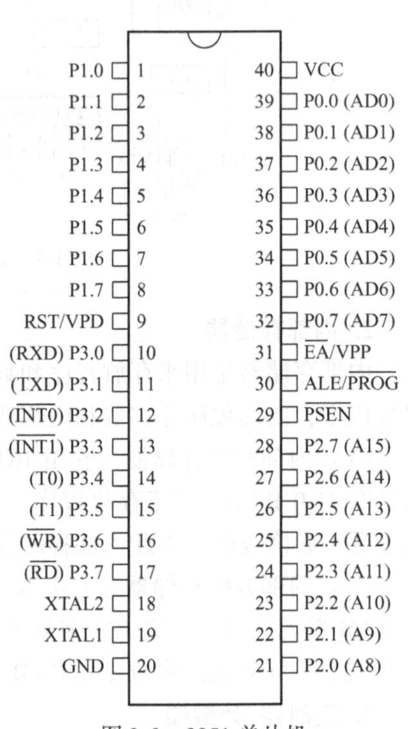

图 3-3　8051 单片机芯片 40 引脚（DIP）

3. 控制信号引脚

控制信号引脚包括 RST/VPD、$\overline{\text{PSEN}}$、ALE/$\overline{\text{PROG}}$和$\overline{\text{EA}}$/VPP，下面分别进行介绍。

（1）RST/VPD（9 脚）　即复位信号输入端/备用电源输入端。此引脚为复用引脚。第一功能是复位输入端，对高电平有效。当此引脚出现两个机器周期以上的高电平信号时，将使单片机复位。复位后程序计数器 PC＝0。第二功能是备用电源输入端。将此引脚连接至备用电源，当电源发生故障致使 VCC 电压下降到低于规定的电平，而 VPD 又在其规定的电压范围（5V ±0.5V）内时，就通过 VPD 向片内 RAM 提供备用电源，以保证片内 RAM 的数据不丢失。

（2）$\overline{\text{PSEN}}$（29脚）　即外部程序存储器允许输出控制端，对低电平有效。此引脚接单片机外部程序存储器的$\overline{\text{OE}}$引脚。当执行访问外部程序存储器指令（MOVC）时，由CPU控制在此引脚端输出一个负脉冲，从而使外部程序存储器的$\overline{\text{OE}}$端有效，存储器中的内容便可读出。如果单片机系统中没有扩展的程序存储器，则该引脚无用。

（3）ALE/$\overline{\text{PROG}}$（30脚）　即地址锁存允许/编程脉冲输入。ALE为地址锁存允许输出信号。在访问外部存储器时，8051单片机通过P0口输出片外存储器的低8位地址，ALE用于将片外存储器的低8位地址锁存到外部地址锁存器中。在不访问外部存储器时，ALE以时钟振荡频率的1/6的固定频率输出，因而它又可用作外部时钟信号以及外部定时信号。每当CPU访问外部数据存储器时，将跳过一个ALE脉冲。ALE可以驱动8个LS（low-power schottlky，低功耗肖特基）型TTL负载。此引脚的$\overline{\text{PROG}}$功能是对8751单片机内部EPROM编程或作为校验时的编程脉冲输入端。

（4）$\overline{\text{EA}}$/VPP（31脚）　即外部程序存储器地址允许输入/编程电源输入。当$\overline{\text{EA}}$为高电平时，CPU从片内ROM开始读取指令。当PC的值超过4KB的地址范围时，将自动转向执行片外ROM的指令。当$\overline{\text{EA}}$接地时，CPU仅访问片外ROM。当向片内含EPROM的8751单片机固化程序时，通过该引脚的VPP功能外接12～25V的编程电压。

4. I/O（输入/输出）口引脚

8051单片机共有32条I/O线，构成4个8位双向口。

（1）P0口（32～39脚）　P0口是8位双向三态I/O口。其第一功能是作为一般I/O口使用；第二功能是在CPU访问外部存储器时，分时提供低8位地址和8位双向数据，因此P0口经常也写成AD0～AD7。如果单片机有扩展的外部数据存储器或程序存储器，则P0口只能用作第二功能。在对EPROM编程时，从P0口输入指令字节；在验证程序时，则输出指令字节（验证时，要外接上拉电阻）。

（2）P1口（1～8脚）　P1口是8位准双向I/O口。对于8051子系列，P1口只能用作一般I/O口使用。

（3）P2口（21～28脚）　P2口是8位准双向I/O口。其第一功能是作为一般I/O口使用；第二功能是在CPU访问外部存储器时，作为高8位地址总线，输出高8位地址，与P0口一起组成16位的地址，因此P2口又写成A8～A15。同P0口一样，如果单片机有扩展的外部数据存储器或程序存储器，P2口只能用作第二功能。在对EPROM编程和程序验证期间，它接收高8位地址。

（4）P3口（10～17脚）　P3口是8位准双向I/O口。其第一功能是作为一般I/O口使用，第二功能是作为中断信号和外部数据存储器的读写控制信号端口，见表3-1。

表3-1　P3口的第二功能

引　脚	第二功能	信号名称
P3.0	RXD	串行数据接收
P3.1	TXD	串行数据发送
P3.2	$\overline{\text{INT0}}$	外部中断0申请

（续）

引　脚	第二功能	信号名称
P3.3	$\overline{INT1}$	外部中断1申请
P3.4	T0	定时器/计数器0计数输入
P3.5	T1	定时器/计数器1计数输入
P3.6	$\overline{WR}$	外部数据存储器写选通
P3.7	$\overline{RD}$	外部数据存储器读选通

3.2 MCS-51单片机存储器

MCS-51单片机存储器可以分为ROM和RAM两大类，ROM和RAM相互独立，分开编址，程序存放在ROM中，数据存放在RAM中，而且有片内、片外之分，可分为片内ROM、片外ROM、片内RAM、片外RAM。MCS-51单片机存储器空间结构如图3-4所示。

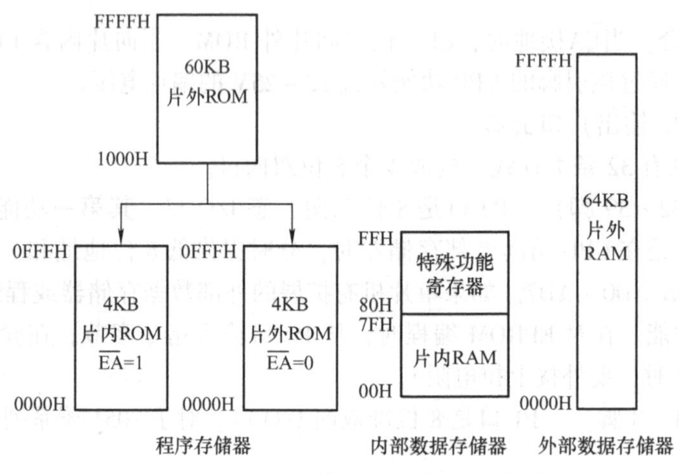

图3-4　MCS-51单片机存储器空间结构

3.2.1 程序存储器

程序存储器（ROM）分为片内ROM和片外ROM两大部分，是专门用来存放程序和常数的。8051单片机芯片内部有4KB ROM，地址范围为0000H～0FFFH，片外通过16条地址线可以进行64KB ROM的扩展，两者统一编址，当引脚$\overline{EA}$=1时，低4KB地址（0000H～0FFFH）指向片内；当$\overline{EA}$=0时，低4KB地址（0000H～0FFFH）指向片外。8052单片机内部有8KB ROM，外部同样可扩展到64KB。使用片内无ROM/EPROM的8031/8032单片机构成应用系统时，必须使$\overline{EA}$=0，ROM只能外部扩展。

ROM的操作完全由PC控制，分为程序运行控制操作与查表操作两类。

1. 程序运行控制操作

程序的运行控制操作包括复位控制、中断控制、相对转移控制。复位控制与中断控制有相应的硬件结构，其程序入口地址是固定的，用户不可更改，具体入口地址见表3-2。

表3-2 MCS-51中断程序入口地址

入口地址	作　用
0000H	系统程序的入口地址
0003H	外部中断0
000BH	T0
0013H	外部中断1
001BH	T1
0023H	串行口中断

0000H单元是系统的起始地址。单片机复位后PC的内容为0000H，系统从0000H单元开始取指令来执行程序。0000H～0002H单元中通常存放一条无条件转移指令（LJMP或AJMP），以便转去执行指定的程序。

2. 查表操作

MCS-51单片机的指令系统通常采用MOVC指令，读取ROM的代码以及表格常数等数据，采用的寻址方式是间接寻址。例如：

```
MOVC  A,@ A + PC
```

该指令以PC作为基址寄存器，A作为变址寄存器，相加后所得的数据作为地址，该地址的内容送到累加器A中，指令执行后PC的值不变，仍指向下一条指令。

3.2.2 数据存储器

数据存储器（RAM）用于存放运算中的中间结果、数据暂存、缓冲、标志位等。RAM也分为片内RAM和片外RAM两部分。

1. 片外RAM

MCS-51单片机具有扩展64KB片外RAM和I/O口的能力，片外RAM和I/O口实行统一编址，并使用相同的控制信号、访问指令MOVX和寻址方式。

片外RAM按16位编址时，其地址空间与ROM重叠，但不会引起混乱，访问ROM是用$\overline{PSEN}$信号选通，而访问片外RAM时，由$\overline{RD}$信号（读）和$\overline{WR}$信号（写）选通。访问ROM使用的是MOVC指令，访问片外RAM使用的是MOVX指令和寄存器间接寻址指令。

2. 片内RAM

片内RAM最大可寻址256个单元，8051单片机的片内RAM的配置如图3-5所示。由图3-5可以看出，片内RAM分为低128B和高128B两部分，其中，低128B（00H～7FH）是真正的RAM区；高128B(80H～FFH）为特殊功能寄存器区。

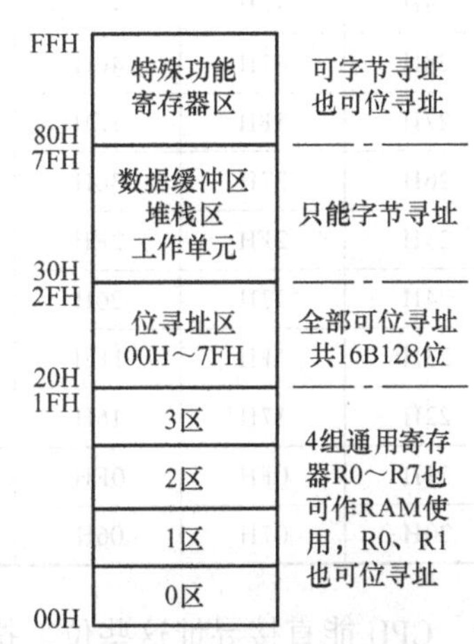

图3-5 8051片内RAM的配置

（1）低128B RAM　在低128B RAM区中，地址00H～1FH共32个数据存储单元，可作为工作寄存器使用。这32

个单元又分为4组，每组8个单元，按序命名为R0～R7。与使用存储单元地址相比，使用通用寄存器编程具有更大的灵活性，并可提高程序代码效率。

片内RAM为8位地址，所以最大可寻址的范围为256个单元地址，对片外RAM采用间接寻址方式，R0、R1和DPTR都可以作为间接寻址寄存器，R0、R1是8位的寄存器，即R0、R1的寻址范围最大为256个单元，而DPTR是16位地址指针，寻址范围就可达到64KB。也就是说在寻址片外RMA时，寻址范围超过了256B，就不能用R0、R1作为间接寻址寄存器，而必须用DPTR寄存器。表3-3为工作寄存器的地址分配表。

表3-3　工作寄存器的地址分配表

组	RS1	RS0	R0	R1	R2	R3	R4	R5	R6	R7
0	0	0	00H	01H	02H	03H	04H	05H	06H	07H
1	0	1	08H	09H	0AH	0BH	0CH	0DH	0EH	0FH
2	1	0	10H	11H	12H	13H	14H	15H	16H	17H
3	1	1	18H	19H	1AH	1BH	1CH	1DH	1EH	1FH

在低128B RAM区中，20H～2FH单元为位寻址区，既可作为一般单元用字节寻址，也可对它们的位进行寻址。位寻址区共有16B，128个位，位地址为00H～7FH。位地址分配表见表3-4。

表3-4　位地址分配表

字节地址	位地址						（最高位→	最低位）
2FH	7FH	7EH	7DH	7CH	7BH	7AH	79H	78H
2EH	77H	76H	75H	74H	73H	72H	71H	70H
2DH	6FH	6EH	6DH	6CH	6BH	6AH	69H	68H
2CH	67H	66H	65H	64H	63H	62H	61H	60H
2BH	5FH	5EH	5DH	5CH	5BH	5AH	59H	58H
2AH	57H	56H	55H	54H	53H	52H	51H	50H
29H	4FH	4EH	4DH	4CH	4BH	4AH	49H	48H
28H	47H	46H	45H	44H	43H	42H	41H	40H
27H	3FH	3EH	3DH	3CH	3BH	3AH	39H	38H
26H	37H	36H	35H	34H	33H	32H	31H	30H
25H	2FH	2EH	2DH	2CH	2BH	2AH	29H	28H
24H	27H	26H	25H	24H	23H	22H	21H	20H
23H	1FH	1EH	1DH	1CH	1BH	1AH	19H	18H
22H	17H	16H	15H	14H	13H	12H	11H	10H
21H	0FH	0EH	0DH	0CH	0BH	0AH	09H	08H
20H	07H	06H	05H	04H	03H	02H	01H	00H

CPU能直接寻址这些位，执行如置1、清0、求反、转移、传送和逻辑等操作。

在低128B RAM区中，地址为30H～7FH的80B单元为用户RAM区，这个区只能按字节存取。在此区内用户可以设置堆栈区和存储中间数据。

（2）高128B RAM　在80H～FFH的高128B RAM区中，离散的分布有21个特殊功能寄存器（SFR），称为特殊功能寄存器区，其中字节地址能被8整除的11个SFR可以进行位寻址。特殊功能寄存器地址表见表3-5。

表3-5　特殊功能寄存器地址表

SFR	位地址/位定义							（最高位→最低位）	字节地址
B	F7H	F6H	F5H	F4H	F3H	F2H	F1H	F0H	F0H
ACC	E7H	E6H	E5H	E4H	E3H	E2H	E1H	E0H	E0H
PSW	D7H	D6H	D5H	D4H	D3H	D2H	D1H	D0H	D0H
	CY	AC	F0	RS1	RS0	OV	F1	P	
IP	BFH	BEH	BDH	BCH	BBH	BAH	B9H	B8H	B8H
				PS	TP1	PX1	PT0	PX0	
P3	B7H	B6H	BDH	BCH	BBH	BAH	B9H	B8H	B0H
	P3.7	P3.6	P3.5	P3.4	P3.3	P3.2	P3.1	P3.0	
IE	AFH	AEH	ADH	ACH	ABH	AAH	A9H	A8H	A8H
	EA			ES	ET1	EX1	ET0	EX0	
P2	A7H	A6H	A5H	A4H	A3H	A2H	A1H	A0H	A0H
	P2.7	P2.6	P2.5	P2.4	P2.3	P2.2	P2.1	P2.0	
SBUF									(99H)
SCON	9FH	9EH	9DH	9CH	9BH	9AH	99H	98H	98H
	SM0	SM1	SM2	REN	TB8	RB8	TI	RI	
P1	97H	96H	95H	94H	93H	92H	91H	90H	90H
	P1.7	P1.6	P1.5	P1.4	P1.3	P1.2	P1.1	P1.0	
TH1									(8DH)
TH0									(8CH)
TL1									(8BH)
TL0									(8AH)
TMOD	GATE	C/T	M1	M0	GATE	C/T	M1	M0	(89H)
TCON	8FH	8EH	8DH	8CH	8BH	8AH	89H	88H	88H
	TF1	TR1	TF0	TR0	IE1	IT1	IT0	IE0	
PCON	SMOD				GF1	GF0	PD	IDL	(87H)
DPH									(83H)
DPL									(82H)
SP									(81H)
P0	87H	86H	85H	84H	83H	82H	81H	80H	80H
	P0.7	P0.6	P0.5	P0.4	P0.3	P0.2	P0.1	P0.0	

下面将简单介绍几个常用的特殊功能寄存器。

（1）累加器 A（ACC） 累加器 A 是 8 位的累加器，是 CPU 中使用最频繁的寄存器。许多运算中的原始数据和结果都要经过累加器。

（2）寄存器 B 寄存器 B 是为执行乘法和除法操作设置的 8 位寄存器。乘法运算时，B、A 存放乘数和被乘数，运算后，乘积的高 8 位存放在寄存器 B 中；除法运算时，A 存放被除数，B 存放除数，商存放在 A 中，余数存放在 B 中。在不执行乘法、除法操作的情况下，可作普通寄存器使用。

（3）程序状态寄存器 PSW PSW 是 8 位的寄存器，用于存放程序运行的状态信息及运算结果的标志，所以又称标志寄存器。该寄存器的有些位由用户设定，有些位则由硬件自动设置。寄存器中的各位定义见表 3-6，其中 PSW. 1 是保留位，未使用。

表 3-6 程序状态寄存器中各位的定义

PSW 位地址	D7H	D6H	D5H	D4H	D3H	D2H	D1H	D0H
PSW 位序	PSW. 7	PSW. 6	PSW. 5	PSW. 4	PSW. 3	PSW. 2	PSW. 1	PSW. 0
位标志	CY	AC	F0	RS1	RS0	OV		P
字节 D0H	D0H. 7	D0H. 6	D0H. 5	D0H. 4	D0H. 3	D0H. 2	D0H. 1	D0H. 0

下面介绍其余 7 位的功能。

1）CY（carry）：进位标志位。在进行算术运算（加或减）时，如果操作结果最高位有进位或借位，CY 通过硬件自动置 1，否则被清 0。在位处理中，CY 作累加位使用，相当于 CPU 中的累加器 A。

2）AC（auxiliary carry）：辅助进位标志位。在加减运算中，当有低 4 位向高 4 位进位或借位时，AC 由硬件自动置 1，否则被清 0。在十进制数运算时需要十进制调整，要用到 AC 位状态。

3）F0：用户标志位。F0 是供用户定义的标志位，需要时可用软件方法置位或复位，也可用软件测试 F0 以控制程序的转向，编程时，该标志位特别有用。

4）RS1 和 RS0（register status）：寄存器组选择位，用于设定通用寄存器的组号，组合关系见表 3-7。单片机系统上电时，单片机默认选择第 0 组通用寄存器为当前工作寄存器组，即 RS1 和 RS0 均为 0，此时 R0 ~ R7 的地址范围为 00H ~ 07H。在实际应用中，用户可以根据需要利用传送指令或位操作指令来改变其状态。这样的设置，为程序中保护现场提供了方便。

表 3-7 MCS－51 单片机通用寄存器的选择及其地址

RS1	RS0	寄存器组	R0 ~ R7 地址
0	0	第 0 组	00H ~ 07H
0	1	第 1 组	08H ~ 0FH
1	0	第 2 组	10H ~ 17H
1	1	第 3 组	18H ~ 1FH

例如：
```
SETB  RS1;(RS1 = 1)
SETB  RS0;(RS0 = 1)
```

当前工作寄存器组为第3组，R0～R7的地址范围为18H～1FH。

```
CLR  RS1;(RS1 =0)
SETB  RS0;(RS0 =1)
```

当前工作寄存器组为第1组，R0～R7的地址范围为08H～0FH。

5）OV（overflow）：溢出标志位。当进行算术运算时，如果产生溢出，则由硬件将OV位置1，否则被清0。在带符号数加减法运算中，(OV)=1表示加减运算超出了累加器A所能表示的符号数的有效范围（-128～+127），即产生了溢出，因此运算结果是错误的；否则，(OV)=0表示运算结果正确，即无溢出产生。在乘法运算中，(OV)=1表示乘积超过255，即积分别在B与A中；否则，(OV)=0表示乘积只在A中。在除法运算中，(OV)=1表示除数为0，除法不能进行；否则（OV)=0表示除数不为0，除法可正常进行。

6）P（parity）：奇偶标志位。该位始终跟踪累加器A中二进制数1的个数的奇偶性，如果有奇数个1，则P显示1，否则为0。凡是改变A中内容的指令均会影响P。在每个指令周期由硬件根据A的内容对P位自动置位或复位。

[例3-1] 分析执行0A8H+94H后PSW中各位的状态。

解：

```
    1 0 1 0 1 0 0 1B
+   1 0 0 0 0 1 0 0B
----------------------
  1 0 0 1 0 1 1 0 1B
```

由于第7位有进位，即（C7)=1，则（CY)=1；(C3)=0，则（AC)=0；运算结果中有偶数个1（不含进位位），则（P)=0。

对OV的判断有两种方法：一种是根据带符号数的性质判断，溢出只能发生在同号数相加或异号数相减的情况下。在本例中，被加数和加数都是负数，但相加的结果却是正数，说明结果出错，则（OV)=1。另一种方法叫双高位法，即根据第6位的进位位C6和第7位的进位位C7的异或结果判断，若C6⊕C7=1，则（OV)=1，(P)=0，(A)=2DH。

在使用汇编语言编程时，PSW非常有用，可以根据里面标志位的值控制程序的流向等。但在用C51语言编程时，编译器会自动控制PSW，编程者很少去操作它。

(4) 数据指针DPTR（data pointer）它是MCS-51中一个16位寄存器，为专用地址指针寄存器，主要用于存放16位地址，作为间址寄存器使用。编程时，DPTR既可以按16位寄存器使用，也可以按两个8位寄存器分开使用。DPH：DPTR高位字节（83H）；DPL：DPTR低位字节（82H）。

(5) 堆栈指针SP（stack pointer） 堆栈是一种数据结构，是只允许在其一端进行数据插入和数据删除操作的线性表。入栈（压栈）指数据写入堆栈，出栈指数据从堆栈中读出。堆栈按“后进先出”的规则操作数据，也称为LIFO，即先入栈的数据，由于存放在堆栈的底部，因此后出栈，而后入栈的数据由于存放在堆栈的顶部，因此先出栈。

堆栈是为子程序调用和中断操作而设立的，其具体功能有两个：保护断点和保护现场。断点即断点地址，现场即存储单元内容。MCS-51的堆栈开辟在内部RAM中，其优点是操作速度快，但容量有限。在实际使用中，一般把堆栈开辟在用户RAM区，即地址范围为30H～7FH的RAM区域。堆栈的深度就是指堆栈的字节容量。在实际使用中，应合理安排堆栈的深度，既避免堆栈的溢出，又避免浪费存储单元。

SP 用来指示栈顶地址，因为数据的进栈、出栈都是对堆栈的栈顶单元的写和读操作。SP 的内容为堆栈栈顶的存储单元地址，是一个 8 位 SFR，因此，堆栈的深度为 MCS－51 单片机内部 RAM 128 单元，系统复位后，SP 的内容为 07H，但由于堆栈最好在内部 RAM 的 30H～7FH 单元中开辟，因此，用户可以编程决定 SP 初值，一般应注意把 SP 初值初始化为 30H 以后。例如：

MOV　SP,#30H;堆栈栈底开辟在内部 RAM 30H 处，数据从内部 RAM 31H 单元开始存放。

MOV　SP,#60H;堆栈栈底开辟在内部 RAM 60H 处，数据从内部 RAM 61H 单元开始存放。

由于 SP 可初始化为不同值，因此堆栈位置可浮动。

堆栈有两种类型，向上生长型和向下生长型，如图 3-6 所示。向上生长型堆栈操作规则是，进栈时，先 SP 加 1，后写入数据；出栈时，先读出数据，后 SP 减 1。向下生长型堆栈操作规则与向上生长型刚好相反。

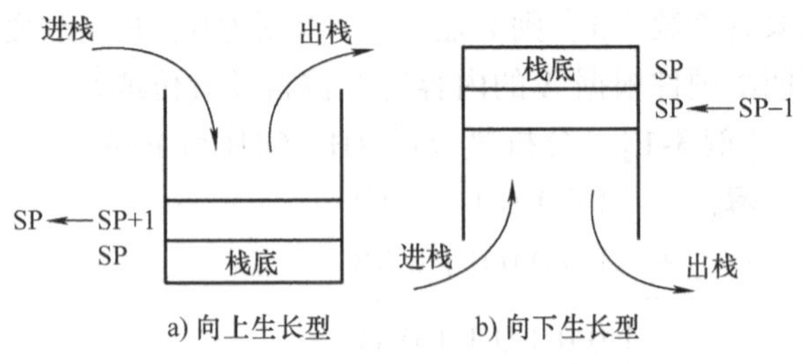

图 3-6　堆栈和堆栈指针示意图

堆栈的使用方式有两种：一种是自动方式，即在调用子程序或中断时，返回地址（断点）自动进栈，程序返回时，断点再自动弹回 PC；另外一种是指令方式，即使用专用的堆栈操作指令进行进栈、出栈操作（PUSH，POP）。

（6）程序计数器 PC（program counter）　PC 是一个 16 位的计数器，其内容为将要执行的指令地址，寻址范围为 64KB（0～65535B）。PC 具有自动加 1 功能，当 CPU 要取指令时，PC 的内容送到地址总线上，从存储器中取出指令后，PC 内容则自动加 1，指向下一条指令，从而实现程序的顺序执行。PC 没有地址是不可寻址的，因此用户无法对它进行读、写，但可以通过执行转移、调用、返回等指令自动改变其内容，以实现程序的转移。

3.3　MCS－51 单片机的时钟、复位及时序

3.3.1　时钟电路

单片机的时钟电路用来产生单片机工作所需的时钟信号，单片机必须在时钟的驱动下才能进行工作。

在 MCS－51 单片机内有一个高增益的反相放大器，反相放大器的输入端为 XTAL1，输出端为 XTAL2，由该放大器构成的振荡电路和时钟电路一起构成了单片机的时钟方式。根据硬件电路的不同，单片机的时钟连接方式可分为内部时钟方式和外部时钟方式，如图 3-7 所示。

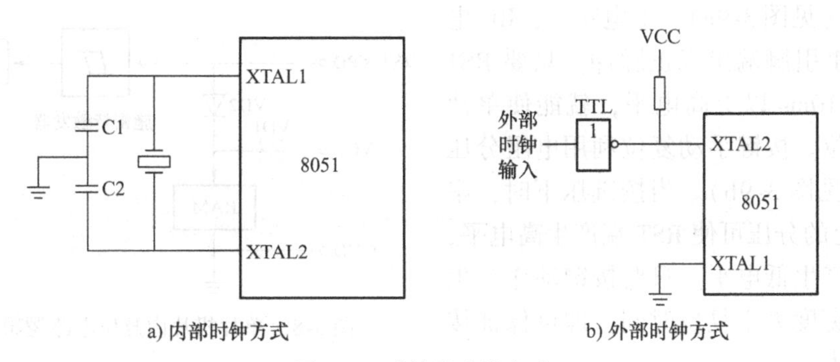

图 3-7　时钟的连接方式

（1）内部时钟方式　在内部时钟方式电路中，必须在 XTAL1 和 XTAL2 引脚两端跨接石英晶体振荡器和两个微调电容器构成振荡电路，电容通常取 30pF，晶振的频率取值通常为 1.2 ~ 12MHz。

内部时钟方式下由 XTAL1 送给单片机的是振荡脉冲。振荡脉冲经单片机内部的触发器二分频后，才能成为单片机的时钟脉冲。因此，时钟脉冲和振荡脉冲是二分频的关系。

（2）外部时钟方式　对于外接时钟电路，要求 XTAL1 接地，XTAL2 接外部时钟，对于外部时钟信号无特殊要求，只要保证时钟频率低于 12MHz 即可。

3.3.2　复位电路

复位是单片机的初始化操作，只需要在复位引脚 RST（reset）加上大于两个机器周期的高电平，就可使 MCS－51 复位。复位时，PC 初始化为 0000H，所以单片机是从 0000H 单元开始执行程序。复位时片内寄存器的状态见表 3-8。除了进入系统的正常初始化之外，当由于程序运行出错或操作错误使系统处于死锁状态时，为摆脱困境，也需要按复位键进行复位。

表 3-8　复位时片内各寄存器的初始值

寄存器	复位状态	寄存器	复位状态
PC	0000H	TMOD	00H
A	00H	TCON	00H
B	00H	TH0	00H
PSW	00H	TL0	00H
SP	07H	TH1	00H
DPTR	0000H	TL1	00H
P0 ~ P3	FFH	SCON	00H
IP	× × ×00000	SBUF	× × × × × × × ×
IE	0 × ×00000	PCON	0 × × ×0000

复位信号必须是一个高电平有效信号，有效时间应持续 24 个振荡脉冲周期（两个机器周期）以上。单片机片内复位电路逻辑结构如图 3-8 所示。

单片机的复位操作有上电自动复位和按键手动复位两种方式。上电自动复位利用电容器充电来实现（见图3-9a）。上电瞬间，RC电路充电，RST引脚端出现正脉冲。只要RST引脚端保持10ms以上高电平，就能使单片机有效地复位。按键手动复位利用电阻分压电路实现（见图3-9b）。当按键压下时，串联电阻R2上的分压可使RST端产生高电平，按键抬起时产生低电平。只要按键动作产生的复位脉冲宽度大于复位时间，即可保证按键复位的发生。

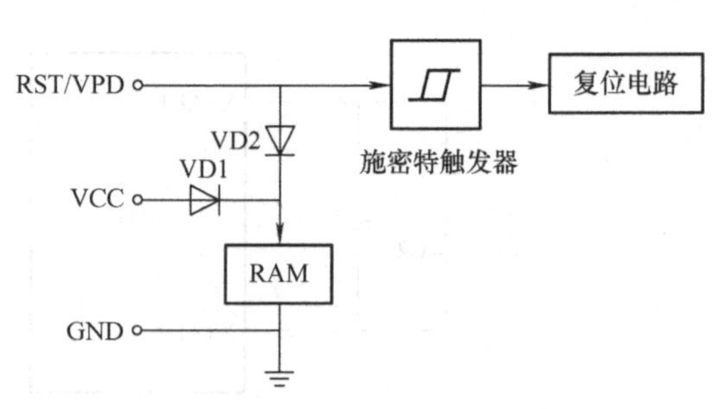

图3-8 单片机片内复位电路逻辑结构

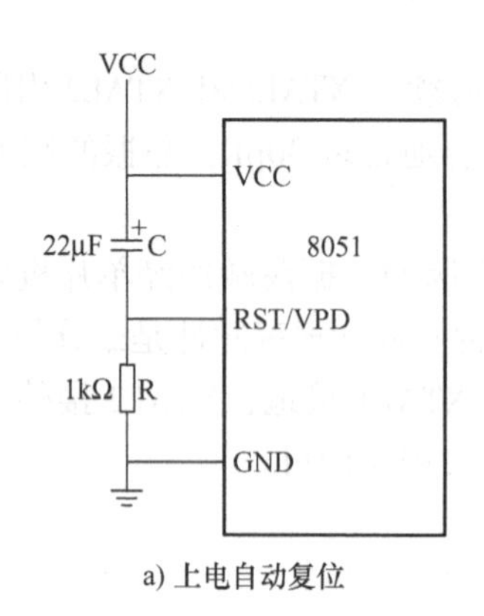

a) 上电自动复位

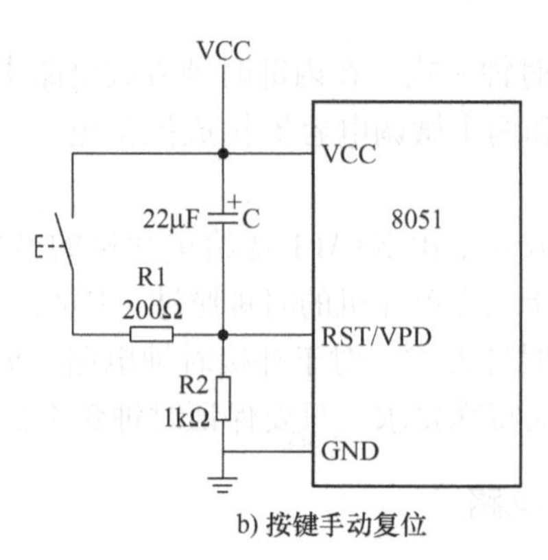

b) 按键手动复位

图3-9 复位电路

3.3.3 单片机时序

单片机的时序就是CPU在执行指令时所需控制信号的时间顺序。单片机运行时是以主振频率为基准的，控制器控制CPU的时序，对指令进行译码，然后发出各种控制信号，将各个硬件环节组织在一起，这种严格的时序保证了各部件间的同步工作。

为了便于对CPU时序进行分析，我们将指令的执行过程规定了3种周期，即时钟周期、机器周期和指令周期。这3种周期的关系如图3-10所示。

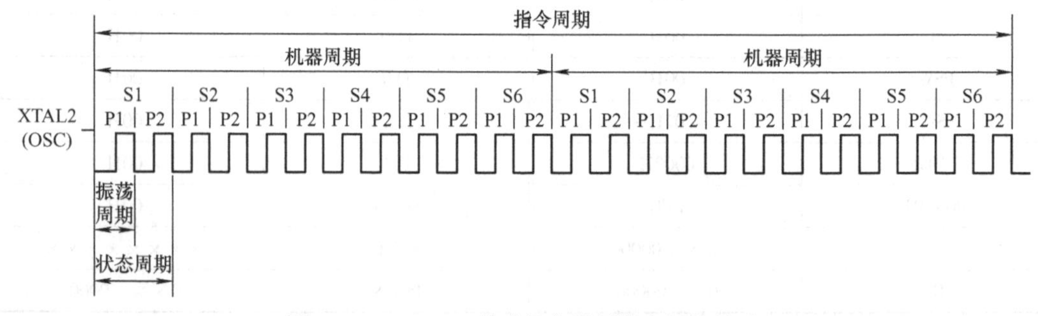

图3-10 MCS-51单片机各种周期之间的关系

1. 时钟周期(振荡周期)

时钟周期是计算机中最基本的、最小的时间单位。它定义为时钟脉冲频率的倒数。在

MCS－51 单片机中将一个时钟周期定义为一个节拍，即 $T_{osc}=1/f_{osc}$，若 $f_{osc}=1$MHz，$T_{osc}=1\mu s$。对于 MCS－51 单片机而言，时钟频率范围是 1.2～12MHz。

2. 机器周期

一条指令的执行过程划分为若干个阶段，每一阶段完成一项基本操作，例如取指令、读存储器、写存储器等，因此将 CPU 完成每一个基本操作所需的时间定义为机器周期。

每个机器周期（12 个振荡周期）由 6 个状态周期组成，即 S1、S2……S6，而每个状态周期由两个节拍 P1、P2 组成。所以，一个机器周期可依次表示为 S1P1、S1P2、S2P1、S2P2……S6P1、S6P2。

3. 指令周期

指令周期是执行一条指令所需的时间。MCS－51 单片机的指令周期一般只有 1 或 2 个机器周期，只有乘、除两条指令占 4 个机器周期。当用 12MHz 晶体做主振频率时，执行一条指令的时间，也就是一个指令周期为 1μs、2μs 及 4μs。

思考题与习题

1. MCS－51 单片机片内有哪些主要逻辑功能部件？
2. 简述 MCS－51 单片机片内 RAM 的空间分配。
3. 使单片机复位有几种方法？复位后机器的初始状态如何？
4. 一个机器周期的时序如何划分？

第4章 指令系统

单片机系统需要有硬件设计和软件编程的相互配合才能完成一定的任务，实现相应的功能。指令是软件编程的基础，本章将详细介绍 MCS－51 单片机的指令系统。

4.1 概述

本节主要介绍指令格式、指令的分类以及指令系统综述，为本章后面的学习打下基础。

4.1.1 指令与程序设计语言

计算机的指令是指计算机硬件执行各种操作的命令，是计算机的控制信息。计算机的指令系统是其所能执行的全部指令的集合，也是表征计算机性能的重要指标。每种计算机都有自己的指令系统，MCS－51 单片机所需执行指令的集合即为其指令系统。

4.1.2 指令格式

用二进制编码表示的机器语言由于阅读困难，且难以记忆，因此一般采用汇编语言指令来编写单片机程序，一条汇编语言指令中最多包含 4 个区段，格式为

标号:操作码　目的操作数,源操作数　;注释

标号与操作码之间用“:”隔开；操作码与操作数之间用“空格”隔开；目的操作数和源操作数之间用“,”隔开；操作数与注释之间用“;”隔开。

标号由用户定义的符号组成，必须以英文大写字母开始。标号可有可无，若一条指令中有标号，标号代表该指令所存放的第一个字节存储单元的地址，故标号又称为符号地址，在汇编时，把该地址赋值给标号。

操作码是用英文缩写的指令助记符，是指令的功能部分，不能缺省。例如，MOV 是数据传送的助记符。

操作数是指令要操作的数据信息，即所要操作的数据或数据存放的地址。根据指令的不同功能，操作数的个数为 3、2、1 或没有操作数。例如 MOV　A,#20H，包含了两个操作数 A 和#20H，它们之间用“,”隔开。

注释可有可无，以“;”开头。加入注释主要为了便于阅读，程序设计者对指令或程序段进行简要的功能说明，在阅读程序或调试程序时将会带来很多方便。

绝大多数指令包含两个基本部分：操作码和操作数。

4.1.3 指令的分类

1. 按照指令码的字节来分

MCS－51 单片机的指令通常可以分为单字节、双字节和三字节指令。

（1）单字节指令（49条）　单字节指令码只有一个字节，由8位二进制数组成。这类指令共有49条。通常，单字节指令又可分为两类：一类是无操作数的单字节指令；另一类是含有操作数寄存器编号的单字节指令。

1）无操作数单字节指令。这类指令的指令码只有操作码字段，没有专门指示操作数的字段，操作数是隐含在操作码中的。

例如：INC　DPTR

2）含有操作数寄存器编号的单字节指令。这类指令的指令码由操作码字段和专门用来指示操作数所在寄存器编号的字段组成。

例如：8位数传送指令

```
MOV  A,Rn
```

其中，n的取值范围为0~7。

（2）双字节指令（46条）　双字节指令含有两个字节，可以分别存放在两个存储单元中，操作码字节在前，操作数字节在后。操作数字节可以是立即数（即指令码中的数），也可以是操作数所在的片内RAM地址。

例如：8位数传送指令

```
MOV  A,#data
```

这条指令的含义是把指令码的第2个字节data取出来存放到累加器A中。

（3）三字节指令（16条）　这类指令的指令码的第1个字节为操作码，第2个和第3个字节为操作数或操作数地址。由于有两个字节的操作数或操作数地址，故三字节指令共有如下四类：

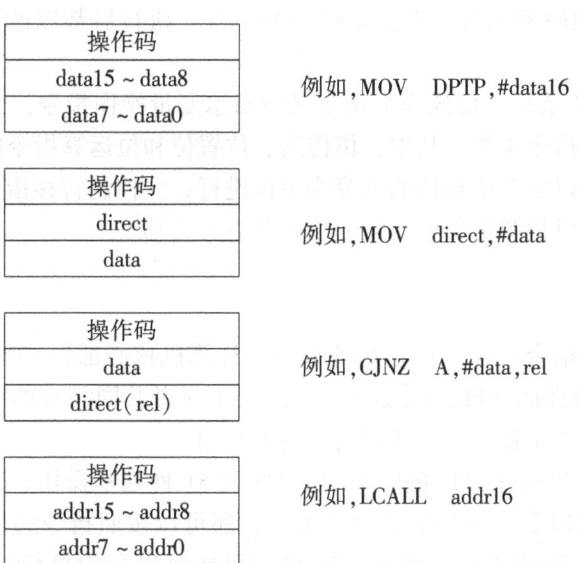

通常，指令码的字节数越少，指令执行速度越快，所占存储单元也就越少。因此，在程序设计中，应在可能的情况下注意选用指令码字节数少的指令。

2. 按照功能来分

MCS-51单片机指令可以分为5类：数据传送类指令、算术运算类指令、逻辑操作类指令、控制转移类指令和位操作类指令。

(1) 数据传送类指令 (28 条) 这类指令主要用于在单片机片内 RAM 和 SFR 之间传送数据，也可以用于在单片机片内和片外存储单元之间传送数据。数据传送类指令是把源地址中操作数传送到目的地址（或目的寄存器）的指令，该指令执行后源地址中的操作数不被破坏，源操作数有 8 位和 16 位之分，前者称为 8 位数传送指令，后者称为 16 位数传送指令。

交换指令也属于数据传送类指令，是把两个地址单元中的内容相互交换。因此，这类指令中的操作数或操作数地址是互为“源操作数/源操作数地址”和“目的操作数/目的操作数地址”的。

(2) 算术运算类指令 (24 条) 算术运算类指令用于对两个操作数进行加减乘除等算术运算。在两个操作数中，一个应放在累加器 A 中，另一个可以放在某个寄存器或片内 RAM 单元中，也可以放在指令码的第 2 和第 3 个字节中。指令执行后，运算结果便可保留在 A 中，运算中产生的进位标志、奇偶标志和溢出标志等皆可保留在 PSW 中，参加运算的两个数可以是 8 位的，也可以是 16 位的。

(3) 逻辑操作类指令 (25 条) 这类指令包括逻辑操作和环移两类指令。逻辑操作指令用于对两个操作数进行逻辑乘、逻辑加、逻辑取反和异或等操作，大多数指令也需要把两个操作数中的一个预先放入累加器 A，操作结果也放在 A 中。环移指令可以对 A 中的数进行环移，环移指令有左环移和右环移之分，也有带进位位 CY 和不带进位位 CY 之分。

(4) 控制转移类指令 (17 条) 控制转移类指令分为条件转移、无条件转移、调用和返回等指令。这类指令的共同特点是可以改变程序执行的流向，或者是使 CPU 转移到另一处执行，或者是继续顺序地执行。无论是哪一类指令，执行后都以改变 PC 中的值为目标。

(5) 位操作类指令 (17 条) 位操作类指令又称布尔变量操作指令，分为位传送、位置位、位运算和位控制转移指令 4 类。其中，位传送、位置位和位运算指令的操作数不是以字节为单位进行操作，而是以字节中某位的内容为单位进行；位控制转移指令不是以检测某个字节为条件而转移，而是以检测字节中的某一位的状态来转移。

4.1.4 指令系统综述

指令的集合或全体称为指令系统。指令系统是微型计算机核心部件 CPU 的重要性能指标，是进行 CPU 内部电路设计的基础，也是计算机应用工作者共同关心的问题。因此，计算机类型不同，指令系统中每条指令的格式和功能也不相同。

MCS-51 单片机指令系统共有 111 条指令，可以实现 51 种基本操作。这 111 条指令的分类方法颇多，除可以按照指令功能和字节数分类外，还可以按照指令的机器周期数来分类。如果按照指令的机器周期数来分，MCS-51 单片机常可以分为单机器周期指令（57 条），双机器周期指令（52 条）和四机器周期指令（2 条）。

MCS-51 指令系统中的所有指令如附录 C 所列，除了操作码字段采用了 42 种操作码助记符外，还在源操作数和目的操作数字段中使用了一些符号。这些符号的含义归纳如下：

1) Rn：工作寄存器，可以是 R0 ~ R7 中的一个。

2）#data：8 位立即数，实际使用时 data 应是 00H～FFH 中的一个。

3）direct：8 位直接地址，实际使用时 direct 应是 00H～FFH 中的一个，也可以是 SFR 中的一个。

4）@Ri：表示寄存器间接寻址，Ri 只能是 R0 或 R1。

5）#data16：16 位立即数。

6）@DPTR：表示以 DPTR 为数据指针的间接寻址，用于对外部 64KB RAM/ROM 寻址。

7）bit：位地址。

8）addr11：11 位目标地址。

9）addrl6：16 位目标地址。

10）rel：8 位带符号地址偏移量。

11）$：当前指令的地址。

4.2 寻址方式

所谓寻址方式，通常是指某一个 CPU 指令系统中规定的寻找操作数所在地址的方式，或者说通过什么方式找到操作数。在执行指令时，CPU 首先要根据地址寻找参加运算的操作数，然后才能对操作数进行操作，操作结果还要根据地址存入相应存储单元或寄存器中。因此，计算机执行程序实际上是不断寻找操作数并进行操作的过程。寻址方式的方便与快捷是衡量 CPU 性能的一个重要方面。

在 MCS－51 单片机中，操作数的存放范围是很大的，可以放在片外 ROM/RAM 中，也可以放在片内 ROM/RAM 以及 SFR 中。为了适应这一操作数范围内的寻址，MCS－51 单片机的指令系统共使用了 7 种寻址方式，它们是立即寻址、直接寻址、寄存器寻址、寄存器间接寻址、变址寻址、相对寻址和位寻址。

4.2.1 立即寻址

立即寻址方式是操作数包括在指令字节中，指令操作码后面字节的内容就是操作数本身，该操作数称为立即数。

在指令的汇编形式中，一般在立即数前面加上“#”以区别于 direct（或 bit）。

格式：MOV A,#data

例如：MOV A,#3AH

表示将立即数 3AH 传送到累加器 A 中，如图 4-1 所示。

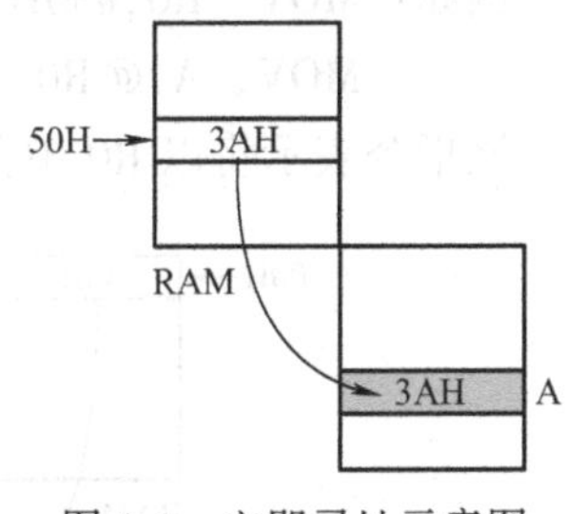

图 4-1 立即寻址示意图

4.2.2 直接寻址

直接寻址是指在指令中直接给出存储单元的地址。该地址通常可以是 8 位二进制数，在 MCS－51 单片机中，直接寻址只能访问以下 3 种地址空间。

1）SFR，直接寻址是其唯一的访问形式。

2）片内 RAM 的低 128B。

3）位地址空间。

机器执行它们时便可根据这些直接地址找到所需要的操作数。

格式：MOV A,direct

例如：MOV A,50H

表示将50H地址中的内容送入累加器A中，如图4-1所示。

注意区分直接寻址与立即寻址，立即寻址中操作数前面带有#，表示这个操作数就是其本身，而在直接寻址中所给出的是数据存储的地址。

4.2.3 寄存器寻址

寄存器寻址是指指令中的操作数为寄存器中的内容。这类指令所需操作数在MCS-51单片机内部累加器A、通用寄存器B和某个工作寄存器R0~R7及DPTR等中，指令码内含有该操作数的寄存器号。

格式：MOV A,Rn

例如：MOV A,R0

表示将寄存器R0中的内容传送到累加器A中，如图4-2所示。

4.2.4 寄存器间接寻址

寄存器间接寻址是指指令中的操作数在寄存器的内容所指的地址单元中。计算机执行这类指令时，首先根据指令码中寄存器号找到所需要的操作数地址，再由操作数地址找到操作数，并完成相应操作。因此，寄存器间接寻址实际上是一种二次寻找操作数地址的寻址方式。

通常在如下两种情况下使用寄存器间接寻址方式。

1）访问片内或片外RAM的低256B（00H~FFH）空间时，可以用R0或R1作为间址寄存器，记作@Ri(i=0，1)。

格式：MOV A,@Ri

例如：MOV R0,#30H

MOV A,@R0

该指令表示将以R0中存放的数据为地址的内容传送至累加器A中，如图4-3所示。

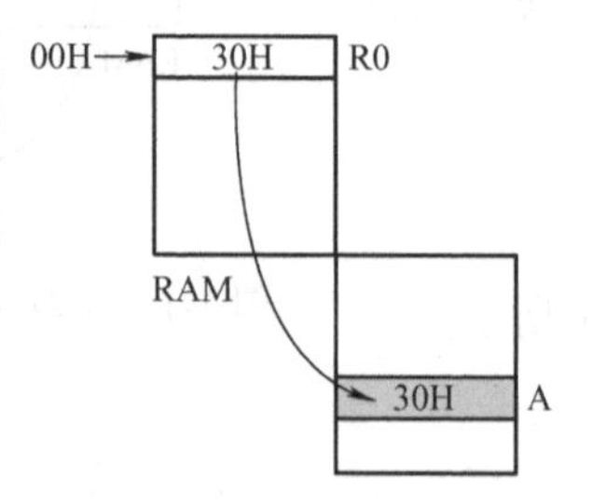

图4-2 寄存器寻址示意图

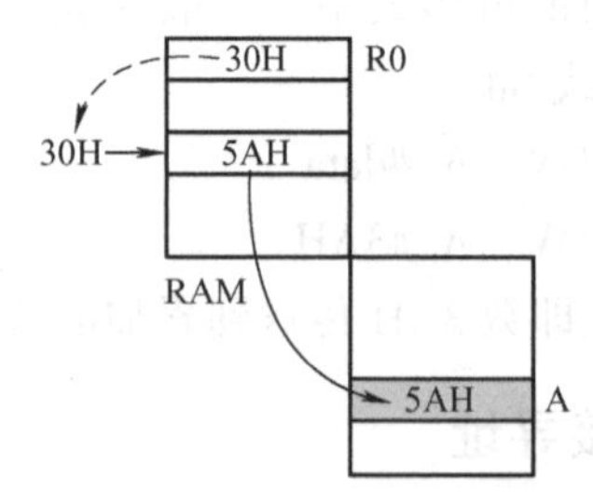

图4-3 寄存器间址示意图

2）访问片外RAM全部64KB空间时，可以用DPTR作为间址寄存器，记作@DPTR。

格式：MOVX A,@DPTR

例如：MOVX @DPTR,A

该指令表示将累加器A中的内容传送到片外RAM的DPTR所示的存储单元中。

4.2.5 变址寻址

变址寻址是指以一个基地址加上一个偏移量地址形成操作数地址的寻址方式。在这种寻址方式中，以 DPTR 或 PC 作为基址寄存器，累加器 A 作为偏移量寄存器，基址寄存器的内容与偏移量寄存器的内容之和作为操作数地址。

MCS－51 单片机有如下两条变址寻址指令。

```
MOVC  A,@ A + PC      ;A←(A + PC)
MOVC  A,@ A + DPTR    ;A←(A + DPTR)
```

第 1 条变址寻址指令执行时先使 PC 中当前值与累加器 A 中的地址偏移量相加，从而取出操作数传送到累加器 A 中。第 2 条指令执行过程和第 1 条指令类似。

应当注意两点：一是变址寻址指令的变址寻址区是 ROM，而不是 RAM；二是变址寻址是单字节双周期指令，CPU 执行这条指令前应预先在 DPTR 和累加器 A 中为该指令的执行准备条件。

［**例 4-1**］ 已知片外 ROM 的 240FH 单元中有一常数 X，现欲把它取出放到累加器 A，请编写相应程序，并进行必要的分析。

根据变址寻址特点，基地址显然应取 2400H，地址偏移量为 0FH，相应程序为

```
MOV     DPTR,#2400H         ;DPTR←2400H
MOV     A,#0FH              ;A←0FH
MOVC    A,@ A + DPTR        ;A←X
```

其中第 1 条和第 2 条传送指令是为第 3 条变址寻址指令准备条件的。在第 3 条指令执行时，单片机先把 DPTR 中的 2400H 和累加器 A 中的 0FH 相加后得到 240FH，然后到片外 ROM 的 240FH 地址中取出操作数 X 送到累加器 A。因此，累加器 A 具有双重作用，在指令执行前用来存放地址偏移量 0FH，指令执行后的内容为目的操作数 X，指令执行过程如图 4-4 所示。

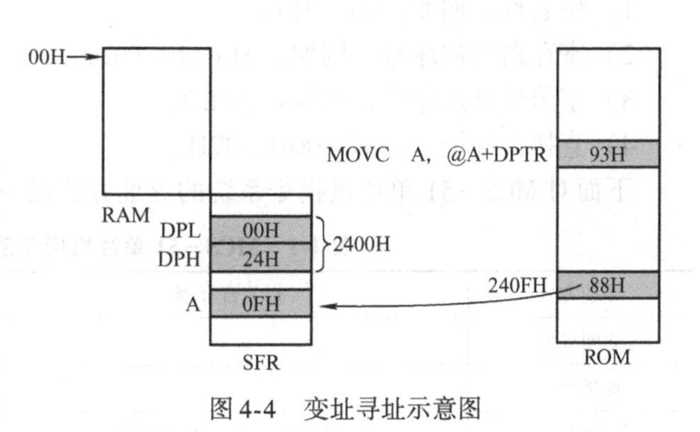

图 4-4 变址寻址示意图

4.2.6 相对寻址

相对寻址是以 PC 的当前值为基准，加上指令中给出的相对偏移量形成目标地址的寻址方式。相对寻址在相对转移指令中使用，相对偏移量 rel 是一个带符号的 8 位二进制补码，其取值范围为 －128 ~ ＋127。

格式：JC rel

例如：JC 75H

该指令起始于 ROM 的 1000H 位置，执行该指令后程序将跳转到 1077H 单元取值，其示意图如图 4-5 所示。

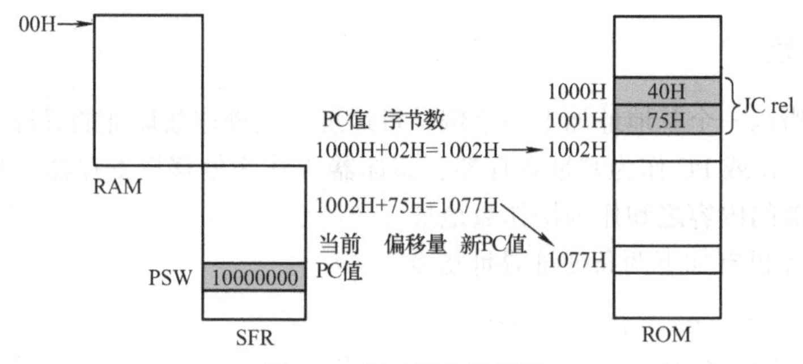

图 4-5 相对寻址示意图

注：此例中 CY（PSW.7）为 1。

4.2.7 位寻址

在计算机中，操作数不仅可以以字节为单位进行存取和操作，而且可以以 8 位二进制数中的某一位为单位进行存取和操作。当把 8 位二进制数中的某一位作为操作数看待时，这个操作数的地址就称为位地址，对位地址寻址简称位寻址。

在位寻址指令中，位地址用 bit 表示，以区别字节地址 direct。

在 MCS - 51 单片机中，位寻址区专门安排在片内 RAM 中的两个区域：

1）片内 RAM 的位寻址区，字节地址范围是 20H ~ 2FH，共 16 个 RAM 单元。

2）某些 SFR，其特征是它们的物理地址应能被 8 整除，共 16 个，它们分布在 80H ~ FFH 的字节地址区。

位地址的表示方法有：

1）位名称，例如：CY、RS0。

2）寄存器名加序号，例如：ACC.1、P0.1。

3）字节地址加序号，例如：20H.3。

4）直接位地址，例如：00H、07H。

下面对 MCS - 51 单片机指令系统的寻址方式做一个总结，见表 4-1。

表 4-1 MCS - 51 单片机指令系统的寻址方式

寻址方式	相关寄存器	寻址的空间
立即寻址		ROM
直接寻址		片内 RAM 和 SFR
寄存器寻址	R0 ~ R7，A，B，DPTR	R0 ~ R7，A，B，DPTR
寄存器间接寻址	@R0，@R1	片内 RAM
	@R0，@R1，@DPTR	片外 RAM
变址寻址	@A + PC，@A + DPTR	ROM 区
相对寻址	PC	ROM 区
位寻址	可寻址的 SFR	片内 RAM 20H ~ 2FH，SFR 可寻址位

4.3 MCS - 51 单片机指令系统

MCS - 51 单片机的指令系统共有 111 条指令，按照指令可以实现的基本功能可以大致分为五类，即数据传送类指令、算数运算类指令、逻辑操作类指令、控制转移类指令、位运算类指令。本节将详细介绍这几类指令的功能。

4.3.1　数据传送类指令

数据传送类指令是单片机指令系统中最基本和最主要的一类指令，其一般的操作是将源操作数所指出的数据传送到指令所指定的目的地址，指令执行完成后，源操作数不变，目标地址单元内容被源操作数所给的数据所替代。数据传送类指令不会影响标志位，但可能会对奇偶校验位P有影响。

MCS－51单片机的数据传送类指令可分为内部数据传送指令、外部数据传送指令、堆栈操作指令和数据交换指令四大类。

1. 内部数据传送指令

这类指令的源操作数和目的操作数的地址都在单片机内部，包括片内的地址、寄存器、SFR。

（1）以累加器A为目的操作数的指令（4条）

```
MOV  A,Rn;A←(Rn)
MOV  A,direct;A←(direct)
MOV  A,@ Ri;A←((Ri))
MOV  A,#data;A←data
```

这组指令的功能是把源操作数的内容送入累加器A中。源操作数的寻址方式分别为寄存器寻址、直接寻址、寄存器间接寻址和立即寻址四种基本寻址方式。例如，若（R1）=20H，（20H）=55H，执行指令“MOV　A,@ R1”后，（A）=55H。

（2）以寄存器Rn为目的操作数的指令（3条）

```
MOV  Rn,A         ;Rn←(A)
MOV  Rn,direct    ;Rn←(direct)
MOV  Rn,#data     ;Rn←data
```

这组指令的功能是把源操作数的内容送入寄存器Rn中。源操作数的寻址方式分别为直接寻址、寄存器寻址和立即寻址（由于目的操作数为工作寄存器，所以源操作数不能是工作寄存器及其间址寻址）。

例如，若（50H）=40H，执行指令“MOV　R6,50H”后，（R6）=40H。

（3）以直接地址direct为目的操作数的指令（5条）

```
MOV  direct,A             ;direct←(A)
MOV  direct,Rn            ;direct←(Rn)
MOV  direct2,direct1      ;direct2←(direct1)
MOV  direct,@ Ri          ;direct←(Rn)
MOV  direct,#data         ;direct←data
```

这组指令的功能是把源操作数的内容送入direct为地址的单元中。源操作数的寻址方式分别为寄存器寻址、立即寻址、寄存器间接寻址和直接寻址。例如，若（R1）=50H，（50H）=18H，执行指令“MOV　40H,@ R1”后（40H）=18H。

（4）以间接地址@ Ri 为目的操作数的指令（3 条）

```
MOV  @ Ri,A          ;(Ri)←(A)
MOV  @ Ri,direct     ;(Ri)←(direct)
MOV  @ Ri,#data      ;(Ri)←data
```

这组指令的功能是把源操作数的内容送入以 Ri 内容为地址的单元，源操作数寻址方式为寄存器寻址、直接寻址和立即寻址（因目的操作数采用寄存器间接寻址，故源操作数不能是寄存器及其间址寻址）。例如，若（R1）=30H，（A）=20H，执行指令“MOV @R1，A”后，(30H)=20H。

2. 外部数据传送指令

（1）外部 RAM 数据传送指令（4 条）

这类指令可以实现外部 RAM 和累加器 A 之间的数据传送。

```
MOVX  A,@ DPTR       ;A←((DPTR))
MOVX  A,@ Ri         ;A←((Ri))
MOVX  @ DPTR,A       ;(DPTR)←(A)
MOVX  @ Ri,A         ;(Ri)←(A)
```

第 1 条指令以 16 位 DPTR 为间址寄存器读取片外 RAM 中的数据，第 3 条将累加器 A 中的数据写入以 16 位 DPTR 为间址寄存器的外部 RAM 中。它们可以寻址整个 64KB 即 0000H ~ FFFFH 的片外 RAM 空间。在 DPH 中的高 8 位地址由 P2 口输出，在 DPL 中的低 8 位地址由 P0 口分时输出，并由 ALE 信号锁存在地址锁存器中。

第 2、4 条指令以 R0 或 R1 为间址寄存器，可以读、写 0000H ~ 00FFH 的片外 RAM 空间。指令执行时，低 8 位地址在 R0 或 R1 中由 P0 口分时输出，ALE 信号将地址信息锁存在地址锁存器中。当访问多于 256B 的空间时，可以由 R0 或 R1 提供低 8 位地址，高 8 位地址由 P2 口提供。

［例 4-2］ 外部 RAM 的 1267H 单元中有数据 Y，试编写一个能把 Y 传送到外部 RAM 的 43H 单元的程序。

因为外部 RAM 单元中的数据不能直接进行相互之间的传送，必须要经过累加器 A 的转送。程序如下：

```
MOV   DPTR,#1267H
MOV   R0,#43H
MOVX  A,@ DPTR
MOVX  @ R0,A
```

（2）外部 ROM 数据传送指令

ROM 中的数据向累加器 A 传送数据的指令，属于变址寻址指令，又称为查表指令。由于 ROM 只能读不能写，其数据传送是单向的，即从 ROM 读出数据并且只能向 A 传送，所以这类指令只有两条，即

```
MOVC  A,@ A+DPTR     ;(A)←((A)+(DPTR))
MOVC  A,@ A+PC       ;(A)←((A)+(PC))
```

第1条指令以DPTR内容为基址，首先执行16位无符号数加法，将获得的基址与变址之和作为16位的程序存储器地址，然后将该地址单元的内容传送到累加器A。指令执行后DPTR的内容不变。它的寻址范围为整个ROM的64KB空间。

第2条指令以PC内容为基址，但指令中PC的地址随着被执行指令在程序中位置的不同而不同。当执行指令在程序中的位置确定以后，PC中的内容也随之确定。取出该单字节指令后PC的内容自动加1，以加1后的当前值去执行16位无符号数加法，将获得的基址与变址之和作为16位的ROM地址，然后将该地址单元的内容传送到累加器A。指令执行后PC的内容不变。该指令用于查表时，PC存放表的起始地址。

[例4-3] 在ROM 1000H开始存有5个字节数，编程将第2个字节数取出并送入片内RAM 30H单元中。

程序如下：

```
    MOV  DPTR,#1000H        ;置ROM地址指针(基址)DPTR
    MOV  A,#01H             ;表内序号送A(变址)
    MOVC  A,@ A + DPTR      ;从ROM 1000H单元中取数送到A
    MOV   30H,A             ;再存入内RAM 30H中
    ORG  1000H              ;伪指令,定义数表起始地址
TAB:DB 55H,67H,9AH,…        ;在ROM 1000H开始的空间中定义5个字节
```

[例4-4] 设某数N已存于20H单元（N≤10），查表求N的二次方值，存入21H单元。

程序如下：

```
    MOV    A,20H                ;取数N
    ADD    A,#01                ;加查表偏移量
    MOVC   A,@ A + PC           ;查表
TAB: DB  00H,01H,04H,…          ;定义数表
```

由于PC为程序计数器，总是指向下一条指令的地址，在执行第3条指令“MOVC A,@A+PC”时，在查表前应在累加器A中加上该指令与表之间的偏移量。

用DPTR查表时，表格可放在ROM的64KB范围（不用考虑偏移量），用“MOVC A,@A+PC”指令时则必须把表格放在该条指令下面开始的255B的空间中。

3. 堆栈操作指令

堆栈是在内部RAM中按后进先出的规则组织的一片存储区。此区的一端固定，称为栈底；另一端是活动的，称为栈顶。栈顶的位置（地址）由栈指针SP指示（即SP的内容是栈顶的地址）。

堆栈操作指令是一类特殊的数据传送指令，其特点是根据SP进行数据传送操作，该类指令有如下两条：

```
PUSH    direct; SP←(SP) +1,(SP)←(direct)
POP     direct; direct←((SP)),SP←(SP) -1
```

第1条指令为压栈指令，用于把以direct为地址的操作数传送到堆栈中。该指令在执行时分为两步执行，首先使栈顶地址SP加1，使其指向新的栈顶位置。之后将direct地址中的

操作数压入由 SP 指向的栈顶地址中。

第 2 条指令为出栈指令，用于将堆栈中的数据传送到 direct 单元中。该指令在执行时分为两步执行，首先将栈顶地址 SP 中的数据传送到 direct 中，之后原栈顶地址减 1，SP 指向新的栈顶位置。

注意堆栈操作指令是直接寻址指令。例如，已知（A）=44H，(30H) =55H，执行

```
MOV     SP,#5FH       ;栈起点设置为 5FH
PUSH    ACC           ;A 中的 44H 压到 60H 中保存
PUSH    30H           ;30H 中的 55H 压到 61H 中保存
POP     30H           ;把 61H 中的 55H 弹出到 30H
POP     ACC           ;把 60H 中的 44H 弹出到 A 中
```

4. 数据交换指令

数据交换指令共有 5 条，其中 3 条为整个字节相互交换，2 条为半字节交换，格式为

```
XCH     A,Rn          ;(A)⟷(Rn)
XCH     A,direct      ;(A)⟷(direct)
XCH     A,@ Ri        ;(A)⟷((Ri))
XCHD    A,@ Ri        ;(A3~0)⟷((Ri)3~0)
SWAP    A             ;(A3~0)⟷(A7~4)
```

前 3 条指令的功能是将累加器 A 中的内容与片内 RAM 单元中的内容互换。第 4 条指令的功能是间址操作数的低半字节与 A 的低半字节内容互换。第 5 条指令的功能是将累加器 A 中的高、低 4 位内容互换。例如，将片内 RAM 30H 单元与 40H 单元中的内容互换。

方法一：堆栈传送法。

```
PUSH  30H
PUSH  40H
POP  30H
POP  40H
SJMP  $
```

方法二：字节交换传送法。

```
MOV     A,30H
XCH     A,40H
MOV     30H,A
SJMP    $
```

4.3.2 算术运算类指令

算术运算类指令有加、减、乘、除法指令，加 1 和减 1 指令，十进制调整指令，使用时应注意判断各种结果对哪些标志位（CY、OV、AC、P）产生影响。下面详细介绍相关指令。

1. 加法指令

（1）不带进位加法指令

```
ADD  A,Rn             ;A←(A)+(Rn)
```

```
ADD  A,direct      ;A←(A)+(direct)
ADD  A,@ Ri        ;A←(A)+((Ri))
ADD  A,#data       ;A←(A)+data
```

以上指令的功能为将源地址中的操作数与累加器 A 中的内容相加，并将两数之和存入累加器 A 中。参加运算的两个操作数都必须是8 位二进制数，运算得到的结果也是一个8 位二进制数，而且运算会对 PSW 中的标志位产生影响。

可以根据自己编程的需要把参加运算的两个操作数看作是无符号数或者有符号数，当看作是无符号数时数值取值范围是 0 ~ 255，当看作是有符号数时采用补码形式，取值范围是 -128 ~ +127。但是无论把参与运算的操作数看作是有符号数还是无符号数，计算机都是按照有符号数的法则运算，并同时产生 PSW 中的标志位。

若将参与运算的两个数看作是无符号数，则根据标志位 CY 来判断结果是否溢出；若将参与运算的两个数看作是有符号数，则根据标志位 OV 来判断结果是否溢出。

（2）带进位加法指令

```
ADDC  A,Rn        ;A←(A)+(Rn)+(CY)
ADDC  A,direct    ;A←(A)+(direct)+(CY)
ADDC  A,@ Ri      ;A←(A)+((Ri))+(CY)
ADDC  A,#data     ;A←(A)+data+(CY)
```

上述指令的功能是把源操作数与累加器 A 的内容相加再与进位标志 CY 的值相加，结果送入累加器 A 中。加的进位标志 CY 的值是在该指令执行之前已经存在的进位标志的值，而不是执行该指令过程中产生的进位。

1）加 1 指令

```
INC  A          ;A←(A)+1
INC  Rn         ;A←(Rn)+1
INC  direct     ;direct←(direct)+1
INC  @ Ri       ;(Ri)←(Ri)+1
INC  DPTR       ;DPTR←DPTR+1
```

指令的功能是把源操作数的内容加 1，结果再送回原单元。这些指令仅“INC　A”影响 P 标志位，其余指令都不影响标志位的状态。

2）十进制调整指令

```
DA  A
```

前面的 ADD 及 ADDC 指令都是对一般的二进制数进行相加，但有时需要对组合的 BCD 码进行加法运算，MCS - 51 单片机却没有这方面的指令，因此只好借助于 ADD 或 ADDC。但这样有可能使 BCD 码相加得到的结果不是 BCD 码，因此需要进行调整，以希望得到正确的 BCD 码，这就是“DA　A”指令的功能

十进制调整指令的功能是对累加器 A 中刚进行的两个 BCD 码相加的结果进行十进制 BCD 调整。两个压缩的 BCD 码按二进制相加后，必须经过“DA　A”调整方能得到正确的压缩 BCD 码的和。

调整要完成的任务是：

① 当累加器 A 中的低 4 位数出现了非 BCD 码（1010 ~ 1111）或低 4 位产生进位（AC =1），则应在低 4 位加 6 调整，以产生低 4 位正确的 BCD 结果。

② 当累加器 A 中的高 4 位数出现了非 BCD 码（1010 ~ 1111）或高 4 位产生进位（CY =1），则应在高 4 位加 6 调整，以产生高 4 位正确的 BCD 结果。

③ 十进制调整指令执行后，PSW 中的 CY 表示结果的百位值。

[例 4-5] 6 位 BCD 码相加程序（十进制加法）。

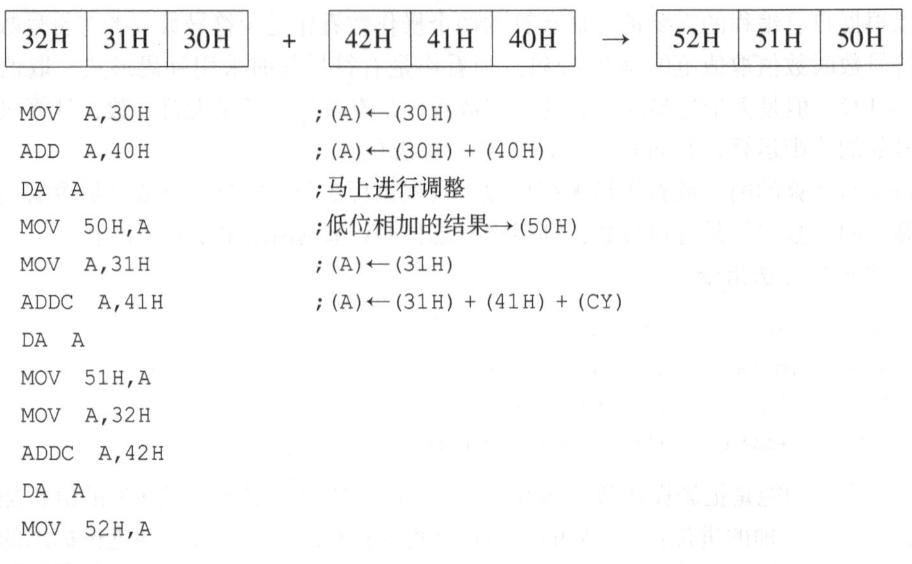


```
MOV  A,30H          ;(A)←(30H)
ADD  A,40H          ;(A)←(30H)+(40H)
DA  A               ;马上进行调整
MOV  50H,A          ;低位相加的结果→(50H)
MOV  A,31H          ;(A)←(31H)
ADDC  A,41H         ;(A)←(31H)+(41H)+(CY)
DA  A
MOV  51H,A
MOV  A,32H
ADDC  A,42H
DA  A
MOV  52H,A
```

2. 减法指令

减法指令包括带借位减法指令和减 1 指令两类。

（1）带借位减法指令 SUBB

```
SUBB  A,Rn          ;A←(A)-(Rn)-(CY)
SUBB  A,direct      ;A←(A)-(direct)-(CY)
SUBB  A,@ Ri        ;A←(A)-((Ri))-(CY)
SUBB  A,#data       ;A←(A)-data-(CY)
```

以上指令功能是把累加器 A 中操作数减去源地址指向的操作数和指令执行前的 CY 值，并把结果存入累加器 A 中。注意减法指令只有带借位减法指令，如果要用此组指令完成不带借位减法，只需先清 CY 为 0 即可。

（2）减 1 指令

```
DEC  A          ;A←(A)-1
DEC  Rn         ;Rn←(Rn)-1
DEC  direct     ;direct←(direct)-1
DEC  @ Ri       ;(Ri)←((Ri))-1
```

这组指令的功能是把操作数的内容减 1，结果再送回原单元。其中仅“DEC　A”影响 P 标志位，其余指令都不影响标志位的状态。

3. 乘法指令

```
MUL  A B    ;(B7 ~0)(A7 ~0)←(A)*(B)
```

该指令的功能是将累加器 A 与寄存器 B 中的无符号 8 位二进制数相乘，乘积的低 8 位留在累加器 A 中，高 8 位存放在寄存器 B 中。当乘积 > FFH 时，溢出标志位（OV）= 1，而标志 CY 位总是被清 0。例如若（A）= 50H，（B）= A0H，执行指令“MUL　AB”之后，（A）= 00H，（B）= 32H，（OV）= 1，（CY）= 0。

4. 除法指令

```
DIV  AB
```

该指令的功能是将累加器 A 中的无符号 8 位二进制数除以寄存器 B 中的无符号 8 位二进制数，商的整数部分存放在累加器 A 中，余数部分存放在寄存器 B 中。当除数为 0 时，则存放结果的 A 和 B 的内容不定，且溢出标志位（OV）= 1。而标志位 CY 总是被清 0。例如若（A）= FBH（251），（B）= 12H(18)，执行指令“DIV　AB”之后，（A）= 0DH，（B）= 11H，（OV）= 0，（CY）= 0。

4.3.3　逻辑操作类指令

逻辑操作类指令可以完成对两个 8 位二进制数进行与、或、异或、清 0 和取反操作，当以累加器 A 为目的操作数时，对 P 标志位有影响，其他指令均不会改变 PSW 中的任何标志位。

1. 逻辑与运算

```
ANL  direct,A           ;direct←(direct)∧(A)
ANL  direct,#data       ;direct←(direct)∧data
ANL  A,Rn               ;A←(A)∧(Rn)
ANL  A,direct           ;A←(A)∧(direct)
ANL  A,@ Ri             ;A←(A)∧((Ri))
ANL  A,#data            ;A←(A)∧data
```

前两条指令的功能是把源操作数与直接地址指示的单元内容相与，结果送入直接地址指示的单元。后 4 条指令的功能是把源操作数与累加器 A 的内容相与，结果送入累加器 A 中。例如若（A）= C3H，（R0）= AAH，执行指令“ANL　A,R0”之后，（A）= 82H。

2. 逻辑或运算

```
ORL  direct,A           ;direct←(direct)∨(A)
ORL  direct,#data       ;direct←(direct)∨data
ORL  A,Rn               ;A←(A)∨(Rn)
ORL  A,direct           ;A←(A)∨(direct)
ORL  A,@ Ri             ;A←(A)∨((Ri))
ORL  A,#data            ;A←(A)∨data
```

前 2 条指令的功能是把源操作数与直接地址指示的单元内容相或，结果送入直接地址指示的单元。后 4 条指令的功能是把源操作数与累加器 A 的内容相或，结果送入累加器 A 中。例如若（A）= C3H，（R0）= AAH，执行指令“ORL　A,R0”之后，（A）= EBH。

3. 逻辑异或运算

```
XRL  direct,A           ;direct←(direct)⊕(A)
```

```
XRL  direct,#data        ;direct←(direct)⊕data
XRL  A,Rn                ;A←(A)⊕(Rn)
XRL  A,direct            ;A←(A)⊕(direct)
XRL  A,@ Ri              ;A←(A)⊕((Ri))
XRL  A,#data             ;A←(A)⊕data
```

前2条指令的功能是把源操作数与直接地址指示的单元内容相异或，结果送入直接地址指示的单元。后4条指令的功能是把源操作数与累加器A的内容相异或，结果送入累加器A中。逻辑异或指令还可以对存储单元中的数据进行变换，使某些位取反而其他位不变。

（1）累加器取反指令

```
CPL  A
```

该指令的功能是对累加器A的内容各位求反，结果送回A中，影响P标志位。

（2）累加器清0指令

```
CLR A
```

该指令的功能是将累加器A的内容清0。

上述两条指令仅对累加器有效。

（3）移位指令　MCS-51单片机指令系统有5条对累加器A中的数据进行移位操作的指令，即

```
RR   A
RL   A
RRC  A
RLC  A
SWAP  A
```

前4条指令的功能如图4-6所示，其中前两条指令是不带标志位CY的移位指令，后两条指令是带标志位CY的右移或左移指令。第5条为半字节交换指令，用来进行累加器A中高4位和低4位的互换。

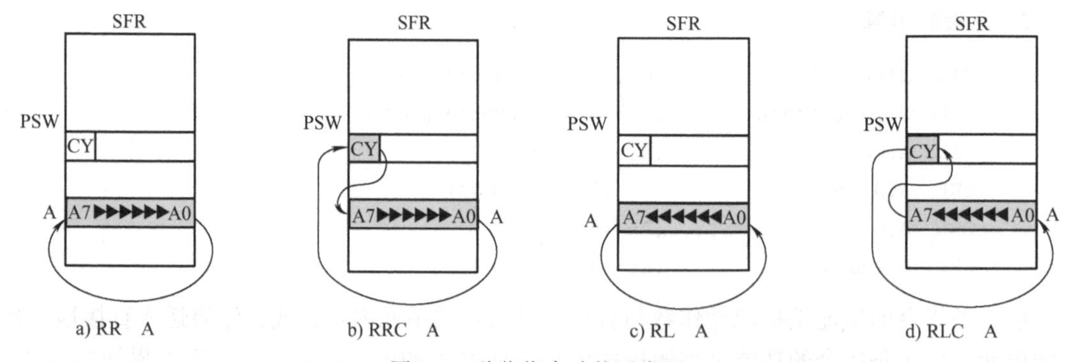

图4-6　移位指令功能示意图

“累加器A内容乘2”的任务可以利用指令“RLC　A”方便地完成。例如若（A）=BDH=10111101B，（CY）=0。执行指令“RLC　A”后，（A）=01111010B=7AH，（CY）=1，

即 BDH(189) ×2 = 17AH(378)。

4.3.4 控制转移类指令

一般情况下，程序的执行是顺序进行的，但更多的时候程序员可以根据需要改变程序的执行顺序，这种情况称作程序转移。控制程序的转移要用到控制转移指令，用来控制程序的执行流向。MCS - 51 单片机有丰富的转移类指令，下面详细介绍相关指令。

1. 无条件转移指令

无条件转移指令是指当程序执行到该指令处时，程序会无条件地跳转到指令所提供的地址处执行。无条件转移指令有长转移、短转移、相对转移和间接转移 4 条指令。

（1）长转移指令

```
LJMP  addr16
```

该指令功能是把指令码中的 addr16 装入程序计数器 PC 中，在执行下条指令时使程序无条件转移到 addr16 处去执行。由于直接提供 16 位目标地址，所以程序可转向 64KB ROM 地址空间的任何单元。

（2）短转移指令（绝对转移）

```
AJMP  addr11
```

这条指令提供了 11 位地址，可在 2KB 范围内无条件转移到由 a10 ~ a0 所指出的地址单元中。因为指令只提供低 11 位地址，高 5 位为原 PC11 ~ 15 位值，因此转移的目标地址必须在 AJMP 指令后面指令的第一个字节开始的同一 2KB 范围内。

（3）相对转移指令

```
SJMP  rel
```

该指令的操作数是相对地址，rel 是一个带符号的偏移字节数（补码表示），其范围为 -128 ~ +127，负数表示反向转移，正数表示正向转移。该指令为二字节，执行时先将 PC 内容加 2，再加相对地址，就得到了转移目标地址。

（4）间接转移指令

```
JMP  rel
```

这是一条单字节双周期无条件转移指令，该指令的目标转移地址由 DPTR 的 16 位数和累加器 A 的 8 位数作无符号数相加形成。指令执行过程对 DPTR、A 和标志位均无影响。

2. 条件转移指令

条件转移指令是指在程序执行过程中，需要判断是否满足某种条件再决定是否要转移，当满足条件时程序跳转，不满足条件时则继续执行原程序。条件转移指令共有 8 条，下面详细介绍相关指令。

（1）累加器 A 判零转移指令　这组指令分别对累加器 A 的内容为全 0 和不为 0 进行检测并转移，当满足各自的条件时，程序转向指定的目标地址。当不满足各自的条件时，程序继续往下执行。

```
JZ  rel      ;A=0,(PC)←(PC) +2 +rel
```

```
A≠0,(PC)←(PC)+2
```

此指令为当累加器 A 中的内容为 0 时，转移到偏移量所指向的地址，否则程序继续向下执行。

```
JNZ  rel    ;A≠0,(PC)←(PC)+2+rel
             A=0,(PC)←(PC)+2
```

此指令为当累加器 A 中的内容不为 0 时，转移到偏移量所指向的地址，否则程序继续向下执行。

在编程中，rel 由目标符号代替，如“JZ　NEXT”，汇编程序会自动生成相对地址。

（2）比较转移指令　比较转移指令有以下 4 条。它们的功能是对指定的目的值和源值进行比较，若它们的值不等则跳转，转移到当前的 PC 值加 3 再加偏移量 rel。同时会对标志位 CY 产生影响，即若目的值小于源值，则将 CY 置 1；若目的值大于源值，则将 CY 清 0；若目的值与源值相等，则程序继续向下执行，CY 为 0。

```
CJNE  A,#data,rel ;(A)≠data,则 PC←PC+3+rel,(A)>data,(CY)=0,(A)<data,(CY)=1
                  ;(A)=data,程序顺序执行
CJNE  A,direct,rel;(A)≠(direct),则 PC←PC+3+rel,(A)>(direct),(CY)=0,(A)
                     <(direct),(CY)=1
                  ;(A)=(direct),程序顺序执行
CJNE  Rn,#data,rel;(Rn)≠data,则 PC←PC+3+rel,(Rn)>data,(CY)=0,(Rn)<data,(CY)=1
                  ;(Rn)=data,程序顺序执行
CJNE  @Ri,#data,rel;((Ri))≠data,则 PC←PC+3+rel,((Ri))>data,(CY)=0,
                      ((Ri))<data,(CY)=1
                     ;((Ri))=data,程序顺序执行
```

比较转移指令是一条 3 字节指令，所以在执行指令时 PC 要进行三次加 1 即为加 3，之后再加上地址偏移量 rel，因为 rel 的地址范围为 -128 ~ +127，所以指令的相对转移范围为 -125 ~ +130。

可以由执行此指令后的 CY 值来判断两个数的大小。例如比较两个无符号数 X 和 Y，通过

```
MOV   A,#X
CJNZ  A,#Y
```

判断 CY 值，若（CY）=0，则 X≥Y；若（CY）=1，则 X<Y。

（3）减 1 条件转移指令　减 1 条件转移指令有如下两条：

```
DJNZ  Rn,rel        ;若 Rn-1≠0,则 PC←PC+2+rel
                    ;若 Rn-1=0,则 PC←PC+2
DJNZ  direct,rel    ;若(direct)-1≠0,则 PC←PC+3+rel
                    ;若(direct)-1=0,则 PC←PC+3
```

程序执行该指令时，将第一操作数的变量内容减 1 并判断此值是否为零，若值不为 0，

则程序转移；若值为0，程序继续往下执行。循环转移的目标地址为DJNZ指令的下条指令地址和偏移量之和。

3. 子程序调用和返回指令

在程序设计中，有时因为操作需要，要反复执行某段程序，为了减少这段程序所占的存储空间，减少程序编写和调试的工作量，引进了主程序和子程序的概念。通常把具有完整功能的公用程序段定义为子程序，供主程序在需要时调用。例如，主程序可以n次调用延时程序。只要在每次调用前给延时子程序传送不同的入口参数，就可以达到延时不同时间的目的。

指令系统中一般都有主程序调用子程序的指令，通过执行此指令主程序就可以自动转入子程序执行。相应的指令系统还有从子程序返回主程序的指令（RET），子程序执行完后通过返回指令自动返回并调用指令的下一条指令执行。

（1）子程序调用指令

1）短调用指令。

```
ACALL  addr11        ;PC←PC+2
                     ;SP←SP+1,(SP)←(PC0~7)
                     ;SP←SP+1,(SP)←(PC8~15)
                     ;PC0~10←addr0~10
```

短调用指令提供了11位目标地址，限定在2KB地址空间内调用。ACALL指令执行时，被调用的子程序的首地址必须设在包含当前指令（即调用指令的下一条指令）的第一个字节在内的2KB范围内的ROM中。

2）长调用指令。

```
LCALL  addr11       ;PC←PC+2
                    ;SP←SP+1,(SP)←(PC0~7)
                    ;SP←SP+1,(SP)←(PC8~15)
                    ;PC0~15←addr0~15
```

长调用指令提供了16位目标地址，在64KB地址空间内调用。LCALL指令执行时，被调用的子程序的首地址可以设在64KB范围内的ROM空间的任何位置。

（2）返回指令

```
RET        ;PC8~15←(SP),SP←SP-1(弹出断点高8位)
           ;PC0~7←(SP),SP←SP-1(弹出断点低8位)
RETI       ;IPC8~15←(SP),SP←SP-1(弹出断点高8位)
           ;PC0~7←(SP),SP←SP-1(弹出断点低8位)
```

这两条指令用来把堆栈中的断点地址恢复到PC中，从而使单片机回到断点地址处执行程序。

RET指令的功能是从堆栈中弹出由调用指令压入堆栈保护的断点地址，并送入PC，从而结束子程序的执行。程序返回到断点处继续执行。

RETI指令是专用于中断服务程序返回的指令，除正确返回中断断点处执行主程序以外，有清除内部相应的中断状态寄存器（以保证正确的中断逻辑）的功能。注意RET是子程序返回指令，只能用于子程序末尾；RETI是中断返回指令，只能用于中断服务程序末尾。

［例 4-6］ 主程序及子程序段如下：

```
                    ORG   0100H
0100H    MAIN:      MOV   SP,#60H
0103H               ACALL  SUB1
0105H               …
                    ORG   0200H
0200H    SUB1:      …
                    RET
```

分析执行“ACALL SUB1”指令的过程，如图 4-7 所示。

```
(PC)+2→PC          :(PC)=0104H
(SP)+1→SP          :(SP)=61H
(PC0~7)→(SP)       :(61H)=05H
(SP)+1→SP          :(SP)=62H
(PC8~15)→(SP)      :(62H)=01H
addr0~10→PC0~10 :(PC0~10)=addr0~10=01000000000B
(PC11~15)不变       :(PC11~15)=00000B,与 SUB1 的地址的高 5 位相同(同一个 2KB 范围内)
```

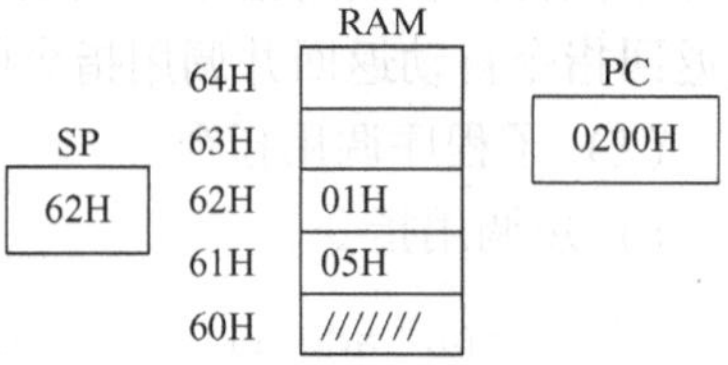

RAM 地址	内容
64H	
63H	
62H	01H
61H	05H
60H	///////

SP：62H　　PC：0200H

图 4-7 指令 ACALL 执行过程示意图

所以，(PC)=0000001000000000B=0200H。

4.3.5 位运算类指令

位运算类指令又称布尔操作，它是以位为单位进行的各种操作。位操作指令中的位地址有 4 种表示形式：

1）直接地址方式(如 0D5H)。

2）点操作符方式(如 0D0H.5、PSW.5 等)。

3）位名称方式(如 F0)。

4）伪指令定义方式(如 MYFLAG BIT F0)。

以上几种形式表示的都是 PSW 中的位 5。

与字节操作指令中累加器 ACC 用字符“A”表示类似的是，在位操作指令中位累加器要用字符“C”表示（在位操作指令中 CY 与具体的直接位地址 D7H 对应）。

1. 位传送

```
MOV  bit,C    ;bit←(CY)
MOV  C,bit    ;CY←(bit)
```

这两条指令可以实现指定位地址中的内容与位累加器 CY 内容的相互传送。例如若 (CY)=1，(P3)=11000101B，(P1)=00110101B。执行以下指令：

```
MOV  P1.3,C
MOV  C,P3.3
MOV  P1.2,C
```

结果为 (CY)=0，P3 的内容未变，P1 的内容变为 00111001B。

2. 位状态设置

（1）位清0

```
CLR C    ;CY←0
CLR bit  ;bit←0
```

这两条指令可以实现位地址内容和位累加器内容的清0。例如若（P1）=10011101B，执行指令“CLR P1.3”后（P1）=10010101B。

（2）位置位

```
SETB C        ;CY←1
SETB bit      ;bit←1
```

这两条指令可以实现地址内容和位累加器内容的置位。例如若（P1）=10011100B，执行指令“SETB P1.0”后（P1）=10011101B。

3. 位逻辑运算

（1）位逻辑“与”

```
ANL C,bit         ;CY←CY∧(bit)
ANL C,/bit        ;CY←CY∧(/bit)
```

这两条指令可以实现位地址单元内容或取反后的值与位累加器的内容进行“与”操作，操作的结果送位累加器C。例如若（P1）=10011100B，（CY）=1，执行指令“ANL C，P1.0”后P1内容不变，而（CY）=0。

（2）位逻辑“或”

```
ORL C,bit            ;CY←CY∨(bit)
ORL C,/bit           ;CY←CY∨(/bit)
```

这两条指令可以实现位地址单元内容或取反后的值与位累加器的内容进行“或”操作，操作的结果送位累加器C。

（3）位取反

```
CPL C        ;CY←/CY
CPL bit      ;bit←/bit
```

这两条指令可以实现位地址单元内容和位累加器内容的取反。

4. 位转移指令

（1）判CY转移

```
JC rel         ;若(CY)=1,则 PC←PC+2+rel
               ;若(CY)=0,则 PC←PC+2
JNC rel        ;若(CY)=0,则 PC←PC+2+rel
               ;若(CY)=1,则 PC←PC+2
```

这两条指令的功能是对进位标志位CY进行检测，第1条指令是当（CY）=1时程序跳转到PC当前值与rel之和的目标地址去执行，否则程序将顺序执行。第2条指令是当

(CY) =0 时程序跳转到 PC 当前值与 rel 之和的目标地址去执行，否则程序将顺序执行。

(2) 判 bit 转移

```
JB    bit,rel       ;若(bit)=1,则 PC←PC+3+rel
                    ;若(bit)=0,则 PC←PC+3
JNB   bit,rel       ;若(bit)=0,则 PC←PC+3+rel
                    ;若(bit)=1,则 PC←PC+3
JBC   bit,rel       ;若(bit)=1,则 PC←PC+3+rel,且 bit←0
                    ;若(bit)=0,则 PC←PC+3
```

这三条指令的功能是对指定位 bit 进行检测从而决定是否进行跳转。第 1 条指令是当 (bit) =1 时，程序转向 PC 当前值与 rel 之和的目标地址去执行，否则程序将顺序执行。第 2 条指令是当 (bit) =0 时，程序转向 PC 当前值与 rel 之和的目标地址去执行，否则程序将顺序执行。第 3 条指令与第 1 条指令功能相同，并且具有将该指定位清 0 的功能。

思考题与习题

1. 简述 MSC－51 单片机的汇编指令格式。
2. 简述 MSC－51 单片机的寻址方式和所能涉及的寻址空间。
3. 如何访问 SFR？可使用哪些寻址方式？
4. 如何访问片内 RAM 单元？可使用哪些寻址方式？

第5章 汇编语言程序设计

5.1 汇编语言概述

汇编语言是一种面向机器的程序设计语言，因为机器的不同而有些许差别。现以 MCS－51 单片机为例介绍汇编语言的构成。

5.1.1 汇编语言基本结构

汇编语言源程序由一条条的汇编语言语句构成。对于 MCS－51 单片机来说，汇编语句由四部分构成，即

标号段:操作码段　操作数段　;注释段

其中操作码段是必须有的，其他字段是任选项。现结合如下程序分析。

```
         ORG   0000H
START:   MOV   R0,#30H          ;R0←30H
         MOV   DPTR,#3000H      ;DPRT←3000H
         MOV   R7,#10           ;R7←10
L1:      MOV   A,@ R0           ;A←(30H)
         MOVX  @ DPTR,A         ;(DPTR)←A
         INC   R0               ;R0←R0 +1
         INC   DPTR             ;DPTR←DPTR +1
         DJNZ  R7,L1            ;若 R7 -1≠0,则跳转到 L1
         SJMP  $
         END
```

这个程序一共由 11 条汇编语句组成，其中“ORG　0000H”和“END”两条语句为伪指令，其余语句为指令性语句。标号段位于一条语句的开头，表明指令操作码在内存中的地址，上述程序中 START 和 L1 均为标号，分别指明了第 2、5 条指令操作码的内存地址。操作码段如 MOV、INC 等用于指示计算机进行何种操作。操作数段用于存放指令的操作数或操作数地址，通常有单操作数、双操作数和无操作数三种情况。

5.1.2 汇编语言源程序设计步骤

在单片机应用中，绝大部分程序都是用汇编语言编写的。因此，学习好汇编语言程序设

计十分重要。现就程序设计的目标和步骤做详细讲解。

汇编语言程序设计是指采用汇编语言编写程序的过程。一个应用程序的编制，从拟制设计任务书直到所编程序的调试通过，通常可以分成以下六步：

（1）拟制设计任务书　这是一个收集资料和项目调研的过程。设计任务书应包括　程序功能、技术指标、精度等级、实施方案、工程进度、所需设备、研制费用和人员分工，等等。

（2）建立数学模型　在弄清设计任务书的基础上，设计者应把控制系统的计算任务或控制对象的物理过程抽象并归纳为数学模型。数字模型是多种多样的，可以是一系列的数学表达式，也可以是数学的推理和判断，还可以是运行状态的模拟等。

（3）确立算法　根据被控对象的实时过程和逻辑关系，设计者还必须把数学模型演化为计算机可以处理的形式，并拟制出具体的算法和步骤。同一数学模型，往往有几种不同的算法，设计者还应对各种不同算法进行分析和比较，从中找出一种切合实际的最佳算法。

（4）绘制程序流程图　这是程序的结构设计阶段，也是程序设计前的准备阶段。对于一个复杂的设计任务，还应根据实际情况确定程序的结构设计方法（如模块化程序设计、自顶向下程序设计等），把总设计任务划分为若干子任务（即子模块），并分别绘制出相应的程序流程图。因此，程序流程图不仅可以体现程序的设计思想，而且可以使复杂问题简化并收到提纲挈领的效果。

（5）编制汇编语言源程序　编制汇编语言源程序是根据程序流程图进行的，也是设计者充分施展才华的地方。但是，设计者应在掌握程序设计的基本方法和技巧的基础上，注意所编程序的可读性和正确性，必要时应在程序的适当位置加上注释。

（6）上机调试　上机调试可以检验程序的正确性，也是任何有实用价值的程序设计无法跳过的阶段。因为任何程序编写完成后都难免会有缺点和错误，只有通过上机调试和试运行才能比较容易发现并纠正。

汇编语言源程序设计的上述各步骤及其相互间的关系如图 5-1 所示。由图可见，编写好的程序在上机调试前必须汇编成目标机器码，以便在计算机上调试并运行。如果汇编不能通过，则说明源程序中有错或使用了不合法语句，调试者应根据汇编时指出的错误类型对被汇编源程序做出修改，直到可以通过汇编为止。汇编通过的源程序才能在机器上调试并执行，但上机调试不一定能够通过。调试不通过的原因可能有两条：一是程序中存在一般性的小问题，经过修改后便可通过；二是程序有大问题，必须更改程序流程图中某些部分才能上

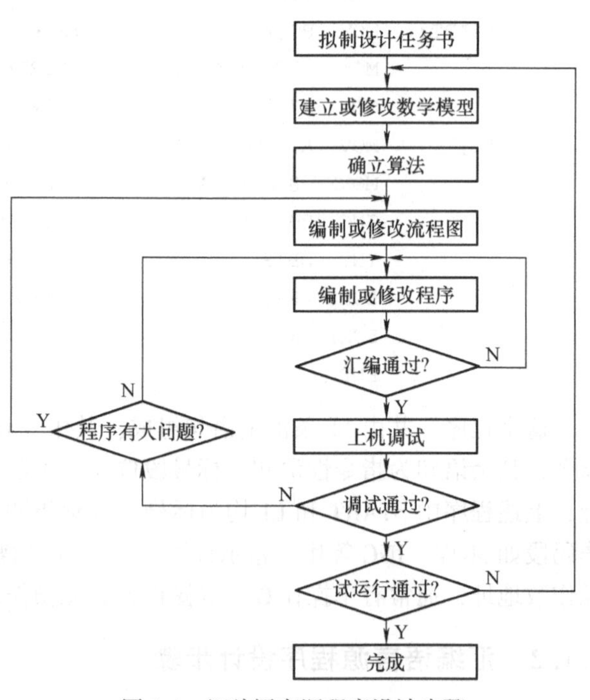

图 5-1　汇编语言源程序设计步骤

机调试通过。

各子模块分调完成后，还应逐步挂接其他子模块，以实现程序的联调。联调时的情况和分调时类似，也会发现和纠正不少错误。联调通过后的程序还必须试运行，即在所设计系统的硬件环境下运行。试运行应先在实验室条件下进行，然后才可以到现场进行。

上面介绍的是复杂程序设计问题，对于简单一些的程序设计问题，可以省略其中的某些步骤。

5.2 伪指令

汇编程序除指令语句外，还需要提供一些指令，用于辅助源程序的汇编，比如指定程序或数据存放的起始地址，为数据分配一段连续的内存单元等。这些指令在汇编时并不生成目标代码，不影响程序执行，因此称之为伪指令，本节总结了常用的伪指令。

（1）ORG（origin）汇编起始地址指令　一般格式为

```
标号:ORG  16 位地址
```

ORG 伪指令总是出现在每段源程序的起始位置，所以称为汇编起始指令。16 位地址决定此语句后第一条指令（或数据）的地址。该段源程序或数据被连续存放在此后的地址内，直到下一条 ORG 指令为止。

（2）EQU（equate）赋值指令　一般格式为

```
字符名称  EQU  操作数
```

此伪指令功能为将操作数赋予字符名称，两边的值完全相等。使用 EQU 伪指令给一个字符赋值后，此字符在整个源文件中值固定。

例如“AREA　EQU　1000H”为将字符 AREA 赋值 1000H。

（3）DATA 数据地址赋值指令　一般格式为

```
字符名称  DATA  操作数
```

其功能与 EQU 基本类似，但有两点差别。

1）EQU 定义的字符名称必须先定义后使用，而 DATA 定义的字符名称可以先使用后定义。

2）EQU 可以把汇编符号赋给字符名称，而 DATA 只能把数据赋给字符名称。

（4）DB（define byte）定义字节型数据指令　一般格式为

```
标号:DB  字节常数或字符或表达式
```

标号段可有可无，字节常数或字符是指一个字节数据。此伪指令的功能是把字节常数或字节串存放至内存连续的 ROM 地址空间中。例如：

```
ORG      8000H
DATA1:   DB  43H,09H,08H
DATA2:   DB  07H
```

伪指令 DB 指定了 43H、09H、08H 顺序存放在 8000H 开始的存储单元中，DATA2 中的

07H 紧挨着 DATA1 的地址空间存放，即 07H 存放在 8003H 单元中。

DW（define word）指令定义与 DB 类似，区别在于 DW 定义一个字，DB 定义一个字节。

（5）BIT 定义位指令　一般格式为

```
标号:BIT  位地址
```

此伪指令用于给字符名称定义位地址。例如：

```
SJK  BIT  P2.7
```

伪指令 BIT 定义了允许在指令中用 SJK 代替 P2.7。

（6）END（end of assembly）汇编中止指令　一般格式为

```
标号:END  地址或标号
```

地址或标号可以忽略。此伪指令用于指示汇编语言程序段结束，因此一个源程序中仅有一个 END，且一般放在程序最后。若 END 放在程序中间，则 END 后面的语句将不再被汇编。

5.3 汇编语言程序设计类型

5.3.1 顺序程序设计

在程序中没有使用控制转移类指令的指令段为顺序程序设计，这类程序在执行时只需按照程序的先后顺序依次执行，没有分支和跳转等。这类程序的结构比较简单，使用较多的程序传送指令，可以解决一些实际问题或作为复杂程序中的一个组成部分，现举例说明。

［例 5-1］ 将 30H 单元内的两位 BCD 码拆开并转换成 ASCII 码，存入 RAM 中 31H、32H 两个单元中。

思路：取出并拆开 BCD 码，分别送入对应目的单元中。拆开 BCD 码的过程可以使用逻辑与操作分别屏蔽高 4 位和低 4 位。

```
ORG  1000H
MOV  A,30H          ;取值
ANL  A,#0FH         ;取低 4 位
ADD  A,#30H         ;转换成 ASCII 码
MOV  32H,A          ;保存结果
MOV  A,30H          ;取值
SWAP  A             ;高 4 位与低 4 位互换
ANL  A,#0FH         ;取低 4 位(原来的高 4 位)
ADD  A,#30H         ;转换成 ASCII 码
MOV  31H,A          ;保存结果
SJMP  $
```

该指令中的 $ 表示当前指令地址，该指令功能为跳转到“SJMP　$”指令的开头地址

执行，因此该指令实际是在循环执行，就地跳转，通常用于等待中断。

［例5-2］ 编程将片外RAM的000EH和000FH单元的内容互换。

思路：借助P2口来实现高8位。

```
ORG  0000H
MOV  P2,#0H            ;送地址高8位至P2口
MOV  R0,#0EH           ;R0 = 0EH
MOV  R1,#0FH           ;R1 = 0FH
MOVX  A,@ R0           ;A = (000EH)
MOV  20H,A             ;(20H) = (000EH)
MOVX  A,@ R1           ;A = (000FH)
XCH  A,20H             ;A = (000EH),(20H) = (000FH)
MOVX  @ R1,A
MOV  A,20H
MOVX  @ R0,A           ;交换后的数送各单元
SJMP  $
```

5.3.2 分支程序设计

分支程序是指能根据一定的条件进行判断，并根据判断的结果选择相应的程序入口的程序。这类程序中都含有转移指令，根据程序中含有的转移指令是有条件转移指令还是无条件转移指令，将分支程序分为条件分支程序和无条件分支程序两类。下面举例子做详细讲解。

［例5-3］ 设X、Y均为带符号数，存放在地址为M和N单元中，编程计算Y=f(X)，即

$$Y=\begin{cases}1 & X>0\\ 0 & X=0\\ -1 & X<0\end{cases}$$

思路：进行两次判断，第一次利用指令JZ、第二次利用指令JZB判断此符号位，如图5-2所示。

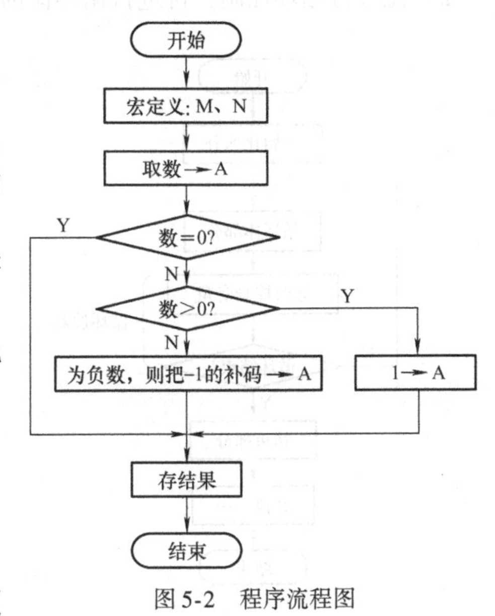

图5-2 程序流程图

```
        M  EQU  40H            ;定义数据地址
        N  EQU  41H
        ORG  0100H
        MOV  A,M               ;取出X
        JZ  NEXT2              ;当X=0时,跳转到NEXT2
        JNB  ACC.7,NEXT1       ;当X>0时,跳转到NEXT1
        MOV  A,#0FFH           ;当X<0时,把-1的补码送给A
        SJMP  NEXT2
NEXT1:  MOV  A,#01H            ;当X>0时,01H送给A
```

```
NEXT2:   MOV  N,A          ;存结果
         SJMP  $
```

5.3.3 循环程序设计

当程序处理的对象具有某种重复性规律，即具有可以重复执行的程序段的程序称为循环程序。这段重复执行的程序段称为循环体。循环程序一般由以下四个部分构成：

（1）循环初始化 循环初始化程序段位于循环程序开头，用以完成循环前的初始化准备工作，如设置循环初值、设置循环计数器和各个工作寄存器的初值等。

（2）循环体 这一部分是程序中需要重复执行的部分，是循环程序中的主要部分。

（3）循环控制 每执行一次循环，就要对相关参数进行相应的修改，一般由循环计数器修改，而条件转移语句等用于控制循环执行的次数。

（4）循环结束 这一部分用于存放循环程序的储存结果等。

循环通常有两种编程方式：

1）先进行循环体部分，再进行循环控制（先处理后判断），如图 5-3a 所示。

2）先进行循环控制，再进行循环体部分（先判断后处理），如图 5-3b 所示。

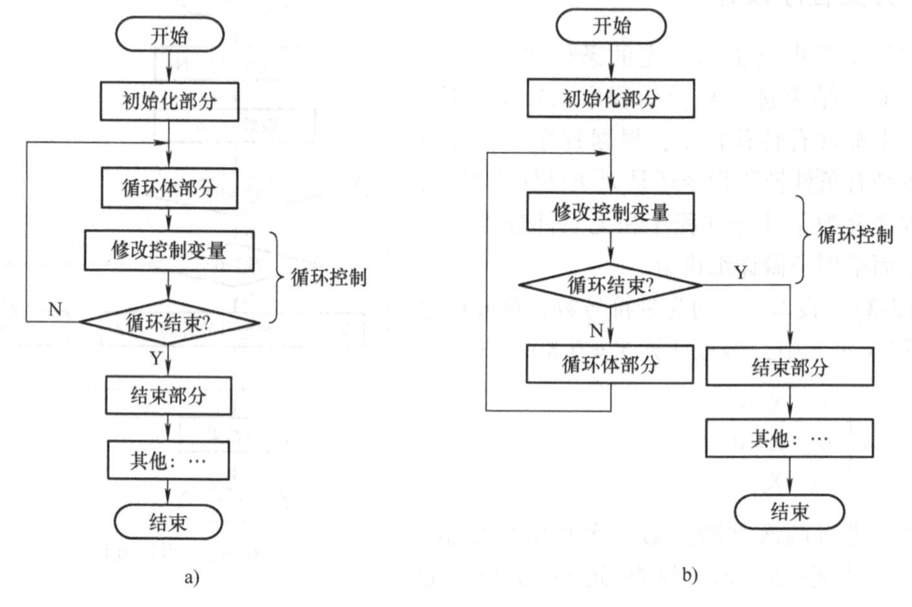

图 5-3 循环程序流程图

[例 5-4] 片内 RAM 地址 30H 开始的单元中有 10 个字节的无符号二进制数，请编程求它们之和并放入 31H 单元（和小于 256）。

```
START:MOV  R0,30H
      MOV  R7,#9
      MOV  A,@ R0
LOOP: INC  R0
      ADD  A,@ R0
```

```
        DJNZ  R7,LOOP
        MOV  31H,A
        RET
```

［例 5-5］　编写汇编程序，将 ROM 中以 TAB 为首地址的 20 个字节的内容依次传送到片外 RAM 以 8000H 为首地址的区域中去。

思路：将 ROM 中连续 20 个字节的内容传送到片外 RAM 中，数据传送这一动作执行 20 次，所以可以将数据传送置于循环体中，设置 20 为循环次数，循环执行 20 次。

```
        ORG  0100H
        MOV  DPTR,#8000H
        MOV  R0,#0
LOP:    MOV  A,R0
        PUSH  DPL
        PUSH  DPH              ;或先放 R3、R4 中
        MOV  DPTR,#TAB
        MOVC  A,@ A + DPTR     ;读 ROM
        POP  DPH
        POP  DPL
        MOVX  @ DPTR,A         ;写片外 RAM
        INC  DPTR
        INC  R0
        CJNE  R0,#20,LOP
HERE:   SJMP  HERE
TAB:    DB  …
        END
```

［例 5-6］　在片内 RAM 40H 开始存放了一串单字节数，串长度为 8，编程求其中最大值并送 R7 中。

思路：对数据块中的数逐一比较，较大值暂存于 A 中，直到整串比完，A 中的值就为最大值。

```
        MOV  R0,#40H        ;数据块首址送地址指针 R0
        MOV  R2,#7          ;循环次数送 R2
        MOV  A,@ R0         ;取第一个数,当作极大值
LOOP:   INC  R0             ;修改地址指针
        MOV  B,@ R0         ;暂存 B 中
        CJNE  A,B,NEXT      ;比较后产生标志(CY)
NEXT:   JNC  NEXT1          ;CY = 0?
        MOV  A,@ R0         ;更大数送 A
NEXT1:  DJNZ  R2,LOOP       ;循环次数结束?
        MOV  R7,A           ;存最大值
```

5.3.4　查表程序设计

在程序设计中，有些需要经过烦琐的计算才能解决的问题可以通过使用查表的方法来解

决。查表是根据存放在 ROM 中数据表格的项数来查找与它对应的表中值。查表的方式会使程序更加简便能够提高程序执行的效率。

在 MCS－51 单片机的汇编语言中有两条专门的查表指令：

```
MOVC  A,@ A + DPTR
MOVC  A,@ A + PC
```

第 1 条指令是用 DPTR 来存放数据表格的起始地址，查表前把数据表格的起始地址存入 DPRT 中，然后把所查表的项数存入累加器 A 中，最后执行指令“MOVC　A,@ A + DPTR”完成查表。

第 2 条指令同样把所查表的项数存入累加器 A 中，之后执行指令“ADD　A,#data”对累加器 A 进行修正，data 由 PC + data = 数据表起始地址确定。data 值实际上等于查表指令和数据表格之间的字节数。最后执行指令“MOVC　A,@ A + PC”完成查表。

［**例 5-7**］　8051 单片机和两位七段数码管的连接如图 5-4 所示。数码管为共阴数码管。显示缓冲区设置在片内 RAM 30H 单元，编写显示子程序，实现将显示缓冲区中的数 x（x 为 <100 的无符号整数，以二进制形式存放）显示在数码管上。延时子程序 DELAY 已存在，调用即可。

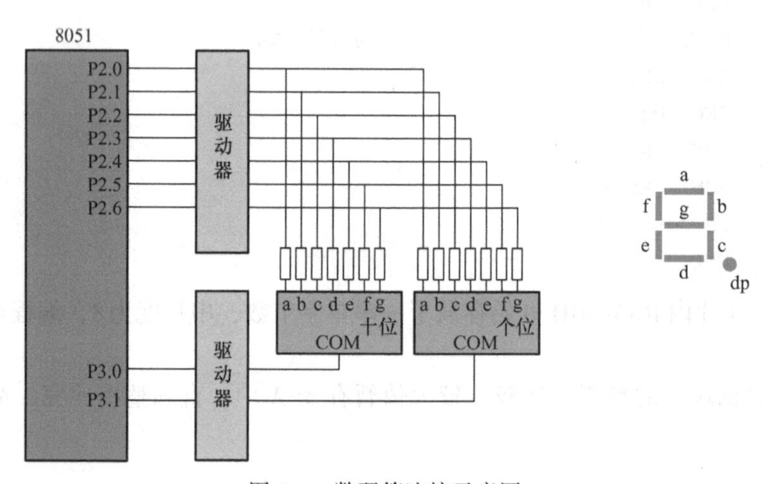

图 5-4　数码管连接示意图

思路：可以通过查表程序来查找数码管的显示。

```
        shi  EQU  20H              ;十位数存放地址
        ge  EQU  21H               ;个位数存放地址
DISP:   MOV  P2,#00H               ;初始化
        SETB  P3.0
        SETB  P3.1
START:  MOV  A,30H
        MOV  B,#10
        DIV  AB                    ;分离出十位和个位
        MOV  shi,A
        MOV  ge,B
```

```
        MOV   DPTR,#TABLE
        MOV   CA,@ A + DPTR
        MOV   P2,A
        CLR   P3.0                    ;显示十位
        ACALL   DELAY                 ;延时
        SETB   P3.0                   ;关闭十位
        MOV   A,ge
        MOVC   A,@ A + DPTR
        MOV   P2,A
        CLR   P3.1                    ;显示个位
        ACALL   DELAY                 ;延时
        SETB   P3.1                   ;关闭个位
        RET
TABLE:  DB   3FH,06H,5BH,4FH,66H,6DH,7DH,07H,7FH,6FH
```

5.3.5 子程序设计

子程序是指能完成确定任务并能被其他程序反复调用的程序段，其资源被所有调用程序共享，因此子程序在结构上具有通用性和独立性。可以通过主程序调用子程序以实现子程序中的功能。编写子程序时应注意以下问题：

1）子程序的第一条指令地址称为子程序的入口地址，该指令前必须要标号，标号以子程序名称命名。

2）主程序调用子程序是通过主程序中的调用指令实现的，子程序返回主程序是通过子程序末尾的 RET 返回指令。

3）主程序调用子程序以及从子程序返回主程序后，计算机能自动保存并恢复主程序的断点地址。但对于一些工作寄存器和内存单元中的内容要做好现场保护，以便调用过后的恢复。

[例 5-8] 用程序实现 $c = a^2 + b^2$。a、b、c 分别存于片内 RAM 中的 AM、BM、CM 单元中。

思路：因为要求两次二次方，可以通过设计实现一个数二次方的查表子程序来实现。

```
        ORG  0100H
        AM  DATA  20H
        BM  DATA  21H
        CM  DATA  22H
        MOV  A,AM
        ACALL  SQR
        MOV  R1,A
        MOV  A,BM
        ACALL  SQR
        ADD  A,R1
        MOV  CM,A
        SJMP   $
```

```
SQR:    INC  A
        MOVC  A,@ A+PC
        RET
TAB:    DB  0,1,4,9,160
        DB  25,64,81
        END
```

5.4 汇编语言综合程序设计

[例 5-9] 将片内 RAM 地址 20H 为首的 16 个单元的 8 位无符号数排序，写出汇编程序，并给出适当注释。

```
SORT:   MOV  R0,#20H
        MOV  R7,#07H
        CLR  TR0                    ;交换标志位复位
LOOP:   MOV  A,@ R0
        MOV  2BH,A
        INC  R0
        MOV  2AH,@ R0
        CLR  C
        SUBB  A,@ R0                ;比较前后两个数
        JC  NEXT
        MOV  @ R0,2BH
        DEC  R0
        MOV  @ R0,2AH
        INC  R0
        SETB  TR0                   ;置交换标志位有效
NEXT:   DJNZ  R7,LOOP
        JB  TR0,SORT                ;若交换标志位有效,继续进行
HERE:   SJMP  $
```

[例 5-10] 设有 100 个有符号数，连续存放在以 2000H 为首地址的存储区中，试编程统计其中正数、负数、零的个数。

```
ZERO  EQU  20H                  ;零的统计
NEGETIVE  EQU  21H              ;负数的统计
POSITIVE  EQU  22H              ;正数的统计
COUNT    EQU  100               ;比较个数
ORG  0000H
LJMP  MAIN
ORG  0040H
MOV  ZERO,#0
MOV  NEGETIVE,#0
MOV  POSITIVE,#0
```

```
        MOV  R2,#0
        MOV  DPTR,#2000H
LOOP:   MOVX  A,@ DPTR
        CJNE  A,#0,NONZERO
        INC  ZERO
        AJMP  NEXT
NONZERO: JC  NEG
        INC  POSITIVE
        AJMP  NEXT
NEG:    INC  NEGETIVE
NEXT:   INC  DPTR
        INC  R2
        CJNE  R2,#COUNT,LOOP
        SJMP  $
```

[例5-11] 已知两个带符号数X、Y分别存入RAM的20H和21H单元内，试比较它们的大小，较大者存入22H单元中，若两数相等，则存入20H和21H两个单元内的任意一个。

思路：两个带符号的数比较大小可以利用两数相减后的正负和溢出标志结合起来判断。

```
若X-Y>0,  OV=0,则X>Y;
          OV=1,则X<Y。
若X-Y<0,  OV=0,则X<Y;
          OV=1,则X>Y。
```

```
       X EQU  20H
       Y EQU  21H
       M EQU  22H
START: CLR  C
       MOV  A,X
       SUBB  A,Y               ;X-Y
       JZ  XMAX                ;X=Y,则转至XMAX
       JB  ACC.7,NEG           ;X-Y<0,则转至NEG
       JB  OV,YMAX             ;X-Y>0,OV=1,则Y>X
       SJMP  XMAX              ;X-Y>0,OV=0,则X>Y
NEG:   JB  OV,XMAX             ;X-Y<0,OV=1,则X>Y
YMAX:  MOV  A,Y                ;Y>X
       SJMP  RMAX
XMAX:  MOV  A,X                ;X>Y
RMAX:  MOV  M,A                ;MAX←最大值
       SJMP  $                 ;原地等待
```

[例5-12] 在3800H为首地址的片外RAM区域中，存放着14个由ASCII码表示的0~9之间的数，编写程序，将它们转换成压缩BCD码的形式，存放在2000H~2006H单元中。

```
MOV  R0,#30H
MOV  R2,#07H
```

```
          MOV   DPTR,#3800H
LOOP1:    MOVX  A,@ DPTR
          CLR   C
          SUBB  A,#30H
          SWAP  A
          MOV   @ R0,A
          INC   DPTR
          MOVX  A,@ DPTR
          SUBB  A,#30H
          ORL   A,@ R0
          INC   R0
          INC   DPTR
          DJNZ  R2,LOOP1
BACK:     MOV   R2,#07H
          MOV   DPTR,#2000H
          MOV   R0,#30H
LOOP2:    MOV   A,@ R0
          MOVX @ DPTR,A
          INC   R0
          INC   DPTR
          DJNZ  R2,LOOP2
          SJMP  $
```

[**例 5-13**] 指令“MUL AB”可实现两个 8 位无符号数的乘法。编写子程序 SMUL，把累加器 A 和寄存器 B 中的两个 8 位有符号数相乘，并把乘积的高 8 位存放在寄存器 B 中，低 8 位存放在累加器 A 中。

```
       MOV  R0,A
       MOV  R1,B
       ACALL  ABS      ;调用 ABS 子程序求绝对值
       MOV  R3,A       ;求完的绝对值放在 R3 中
       MOV  A,B
       ACALL  ABS      ;调用 ABS 子程序求绝对值
       MOV  A,R3       ;求完绝对值的数存放在 A 中
       MOV  B,R2       ;求完绝对值的数存放在 B 中
       MUL  AB         ;用 MUL 指令求两个无符号数的乘积
       MOV  R4,A       ;将乘积的低 8 位存放在 R4 中
       MOV  R5,B       ;将乘积的高 8 位存放在 R5 中
       MOV  A,R0
       XRL  A,R1       ;对两个数异或
       JNB  ACC.7,S1   ;判断首位异或的结果,两个数异号继续执行,为 0 即同号跳到 S1
       ACALL  ABS1     ;调用 ABS1 子程序求 16 位数绝对值
S1:    MOV  A,R4       ;将结果的低 8 位存放在 A 中
       MOV B,R5        ;将结果的高 8 位存放在 B 中
```

```
        SJMP  $
ABS:    JNB   ACC.7,S     ;求 8 位数的绝对值
        CPL   A
        ADD   A,#01H
S:      MOV   R2,A
        RET
ABS1:   MOV   A,R4        ;求 16 位数的绝对值
        CPL   A
        CLR   C
        ADD   A,#01H
        MOV   R4,A
        MOV   A,R5
        CPL   A
        ADDC  A,#00H
        MOV   R5,A
        RET
        END
```

［**例 5-14**］ 求 $z=(x+y)^2$，x 和 y 是单字节带符号数，x 存放在片内 RAM 的 30H 单元，y 存放在片内 RAM 的 31H 单元，z 存放在片内 RAM 的 32H、33H、34H 单元，34H 存放高字节。要求：编程求 z，给出程序源代码，关键处加注释；画出程序流程图。

（1）编程思路：将 x 扩展为 16 位有符号数，其中高 8 位存于 35H（如果 x 为正数，则高 8 位扩展为#0H；如果 x 为负数，则高 8 位扩展为#0FFH），低 8 位仍存于 30H；将 y 扩展为 16 位有符号数，其中高 8 位存于 36H，低 8 位仍存于 31H。计算这两个 16 位数的加法，将结果的高 8 位存于 38H，低 8 位存于 37H。计算 16 位加法运算结果的绝对值，结果的高 8 位仍存于 38H，低 8 位仍存于 37H。判断绝对值计算结果，如果为 256，则直接输出 $(x+y)^2$ 的结果，否则求 37H 的二次方，并输出运算结果。

```
        ORG   0000H
        MOV   A,30H
        MOV   35H;#0H     ;将 x 扩展为 16 位数,高 8 位存放在 35H,x 为正数,则 35H 存#0H
        JNB   ACC.7,x_KMOV
        MOV   35H,#0FFH  ;x 为负数,则 35H 存#0FFH
x_K:    MOV   A,31H
        MOV   36H,#0H     ;将 y 扩展为 16 位数,高 8 位存放在 35H,y 为正数,则 36H 存#0H
        JNB   ACC.7,y_K
        MOV   36H,#0FFH  ;y 为负数,则 36H 存#0FFH
y_K:    ADD   A,30H       ;16 位的 x 和 y 的低 8 位相加,并将结果存于 37H
        MOV   37H,A       ;
        MOV   A,35H       ;16 位的 x 和 y 的高 8 位相加,采用加进位指令 ADDC
        ADDC  A,36H
        MOV   38H,A       ;高 8 位相加结果存于 38H
JNB     ACC.7,xy_MUL      ;16 位加法运算结果为负数
```

```
                    ;则求16位有符号数的绝对值,结果仍存于37H和38H
        MOV  A,37H
        CPL  A
        ADD  A,#01H
        MOV  37H,A
        MOV  A,38H
        ADDC  A,#0
        MOV  38H,A
xy_M:   XRL  A,#01H     ;判断16位加法运算结果是否为256,即高8位为#01H,低8位为#0H
        JNZ  xy_MUL     ;判断高8位是否为#01H
        MOV  A,37H
        XRL  A,00H
        JNZ  xy_MUL     ;判断低8位是否为#0H
        MOV  32H,#0H    ;如果16位加法运算结果为
                         256,则设置结果
        MOV  33H,#0H
        MOV  34H,#01H
        SJMP  DONE
xy_MUL:                 ;计算二次方数,并存储结果
        MOV  A,37H
        MOV  B,A
        MUL  AB
        MOV  34H,#0
        MOV  32H,A
        MOV  33H,B
DONE:   END
```

在此程序中32H存放高字节，33H存放次高字节，34H存放低字节。

（2）将x、y扩展为16位带符号数，相加并求绝对值，判断结果是否等于256，若是，直接得出结果65536（10000H）；若不是，求二次方。保存结果。流程图如图5-5所示。

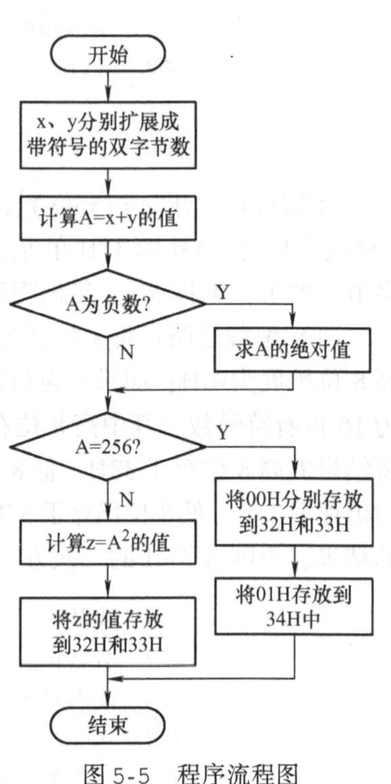

图5-5 程序流程图

思考题与习题

1. 汇编语言程序设计分哪几步？各步骤的任务是什么？
2. MCS-51单片机的汇编语言有哪几条常用伪指令？各起什么作用？
3. 设晶振频率为6MHz，试编写能延时20ms的子程序。

第6章 单片机存储器的扩展

6.1 单片机系统扩展及结构

一个单片机芯片就是一台计算机，这么说是为了强调单片机的系统概念。但事实上单片机内部的资源毕竟有限，在实际应用中，许多情况下光靠片内资源是不够的。为此经常需要对单片机进行扩展，其中主要是存储器扩展和I/O扩展，以构成一个功能更强的单片机应用系统。

6.1.1 系统扩展结构

MCS－51单片机系统的扩展结构如图6-1所示，图中表现了单片机扩展的内容和方法。扩展系统是以单片机为核心进行的，扩展内容包括ROM、RAM和I/O接口电路等。扩展是通过系统总线进行的，通过总线把各扩展部件连接起来，并进行数据、地址和信号的传送，要实现扩展首先要构造系统总线。

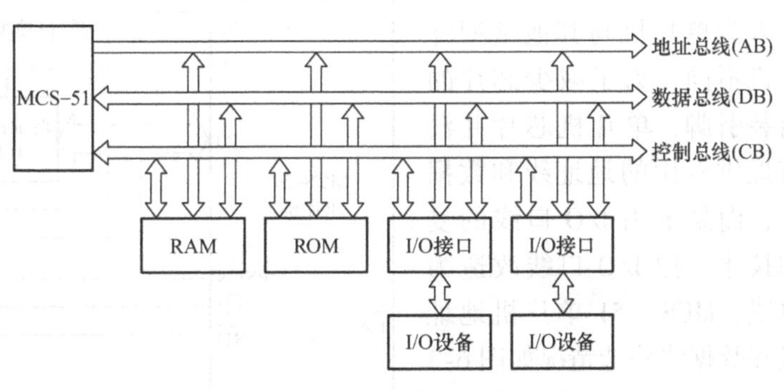

图6-1 单片机系统扩展结构图

6.1.2 系统总线及总线构造

1. 系统总线

所谓总线（bus），就是连接计算机各部件的一组公共信号线。MCS－51单片机使用的是并行总线结构，按其功能通常把系统总线分为三组，即地址总线、数据总线和控制总线。

（1）地址总线（address bus，AB） 在地址总线上传送的是地址信号，用于存储单元和I/O口的选择。地址总线是单向的，地址信号只能由单片机向外送出。由于地址只能从CPU传向外部存储器或I/O口，所以地址总线总是单向三态的。

地址总线的数目决定着可直接访问的存储单元的数目，例如n位地址可以产生2^n个连续地址编码，因此可访问2^n个存储单元，即通常所说的寻址范围为2^n地址单元，MCS－51

单片机存储器最多可扩展 64KB，即 2^{16} 个地址单元，因此地址总线有 16 条地址线。

（2）数据总线（data bus，DB） 数据总线用于在单片机与存储器之间或单片机与 I/O 口之间传送数据。单片机系统数据总线的位数与单片机处理数据的字长一致，例如 MCS－51 单片机是 8 位字长，所以数据总线的位数也是 8 位。数据总线是双向的，可以进行两个方向的数据传送。

数据总线是双向三态形式，双向是指可以两个方向传送，可以 A→B 也可以 A←B；三态指 0、1 和第三态（tri-state）。

（3）控制总线（control bus，CB） 控制总线实际上就是一组控制信号线，包括单片机发出的以及从其他部件传送给单片机的。对于一条具体的控制信号线来说，其传送方向是单向的，但是由不同方向的控制信号线组合的控制总线则表示为双向。

由于采用总线结构形式，因此大大减少了单片机系统中传输线的数目，提高了系统的可靠性，增加了系统的灵活性。此外，总线结构也使扩展易于实现，各功能部件只要符合总线规范，就可以很方便地接入系统，实现单片机扩展。

2. 总线构造

单片机的扩展系统是并行总线结构，因此单片机扩展的首要问题就是构造系统总线，然后再往系统总线上“挂”存储芯片或 I/O 接口芯片，“挂”存储芯片就是存储器扩展，“挂”I/O 接口芯片就是 I/O 扩展。总之，“挂”什么芯片就是什么扩展。

之所以称“构造”总线，是因为单片机与其他微型计算机不同，为了减少芯片的封装引脚，单片机芯片并没有提供专用的地址线和数据线，而是采用 I/O 口线的复用技术，把 I/O 口线改造为总线。MCS－51 单片机地址线和数据线构造情况如图 6-2 所示。

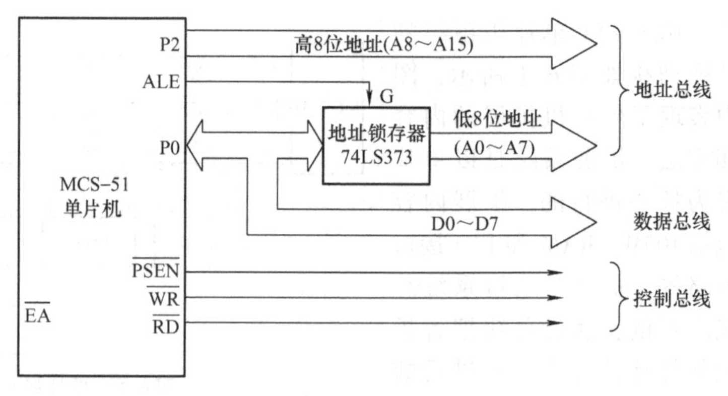

图 6-2 单片机扩展总线构造图

地址锁存器 74LS373 是带三态缓冲输出的 8D 锁存器。由于单片机的数据线与地址线的低 8 位共用 P0 口，因此必须用地址锁存器将地址信号和数据信号区分开。

74LS373 的锁存控制端 G 直接与单片机的锁存控制信号 ALE 相连，在 ALE 的下降沿锁存低 8 位地址。高 8 位地址由 P2 口直接提供。

下面说明“构造”总线的具体方法。

（1）以 P0 口的 8 位口线作地址/数据线 这里的地址线是指系统的低 8 位地址。因为 P0 口线既作为地址线使用又作为数据线使用，具有双重功能，因此需采用复用技术，对地址和数据进行分离，为此在构造地址总线时要增加一个 8 位锁存器。首先由锁存器暂存并为系统提供低 8 位地址，其后 P0 口线就作为数据线使用。

根据指令时序，P0 口输出有效的低 8 位地址时，ALE 信号正好处于正脉冲顶部到下降沿时刻。为此应选择高电平或下降沿选通的锁存器作为地址锁存器，通常使用的有 74LS273

或74LS373。

实际上单片机P0口的电路逻辑已考虑了地址和数据复用的需要，口线电路中的多路转接电路MUX以及地址/数据控制即是为此目的而设计的。

（2）以P2口的口线作高位地址线 如果使用P2口的全部8位口线，再加上P0口提供的低8位地址，则形成了完整的16位地址总线，使单片机系统的扩展寻址范围达到64KB。

但实际应用系统中，高位地址线并不固定为8位，而是根据需要用几位就从P2口中引出几条口线。极端情况下，当扩展存储器容量小于256个单元时，则根本就不需要高位地址。

（3）控制信号 除了地址线和数据线之外，在扩展系统中还需要单片机提供一些控制信号线，以构成扩展系统的控制总线。这些信号有的是单片机引脚的第一功能信号，有的则是第二功能信号。其中包括：

1）使用ALE作地址锁存的选通信号，以实现低8位地址的锁存。

2）以$\overline{PSEN}$信号作扩展ROM的读选通信号。

3）以$\overline{EA}$信号作为内外ROM的选择信号。

4）以$\overline{RD}$和$\overline{WR}$作为扩展RAM和I/O接口的读写选通信号。

以上这些信号在图6-2中均有表示。

可以看出，尽管MCS-51单片机称有4个I/O口共32条口线，但是由于系统扩展的需用，真正能作为数据I/O使用的，只剩下P1口和P3口的部分口线。

3. 单片机的串行扩展技术

最后还应当说明，随着单片机技术的发展，并行总线扩展已不再是单片技术唯一的扩展技术，近年来出现了串行总线扩展技术。

串行扩展是通过串行口实现的，这样可以减少芯片的封装引脚，降低成本，简化系统结构，增加系统扩展的灵活性。

为了实现串行扩展，一些公司（如Philips和Atmel公司等）已经推出了正统单片机的变种产品——非总线型单片机芯片，并且具有SPI（serial peripheral interface）三线总线和IIC共用双总线形式。与此相配套，也出现了串行的外部接口芯片。

6.2 存储器扩展与编址技术

6.2.1 单片机存储器系统

芯片内的固有存储器和芯片的外扩展存储器构成了单片机的整个存储器系统，以80C51单片机为例，结构和存储空间分配如图6-3所示。

整个存储器系统包括ROM和RAM两部分。扩展ROM的地址与芯片内是否有ROM有关，如果没有片内ROM，扩展ROM的地址从0000H开始；如果有片内ROM，则扩展ROM的地址从1000H开始。而扩展RAM的地址，不管容量大小，都是从0000H开始。

由于半导体集成技术的不断发展，单片机芯片内存储器容量也不断地增加，例如现在有的单片机芯片的片内ROM已达32KB，还有的达64KB。这样，存储器扩展问题就变得越来越不重要了。

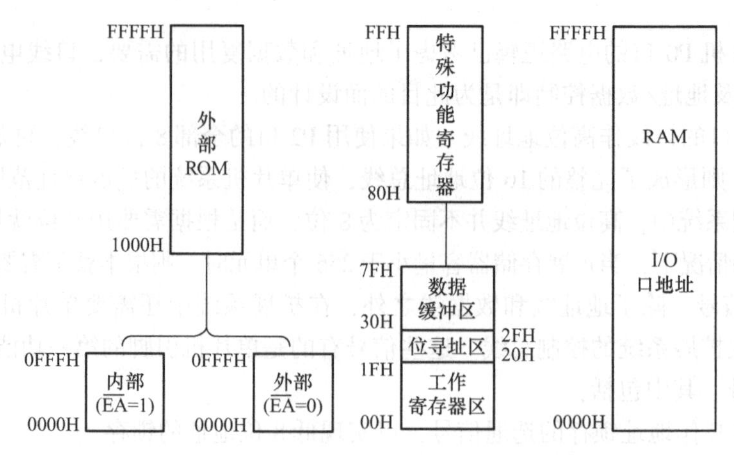

图 6-3　单片机系统的存储器结构和存储空间分配

6.2.2　存储器扩展概述

对于极简单的单片机应用，也许只使用片内存储器就够了。但片内存储器的容量十分有限，例如 MCS－51 单片机的 ROM 一般只有 4KB，数据存储器也就是 200 多个单元，这对于复杂一些的应用是不够的。为此，单片机应用时常需要在芯片之外另行扩展存储器。

存储器扩展是单片机系统扩展的主要内容，因为扩展是在单片机芯片之外进行的，因此通常把扩展的 ROM 称为片外 ROM，把扩展的 RAM 称为片外 RAM。

MCS－51 单片机 RAM 和 ROM 的最大扩展空间都是 64KB，扩展后系统形成两个并行的 64KB 存储空间。

为了扩展片外存储器，单片机芯片已经做了预先准备。例如通过 P0 口和 P2 口最多可为扩展存储器提供 16 位地址，使扩展存储器的寻址范围达 64KB。此外还有一些引脚信号也是供存储器扩展使用的，例如 ALE 信号用于片外存储器的地址锁存控制，$\overline{\text{PSEN}}$信号用于片外 ROM 的读选通，$\overline{\text{EA}}$信号用于内、外 ROM 的访问控制等。

6.2.3　扩展存储器编址技术

1. 扩展存储器编址概述

存储器编址就是如何使用系统提供的地址线，通过适当连接，最终达到系统中的一个存储单元只对应一个地址的要求。芯片内存储单元已经编址，只有扩展存储器才有编址问题存在。

由于许多扩展存储器是由多片存储芯片组成，而一个存储芯片又有众多的存储单元，因此存储器编址应分为两个层次：存储芯片的选择和芯片内部存储单元的编址。芯片内部存储单元的编址是由芯片内的译码电路来完成的。对设计者来说，只需把存储芯片的地址引脚，与相应的系统地址线直接连接即可，几乎没什么技术可言。而芯片的选择不但要由设计者完成，而且比较复杂。因此，存储器编址实际上主要是研究芯片的选择问题。为了芯片选择的需要，存储芯片都有片选信号引脚，因此芯片选择的实质就是如何产生芯片的片选信号。

通常把单片机系统地址笼统地分为低位地址和高位地址，芯片内部存储单元地址译码使用低位地址，高位地址作为芯片选择使用，因此芯片的选择都是在高位地址线上做文章。实际上，在16位地址线中，高、低位地址线的数目并不是固定的，只是把用于存储单元译码使用的都称为低位地址线，剩下的地址线均称为高位地址线。

存储器编址除了研究地址线的连接外，还讨论各存储器芯片在整个存储空间中所占据的地址范围，以便在程序设计时正确地使用它们。

2. 存储器扩展的编址技术

进行存储器扩展时，可供使用的编址方法有两种：线选法和译码法。

（1）线选法　线选法就是直接以系统的地址线作为存储芯片的片选信号，为此只需把用到的地址线与存储芯片的片选端直接连接即可。线选法编址的特点是简单明了，且不需要另外增加电路。但这种编址方法对存储空间的使用是断续的，不能充分有效地利用存储空间，扩充存储容量受限，只适用于小规模单片机系统的存储器扩展。

线选法扩展片选连接如图6-4所示。

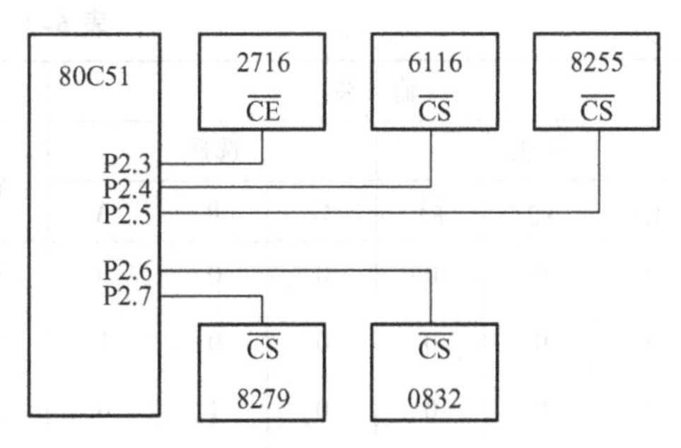

图6-4　线选法扩展片选连接示意图

（2）译码法　译码法就是使用译码器对系统的高位地址进行译码，以其译码输出作为存储芯片的片选信号。这是一种最常用的存储器编址方法，能有效地利用存储空间，适用于大容量、多芯片存储器扩展。译码电路可以使用现有的译码器芯片。常用的译码器芯片有：74LS139（双2－4译码器）和74LS138（3－8译码器）等，它们的CMOS型芯片分别为74HC139和74HC138。

下面简要介绍一下74LS139译码器和74LS138译码器。

1）74LS139译码器。74LS139芯片中共有两个2－4译码器，其引脚排列如图6-5所示。其中：$\overline{G}$为使能端，低电平有效；A、B为选择端，即译码输入，控制译码输出的有效性；$\overline{Y0}$、$\overline{Y1}$、$\overline{Y2}$、$\overline{Y3}$为译码输出信号，低电平有效。

74LS139对两个输入信号译码后得4个输出状态，其真值表见表6-1。

图6-5　74LS139译码器引脚图

表6-1　74LS139真值表

输入端			输出端			
使能	选择		$\overline{Y0}$	$\overline{Y1}$	$\overline{Y2}$	$\overline{Y3}$
$\overline{G}$	B	A				
1	×	×	1	1	1	1
0	0	0	0	1	1	1
0	0	1	1	0	1	1
0	1	0	1	1	0	1
0	1	1	1	1	1	0

2）74LS138 译码器。74LS138 芯片是 3－8 译码器，即对 3 个输入信号进行译码，得到 8 个输出状态，74LS138 的引脚排列如图 6-6 所示。其中：$\overline{E1}$、$\overline{E2}$、E3 为使能端，用于引入控制信号，$\overline{E1}$、$\overline{E2}$低电平有效，E3 高电平有效；A、B、C 为选择端，即译码信号输入；$\overline{Y7}$～$\overline{Y0}$为译码输出信号，低电平有效。

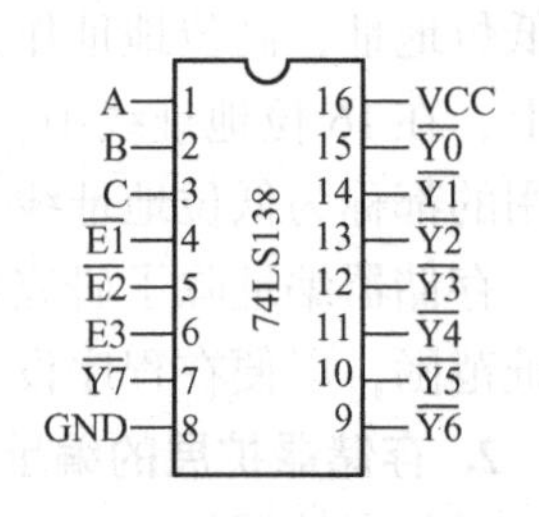

图 6-6　74LS138 译码器引脚图

74LS138 的真值表见表 6-2。

表 6-2　74LS138 真值表

输入端						输出端							
使能			选择			$\overline{Y0}$	$\overline{Y1}$	$\overline{Y2}$	$\overline{Y3}$	$\overline{Y4}$	$\overline{Y5}$	$\overline{Y6}$	$\overline{Y7}$
$\overline{E3}$	$\overline{E2}$	$\overline{E1}$	C	B	A								
1	0	0	0	0	0	0	1	1	1	1	1	1	1
1	0	0	0	0	1	1	0	1	1	1	1	1	1
1	0	0	0	1	0	1	1	0	1	1	1	1	1
1	0	0	0	1	1	1	1	1	0	1	1	1	1
1	0	0	1	0	0	1	1	1	1	0	1	1	1
1	0	0	1	0	1	1	1	1	1	1	0	1	1
1	0	0	1	1	0	1	1	1	1	1	1	0	1
1	0	0	1	1	1	1	1	1	1	1	1	1	0
0	×	×	×	×	×	1	1	1	1	1	1	1	1
×	1	×	×	×	×	1	1	1	1	1	1	1	1
×	×	1	×	×	×	1	1	1	1	1	1	1	1

译码法扩展片选连接如图 6-7 所示。

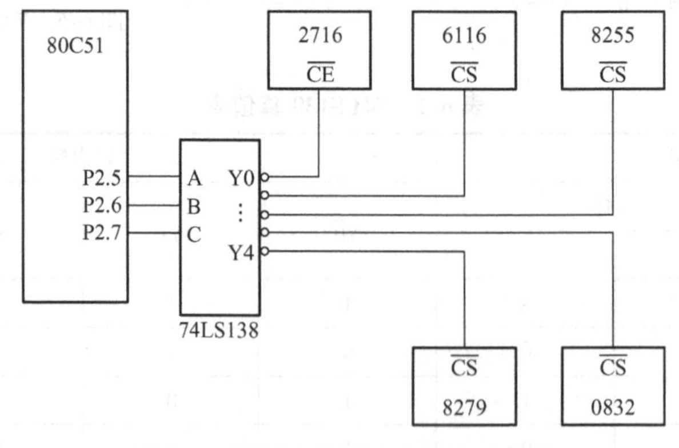

图 6-7　译码法扩展片选连接示意图

6.3　单片机程序存储器扩展

6.3.1　只读存储器概述

单片机的程序存储器扩展使用只读存储器（ROM）芯片。ROM中的信息一旦写入之后就不能随意更改，特别是不能在程序运行过程中写入新的内容，只能读存储单元内容，故称之为只读存储器。ROM是由MOS管阵列构成的，以MOS管的接通或断开来存储二进制信息。按照程序要求确定ROM存储阵列中各MOS管状态的过程叫作ROM编程。根据编程方式的不同，ROM共分为以下5种：

1. 掩膜ROM

掩膜ROM简称为ROM，其编程是由半导体制造厂家完成的，即在生产过程中进行编程。因编程是以掩膜工艺实现的，因此称为掩膜ROM，或写为maskROM。掩膜ROM制造完成后，用户不能更改其内容。这种ROM芯片存储结构简单，集成度高，但由于掩膜工艺成本较高，因此只适合于大批量生产。当数量很大时，掩膜ROM芯片才比较经济。

2. 可编程ROM（PROM）

可编程ROM芯片出厂时并没有任何程序信息，其程序是在开发现场由用户写入的，为写入用户自己研制的程序提供了可能。但这种ROM芯片只能写入一次，其内容一旦写入就不能再进行修改。一次写入就是一次可编程OTP（one time programble），因此通常把可编程ROM写为OTPROM。

3. 紫外线擦除可改写ROM（EPROM）

可改写ROM芯片的内容也由用户写入，但允许反复擦除重新写入。按擦除信息的方法不同，把可改写ROM分为几类：用紫外线擦除的称为EPROM，用电擦除的称为EEPROM。

EPROM是用电信号编程而用紫外线擦除的只读存储器芯片。在芯片外壳上方的中央有一个圆形窗口，通过这个窗口照射紫外线就可以擦除原有信息。由于阳光中有紫外线的成分，所以程序写好后要用不透明的标签贴封窗口，以避免因阳光照射而破坏程序。

EPROM的典型芯片是Intel公司的27系列产品，按存储容量不同分为多种型号，例如2716（2KB×8）、2732（4KB×8）、2764（8KB×8）、27128（16KB×8）、27256（32KB×8）等，型号名称后面括号内的数字表示其存储容量。

4. 电擦除可改写ROM（EEPROM）

这是一种用电信号编程和擦除的ROM芯片，它可以通过读写操作进行逐个存储单元的读出和写入，且读写操作与RAM存储器几乎没有什么差别，不同的只是写入速度慢一些，但断电后却能保存信息。典型EEPROM芯片有28C16、28C17、2817A等。

5. 快擦写ROM（flash ROM）

EEPROM虽然具有既可读又可写的特点，但写入的速度较慢，使用起来不太方便。而flash ROM是在EPROM和EEPROM的基础上发展起来的一种只读存储器，读写速度都很快，存取时间可达70ns，存储容量可达2～16KB，近期甚至有16～64MB的芯片出现。这种芯片的可改写次数可从1万次到100万次。典型flash ROM芯片有28F256、28F516、AT89等。

6.3.2　程序存储器扩展用典型芯片

程序存储器扩展根据需要可使用上述各种 ROM 芯片，但使用较多的是 EPROM 和 EEPROM，下面以 EPROM 型的 27C64 作为单片机程序存储器扩展的典型芯片进行说明。

27C64 是美国 Intel 公司的一种 +5V 8KB UVEPROM，27 是系列号，64 和存储容量有关。

1. 芯片 27C64 的结构

27C64 的逻辑结构如图 6-8 所示。27C64 采用双译码编程方式，A12 ~ A0 上的地址信号经 X 和 Y 译码后，在 X 选择线和 Y 选择线上产生选择信号，选中存储阵列中相应地址的存储单元工作，并在控制电路的控制下对所选中的存储单元进行读操作（或编程写操作），从存储单元读出的 8 位二进制信息经输出缓冲器输出到数据线 D7 ~ D0 上。在编程方式下，D7 ~ D0 上的编程信息在控制电路的控制下写入存储阵列的相应存储单元。其信号引脚排列和实物图如图 6-9 所示。

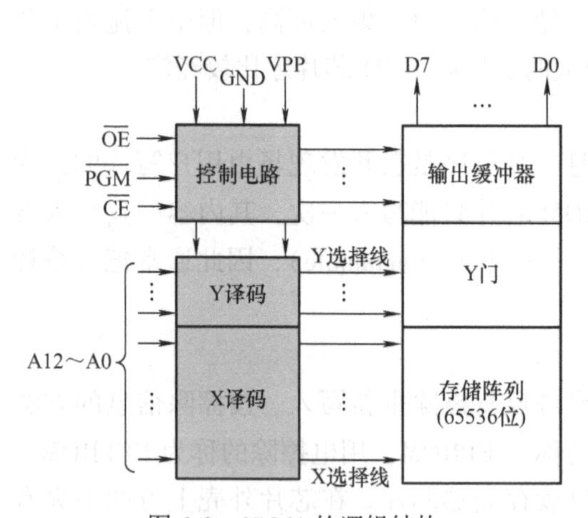

图 6-8　27C64 的逻辑结构

图 6-9　芯片 27C64 信号引脚排列和实物图

27C64 引脚符号的含义和功能如下：

D7 ~ D0（或 O7 ~ O0）：三态数据总线。

A12 ~ A0：地址输入线。

$\overline{CE}$：片选信号输入线。

OE：输出允许输入线。

VPP：编程电源输入线。

$\overline{PGM}$：编程脉冲输入线。

VCC：电源。

GND：接地。

NC：空引脚。

2. 芯片 27C64 的工作方式

工作方式是指允许对芯片进行的操作。EPROM 的主要操作方式有读出、维持、编程、校验、禁止编程等，见表 6-3。

表6-3 27C64的工作方式

工作方式	引脚					输出端 D7～D0
	$\overline{CE}$ (20)	$\overline{OE}$ (22)	$\overline{PGM}$ (27)	$\overline{VPP}$ (1)	$\overline{VCC}$ (8)	
读出	V1L	V1L	V1H	VCC	VCC	输出
维持	V1H	×	×	VCC	VCC	高阻
编程	V1L	V1H	V1L	VPP	VCC	输入
编程校验	V1L	V1L	V1H	VPP	VCC	输出
禁止编程	V1H	×	×	VPP	VCC	高阻

表6-3中，V1L为低电平；V1H为高电平；VPP为编程电压，编程电压大小与器件型号及编程方式有关；正常工作时VCC为5V，在与编程有关的操作中VCC的大小则与器件的型号有关。

编程是指将数据及程序代码写入EPROM。编程时需要外加VPP并有特定编程时序，不同型号芯片VPP不同，但VPP都有严格的范围限制，低于下限不能保证数据的正确写入，高于上限则可能损坏被编程芯片，VPP的允许值一般写在芯片上。EPROM芯片常用的编程电压有12.5V和25V两种。编程校验是指检查编程数据是否与源数据一致。

6.3.3 程序存储器扩展举例

程序存储器扩展常见类型为单片程序存储器扩展和多片程序存储器扩展。

1. 单片程序存储器扩展

先以单片27C64为例说明程序存储器扩展的有关问题，如图6-10所示。

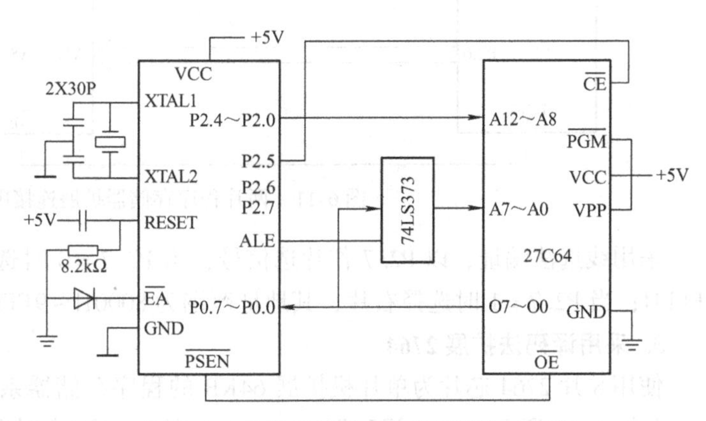

图6-10 单片机扩展程序存储器接口电路

存储器扩展的主要工作是地址线、数据线和控制信号线的连接。

地址线的连接与存储芯片的容量有直接关系。27C64的存储容量为8KB，需要13位地址线（A12～A0）。P0口经地址锁存器后接27C64的A7～A0；P2口的P2.4～P2.0直接接27C64的A12～A8。因为这是一个小规模存储器扩展系统，采用线选法编址比较方便，为此取P2.5作芯片选择信号与27C64的$\overline{CE}$端相连即可。

数据线的连接则比较简单，P0口接27C64的O7～O0。

控制线：ALE接74LS373的LE，$\overline{PSEN}$接EPROM的$\overline{OE}$。

分析存储器在存储空间中占据的地址范围，实际上就是根据地址线连接情况确定其最低地址和最高地址。如果把P2口中没用到的高位地址线假定为“0”状态，则27C64芯片的地址范围是0000H～1FFFH。

由于P2.7、P2.6的状态与该27C64芯片的寻址无关，所以P2.7、P2.6可为任意状态，因此27C64芯片的地址范围有4个，见表6-4。

表6-4 线选法27C64地址范围表

A15 P2.7	A14 P2.6	A13 P2.5	A12～A0	地址范围
0	0	0	0000000000000～1111111111111	0000H～1FFFH（基本地址范围）
0	1	0	0000000000000～1111111111111	4000H～5FFFH
1	0	0	0000000000000～1111111111111	8000H～9FFFH
1	1	0	0000000000000～1111111111111	C000H～DFFFH

2. 两片程序存储器扩展

使用两片2764芯片扩展一个程序存储器系统，如图6-11所示。2764的存储容量为8KB。

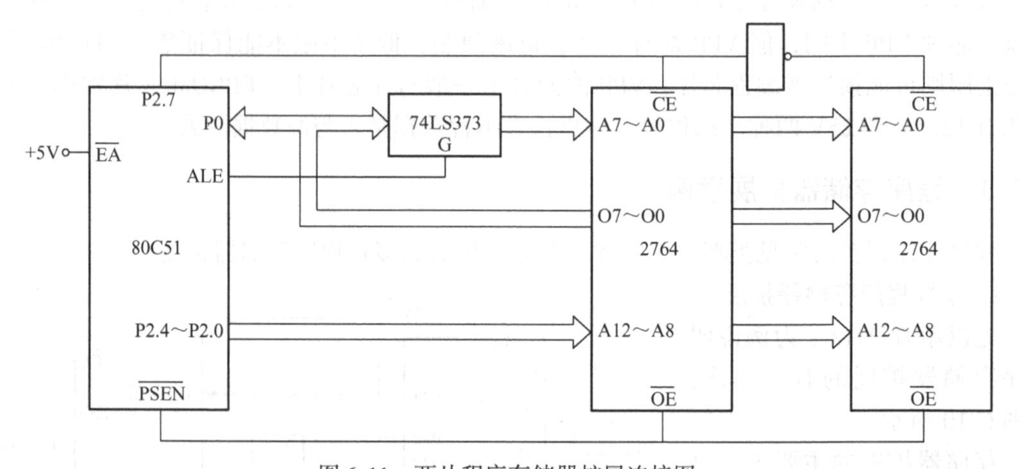

图6-11 两片程序存储器扩展连接图

采用线选法编址，以P2.7作片选信号，当P2.7=0时选左片，其地址范围为0000H～1FFFH；当P2.7=1时选择右片，其地址范围为8000H～9FFFH。

3. 采用译码法扩展2764

使用8片2764芯片为单片机扩展64KB的程序存储器系统。采用译码法的电路连接示意图如图6-12所示。3-8译码器74LS138的输入引脚分别为P2.5、P2.6和P2.7，译码输出的8个引脚分别作为8片2764的片选信号。

每个2764的访问地址如下：

2764（1）：0000H～1FFFH。

2764（2）：2000H～3FFFH。

2764（3）：4000H～5FFFH。

2764（4）：6000H～7FFFH。

2764（5）：8000H～9FFFH。

2764（6）：A000H～BFFFH。

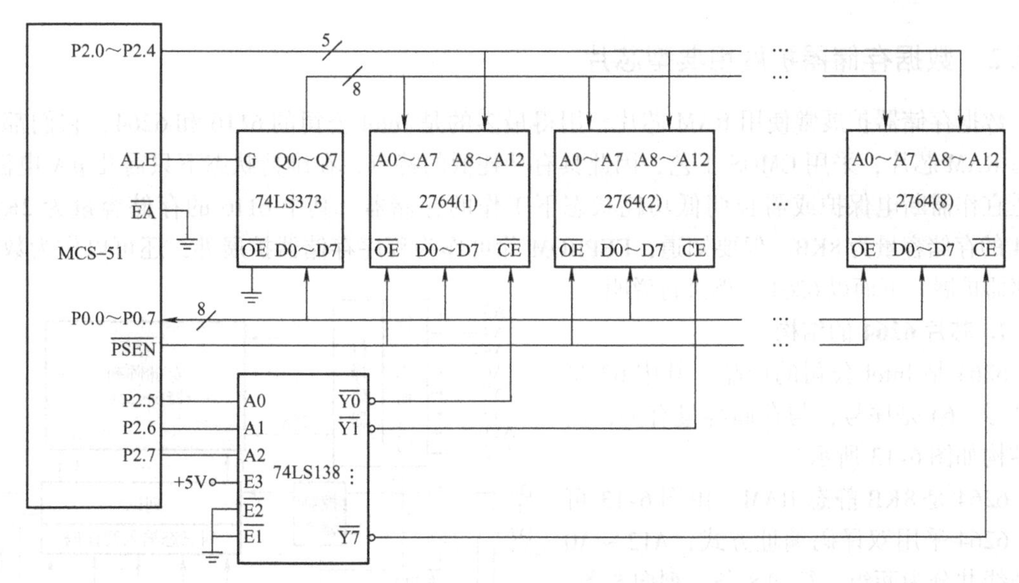

图6-12　采用译码法的电路连接示意图

2764（7）：C000H～DFFFH。

2764（8）：E000H～FFFFH。

对于多片程序存储器的扩展，注意以下几个要点：

1）各芯片的低位地址线并行连接。

2）各芯片的数据线并行连接。

3）各芯片的控制信号$\overline{PSEN}$并行连接。

4）各芯片的片选信号是不同的，需分别产生。

注意到这几点，多片存储器芯片的连接就不会有什么困难了。

6.4　数据存储器扩展

6.4.1　随机存储器概述

随机存储器（RAM）在单片机系统中用于存放可随时修改的数据，因此在单片机领域中也称之为数据存储器。与ROM不同，对RAM可以进行读、写两种操作。但RAM是易失性存储器，断电后所存信息立即消失。按半导体工艺的不同，RAM分为MOS型和双极型两种。MOS型集成度高、功耗低、价格便宜，但速度较慢，而双极型的特点则正好相反。在单片机系统中大多数使用的是MOS型的RAM，它们的输入和输出信号能与TTL兼容，所以在扩展中信号连接是很方便的。

按工作方式的不同，RAM又分为静态（SRAM）和动态（DRAM）两种。静态RAM，只要电源加上，所存信息就能可靠保存。而动态RAM使用的是动态存储单元，需要不断进行刷新以便周期性地再生，从而保存信息。动态RAM的集成密度大，集成同样的位容量，动态RAM所占芯片面积只是静态RAM的1/4。此外动态RAM的功耗低、价格便宜。但动态存储器要增加刷新电路，因此只适用于较大系统，而在单片机系统中很少使用。

6.4.2 数据存储器扩展用典型芯片

数据存储器扩展常使用 RAM 芯片，用得最多的是 Intel 公司的 6116 和 6264，它们都是静态 RAM 芯片，采用 CMOS 工艺，因此具有功耗低的特点，在维持状态下只需几 μA 电流，很适宜作需断电保护或需长期低功耗状态下工作的存储器，其中 6116 的存储容量为 2KB，6264 的存储容量为 8KB。但要知道，EEPROM 除可作为程序存储器扩展外，还可以作为数据存储器扩展。下面以 6264 为例进行说明。

1. 芯片 6264 的结构

6264 是 Intel 公司的产品，其中 62 是系列号，64 是序号，与存储容量有关，内部结构如图 6-13 所示。

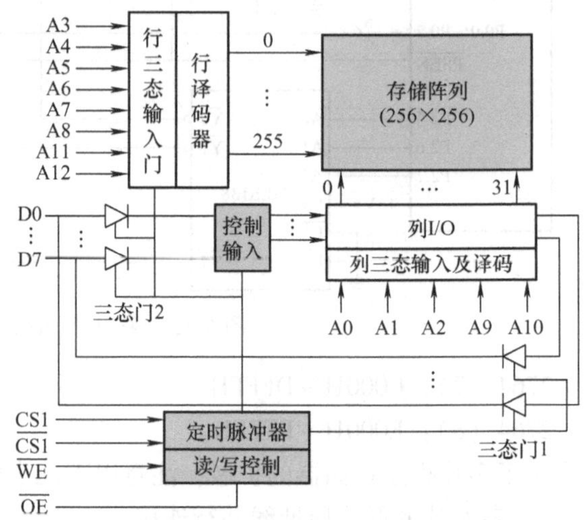

图 6-13　6264 内部结构

6264 是 8KB 静态 RAM，由图 6-13 可见，6264 采用双译码编址方式，A12 ~ A0 地址线共分为两组，行向 8 条，列向 5 条。行向地址经行三态输入门和行译码器后产生 256 条行地址选择线，列向地址由列三态输入门及译码电路译码产生 32 条列地址选择线，行、列地址选择线共同对存储阵列中的 8192 个存储单元选址。CS1 和 $\overline{CS1}$ 为片选控制线，当 CS1 为高电平且 $\overline{CS1}$ 为低电平时，本芯片被选中工作，否则本芯片就不工作。$\overline{WE}$ 线为控制读写线，$\overline{WE}$ 为高电平时 6264 处于读出状态，$\overline{WE}$ 为低电平时处于写入状态。$\overline{OE}$ 控制读出数据是否送到数据线 D7 ~ D0 上。

6264、62128、62256 的信号引脚分配如图 6-14 所示。

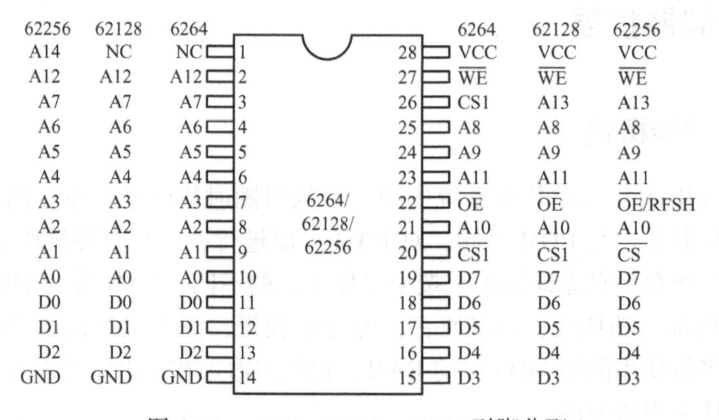

图 6-14　6264、62128、62256 引脚分配

该芯片的主要信号引脚有：

(1) 地址线（13 条）　A12 ~ A0——用于输入 CPU 送来的地址码。

(2) 数据线（8 条）　D7 ~ D0——用于传送读/写数据。

(3) 控制线（4 条）　$\overline{CS1}$/CS1——片选线（输入），若 CS1 * $\overline{CS1}$ = 1，则本片被选中；

若 CS1 * $\overline{CS1}$ =0，则本片未选中。$\overline{OE}$——允许输出线输入，若 $\overline{OE}$ =0，则 D7 ~ D0 为读出数据；若 $\overline{OE}$ =1，则 D7 ~ D0 为高阻。$\overline{WE}$——读、写指令线 3 条，若 $\overline{WE}$ =0，则本片处于写状态；若 $\overline{WE}$ =1，则本片处于读状态。

2. 工作方式

6264 共有五种工作方式，其中读出和写入方式是有效方式，每种工作方式对有关引脚上电平的依赖关系见表 6-5。

表 6-5 6264 工作方式

工作方式	$\overline{CS1}$	CS1	$\overline{WE}$	$\overline{OE}$	功 能
禁止	0	1	0	0	$\overline{WE}$ 和 $\overline{OE}$ 不能同时低电平
读出	0	1	1	0	D7 ~ D0 ←6264 中数
写入	0	1	0	1	D7 ~ D0 →6264 中数
选通	0	1	1	1	输出高阻
未选通	1	1	×	×	输出高阻

6.4.3 数据存储器扩展举例

数据存储器扩展与程序存储器扩展在数据线、地址线的连接上是完全相同的，不同的只是控制信号，程序存储器使用 $\overline{PSEN}$ 作为读选通信号，数据存储器则使用 $\overline{RD}$ 和 $\overline{WR}$ 分别作为读、写选通信号。

MCS-51 单片机对片外 RAM 连接的特点是：利用 $\overline{WR}$ 和 $\overline{RD}$ 作为片外 RAM 芯片的选通线，$\overline{PSEN}$ 悬空不用。

使用 6264 实现数据存储器扩展，电路连接如图 6-15 所示。

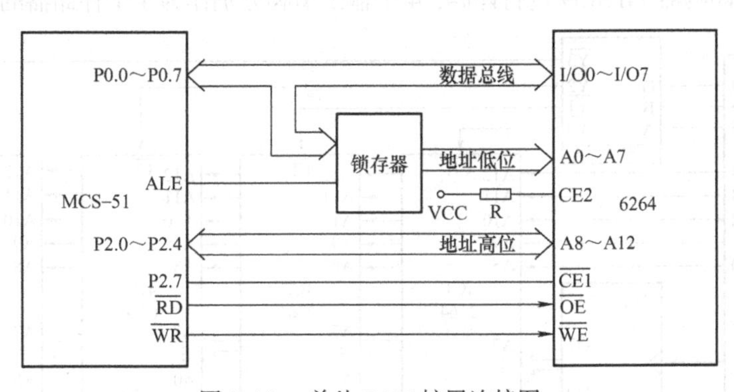

图 6-15 单片 RAM 扩展连接图

在图 6-15 中，6264 存储器芯片采用线选法，A0 ~ A12 可从全 0 变为全 1，因而其地址范围为 0000H ~ 1FFFH。

6.5 存储器综合扩展

前面分别讲述了程序存储器和数据存储器的扩展，但在实际应用中见到最多的还是两种存储器都有的综合扩展。

在单片机应用系统中，需要同时扩展程序存储器和数据存储器的情况是最常见的，例如扩展 8KB 程序存储器和 8KB 数据存储器的电路连接如图 6-16 所示。

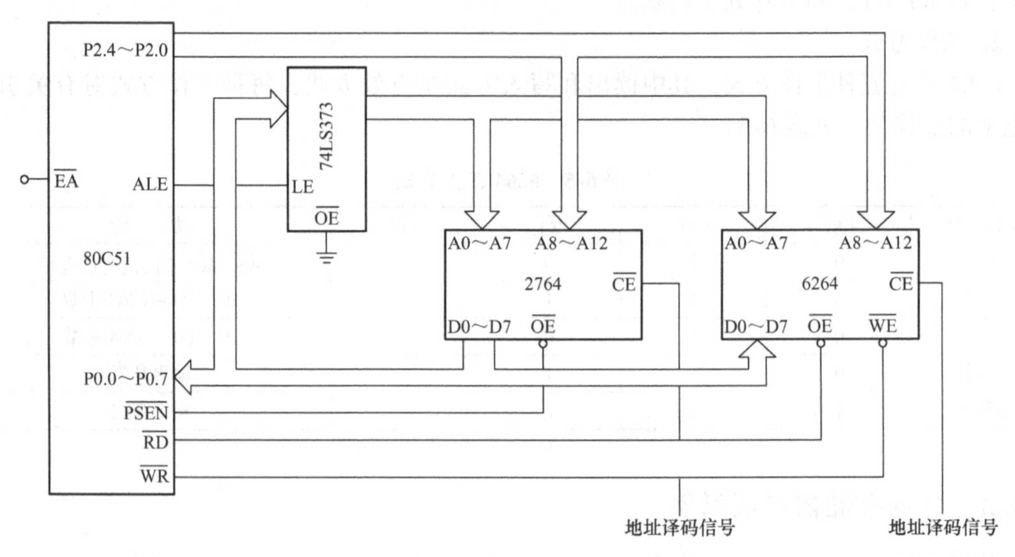

图 6-16　两种存储器综合扩展

在该电路中，由于两种存储器都是由 P2 口提供高 8 位地址，P0 口提供低 8 位地址，所以它们的地址范围是相同的，即都是 0000H ~ 1FFFH。但程序存储器的读操作由 $\overline{\text{PSEN}}$ 信号控制，而数据存储器的读和写分别由 $\overline{\text{RD}}$ 和 $\overline{\text{WR}}$ 信号控制，因此不会造成操作上的混乱。

[**例 6-1**]　单片机系统扩展两片 2764 EEPROM 和两片 6264 SRAM，其电路连接图如图 6-17 所示，采用 2 - 4 译码器 74LS139 进行译码，4 个输出引脚分别作为 4 个存储器的片选输入。

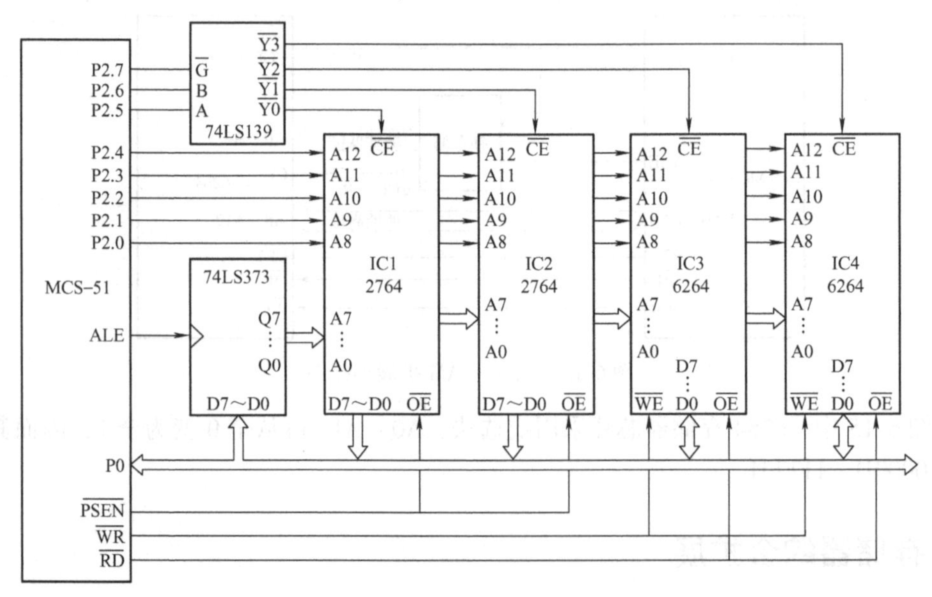

图 6-17　扩展 EEPROM 和 SRAM 电路连接图

各芯片的访问地址：

IC1 2764：0000H ~ 1FFFH。

IC2 2764：2000H ~ 3FFFH。

IC3 6264：4000H ~ 5FFFH。

IC4 6464：6000H ~ 7FFFH。

6.6 flash 存储器

在过去的 20 多年里，单片机及嵌入式系统一直使用 ROM（EPROM）作为它们的存储设备，然而近年来 flash 逐渐替代 ROM（EPROM）在嵌入式系统中的地位，用作存储引导程序（bootloader）及操作系统或者程序代码的载体，或者直接当硬盘使用。

flash 存储器（flash memory）全称为 flash EEPROM Memory，又名闪速存储器（简称闪存），是一种长寿命的非易失性（在断电情况下仍能保持所存储的数据信息）的存储器，数据删除不是以单个字节为单位而是以固定的区块为单位，区块大小一般为 256KB ~ 20MB。闪存是 EEPROM 的升级，EEPROM 是在字节层次进行删除和重写的，而闪存是按区块进行擦写的，这样闪存自然就比 EEPROM 的更新速度要快。闪存成本低、密度大、速度快的特点使其广泛地运用于各个领域。

6.6.1 flash 类型及应用

全球闪存的供应商主要有 AMD、Atmel、Fujistu、Hitachi、Hyundai、Intel 等，根据技术架构的不同，主要有 NOR、NAND 等几大阵营。

1. NOR 技术

（1）NOR　基于 NOR 技术（也称为 linear 技术）的闪存出现最早，目前仍是多数供应商支持的技术架构，具有可靠性高、随机读取速度快的优势，广泛用于 PC 的 BIOS 固件、移动电话、硬盘驱动器的控制存储器等。

NOR 技术特点：

1）程序和数据可存放在同一芯片上，拥有独立的数据总线和地址总线，能快速随机读取。

2）可以单字节或单字编程，但不能单字节擦除，必须以块为单位或对整片执行擦除操作，在对存储器进行重新编程之前需要对块或整片进行预编程和擦除操作。

由于 NOR 技术的闪存擦除和编程速度较慢，而块尺寸又较大，因此擦除和编程操作所花费的时间很长，在纯数据存储和文件存储方面的应用不多。不过，仍有支持者用它完成以写入为主的应用，如 compact flash（CF）卡。在单片机和部分 ARM 处理器中，仍然使用 NOR flash 作为程序存储器。

（2）DINOR　DINOR（divided bit-line NOR）技术从一定程度上改善了 NOR 技术在写性能上的不足，DINOR 技术和 NOR 技术一样具有快速随机读取的功能，按字节随机编程的速度略低于 NOR，但块擦除速度快于 NOR。DINOR 技术在执行擦除操作时无须对页进行预编程，且编程操作所需电压低于擦除操作所需电压，这与 NOR 技术相反。

Mitsubishi 公司推出的 DINOR 技术器件——M5M29GB/T320，将闪存分为 4 个存储区，

在向其中任何一个存储区进行编程或擦除操作的同时，可以对其他3个存储区中的一个进行读操作，用硬件方式实现了在读操作的同时进行编程和擦除操作，而无须外接EEPROM。由于有多条存取通道，因而提高了系统速度。该芯片有先进的省电性能，在待机和自动省电模式下仅有0.33μW功耗，在数字蜂窝电话、汽车导航和全球定位系统等领域中应用较多。

2. NAND技术

（1）NAND　NAND技术的特点有：

1）以页为单位进行读和编程操作，一页为256B或512B；以块为单位进行擦除操作，一块可以为4KB、8KB或16KB，具有块编程和块擦除的功能，其块擦除时间是2ms，而NOR技术的块擦除时间达到几百毫秒。

2）数据、地址采用同一总线，实现串行读取。随机读取速度慢且不能按字节随机编程。

3）芯片尺寸小，引脚少，是位成本（bit cost）最低的固态存储器，已跌破1美元/GB的价格限制。

4）芯片包含失效块，其数目最大可达到3～35块（取决于存储器密度）。失效块不会影响有效块的性能，但设计者需要将失效块在地址映射表中屏蔽起来。

（2）UltraNAND　UltraNAND技术与NAND标准兼容；拥有比NAND技术更高等级的可靠性；可用来存储代码，从而首次在代码存储的应用中体现出NAND技术的成本优势；它没有失效块，因此不用系统级的查错和校正功能，能更有效地利用存储器容量。

6.6.2　NOR和NAND flash存储器的使用区别

NOR芯片内可以执行XIP（execute in place）指令，CPU通过三总线可直接读取存储在NOR中的指令，这样应用程序可以直接在闪存内运行。NOR的传输效率很高，在1～4MB的小容量时具有很高的性价比，但是很低的写入和擦除速度大大影响了它的性能。实际应用中当闪存只是用来存储少量的代码时，NOR闪存更适合一些。

NAND结构能提供极高的单元密度，可以达到高存储密度，并且写入和擦除的速度也很快，在实际应用中NAND则是高数据存储密度的理想解决方案，但NAND flash由于接口不兼容，CPU无法直接从NAND flash中读取指令，通常把代码先复制到SDRAM等内存中，再由SDRAM执行程序。由于SDRAM等内存的读/写速度远远高于flash，所以在SDRAM中执行代码，性能可以大大提高。

6.6.3　eMMC技术

1. eMMC的概述

eMMC（embedded multi media card）是MMC协会订立、主要针对手机或平板电脑等产品的内嵌式存储器标准规格。eMMC在封装中集成了一个控制器，提供标准接口并管理闪存，使手机厂商能专注于产品开发的其他部分，并缩短向市场推出产品的时间。

2. eMMC的优点

eMMC的目的在于简化手机存储器的设计，由于NAND flash芯片有不同品牌，包括三星、KingMax、东芝（Toshiba）或海力士（Hynix）、美光（Micron）等，使用存储芯片时，都需要根据每家公司的产品和技术特性来重新设计，过去并没有哪个技术能够通用所有品牌的NAND flash芯片。而每次NAND flash制造工艺技术“改朝换代”，包括从70ns演进至

50ns，再演进至40ns或30ns制造工艺技术，手机客户都要重新设计，但半导体产品每一年制造工艺都会推陈出新，存储器问题也拖累手机新机型推出的速度。eMMC的设计概念，就是为了简化手机内存储器的使用，将NAND flash芯片和控制芯片设计成一颗芯片，手机客户只需要采购eMMC芯片，放进新手机中，不需要处理其他繁复的NAND flash兼容性和管理问题，从而大大缩短新产品的上市周期和研发成本，加速产品推陈出新的速度。

3. eMMC的结构

eMMC结构由一个嵌入式存储解决方案组成，带有MMC（多媒体卡）接口、快闪存储器设备及主控制器，将它们集成在一个小型的BGA封装。接口速度高达52MB/s，eMMC具有快速、可升级的性能，同时其接口电压可以是1.8V或者是3.3V。

eMMC采用统一的MMC标准接口，把高密度NAND flash以及MMC controller封装在一颗BGA芯片中。针对flash的特性，产品内部已经包含了flash管理技术，包括差错校验和纠正、flash擦写均衡、坏块管理、掉电保护等技术。用户无须担心产品内部flash晶圆制造工艺的变化。同时，eMMC单颗芯片为主板内部节省了更多的空间。NAND flash和eMMC的比较如图6-18所示。

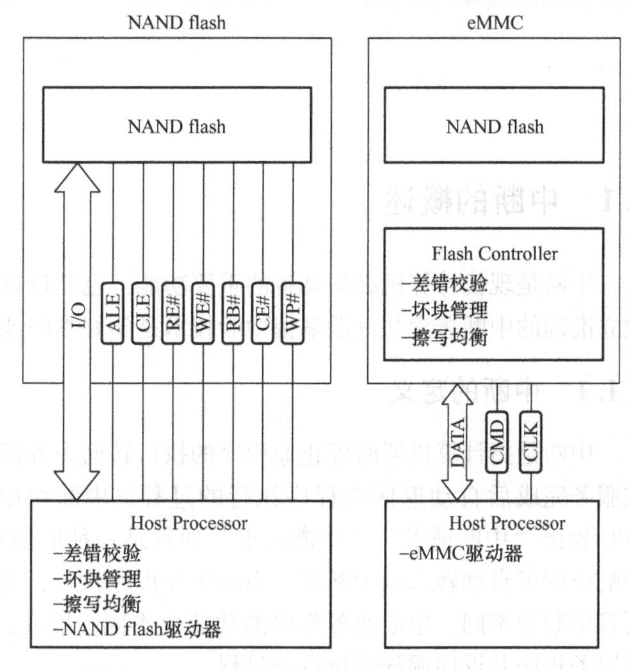

图6-18　NAND flash（左）/eMMC（右）比较

思考题与习题

1. 半导体存储器共分哪几类？各有什么特点？作用是什么？

2. MCS-51单片机系统中，外接程序存储器和数据存储器共用16位地址线和8位数据线，为什么不会发生冲突？

3. 在进行外部存储器设计中，使用的编址方法有几种方式？各有什么特点？

第 7 章 单片机中断系统

7.1 中断的概述

中断是现代计算机必须具备的重要功能，也是计算机发展史上的一个重要里程碑，因此建立准确的中断概念并灵活掌握中断技术是学好本门课程的关键问题之一。

7.1.1 中断的定义

中断是指计算机暂时停止原程序的执行转而为外部设备服务（执行中断服务程序），并在服务完成后自动返回源程序执行的过程。中断由中断源产生，中断源在需要时可以向CPU提出“中断请求”。“中断请求”通常是一种电信号，CPU一旦对这个电信号进行检测和响应便可自动转入该中断源的中断服务程序执行，并在执行完自动返回源程序继续执行，而且中断源不同，中断服务程序的功能也不同。因此，中断又可以定义为CPU自动执行中断服务程序并返回源程序执行的过程。

按照这一思想制成的现代计算机有以下优点。

1. 可以提高CPU的工作效率

CPU有了中断功能就可以通过分时操作使多个外设同时工作，并能对它们进行统一管理。CPU执行主程序中安排的有关指令可以令各外设与它并行工作，而且任何一个外设在工作完成后（例如，打印完第一个数的打印机）都可以通过中断得到满意服务（例如，给打印机送第二个需要打印的数）。因此，CPU在与外设交换信息时通过中断就可以避免不必要的等待和查询，从而大大提高它的工作效率。

2. 可以提高实时数据的处理时效

在实时控制系统中，被控系统的实时参量、越限数据和故障信息必须被计算机及时采集、进行处理和分析判断以便对系统实施正确的调节和控制。因此，计算机对实时数据的处理时效常常是被控系统的生命，是影响产品质量和系统安全的关键。CPU有了中断功能，系统的失常和故障就都可以通过中断立刻通知CPU，使它可以迅速采集实时数据和故障信息，并对系统做出应急处理。

7.1.2 中断源

中断源是指引起中断原因的设备或部件，或发出中断请求信号的源泉。弄清中断源设备可以有助于正确理解中断的概念，这也是灵活运用CPU中断功能的重要方面。通常，中断源有以下几种。

1. 外部设备中断源

外部设备主要为微型计算机输入和输出数据，故它是最原始和最广泛的中断源。在用作中断源时，通常要求它在输入或输出一个数据时能自动产生一个“中断请求”信号（TTL低电平或TTL下降沿）送到CPU的中断请求输入线$\overline{INT0}$或$\overline{INT1}$，以供CPU检测和响应。例如，打印机打印完一个字符时，可以通过打印中断请求CPU为它送下一个打印字符；当在键盘上按下一个键符时，也可通过键盘中断请求CPU从它那里提取输入的键符编码。因此，打印机和键盘都可以用作中断源。

2. 控制对象中断源

在计算机用作实时控制时，被控对象常常被用作中断源，用于产生中断请求信号，要求CPU及时采集系统的控制参量、越限参数以及要求发送和接收数据，等等。例如，电压、电流、温度、压力、流量和流速等超越上限和下限以及开关和继电器的闭合或断开都可以作为中断源来产生中断请求信号，要求CPU通过执行中断服务程序加以处理。因此，被控对象常常是用作实时控制的计算机的巨大中断源。

3. 故障中断源

故障中断源是产生故障信息的源泉，把它作为中断源是要CPU以中断方式对已发生的故障进行分析处理。计算机故障中断源有内部和外部之分。CPU内部故障源引起内部中断，如被零除中断等。CPU外部故障源引起外部中断，如掉电中断等。在掉电时，掉电检测电路检测到它时就自动产生一个掉电中断请求，CPU检测到后便在大滤波电容器维持正常供电的几秒钟内通过执行掉电中断服务程序来保护现场和启用备用电池，以便市电恢复正常后继续执行掉电前的用户程序。

和上述CPU故障中断源类似，被控对象的故障源也可用作故障中断源，以便对被控对象进行应急处理，从而可以减少系统在发生故障时的损失。

4. 定时脉冲中断源

定时脉冲中断源又称为定时器中断源，它实际上是一种定时脉冲电路或定时器。定时脉冲中断源用于产生定时器中断，定时器中断有内部和外部之分。内部定时器中断由CPU内部的定时器/计数器溢出（全1变全0）时自动产生，故又称为内部定时器溢出中断；外部定时器中断通常由外部定时电路的定时脉冲通过CPU的中断请求输入线引起。

7.1.3　中断的分类

中断按照功能通常可以分为可屏蔽中断、非屏蔽中断和软件中断三类。图7-1给出了Z80 CPU的可屏蔽中断请求输入线$\overline{INT}$和非屏蔽中断请求输入线$\overline{NMI}$。现在对它们的工作特点进行介绍。

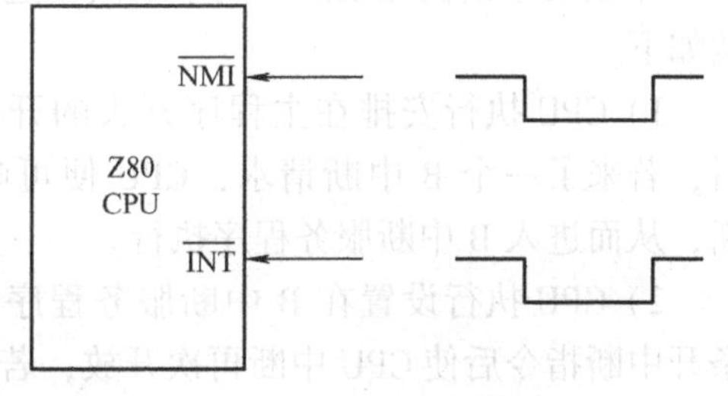

图7-1　Z80 CPU对$\overline{INT}$和$\overline{NMI}$中断的输入

1. 可屏蔽中断

可屏蔽中断是指CPU对$\overline{INT}$中断请求输入线上输入的中断请求是可以屏蔽（或控制）的，这种控制通常可以通过中断控制指令来实现。CPU

可以通过预先执行一条开中断指令来响应来自$\overline{\text{INT}}$上的低电平中断请求，也可以通过预先执行一条关中断指令来禁止来自$\overline{\text{INT}}$上的低电平中断请求。因此，$\overline{\text{INT}}$上的可屏蔽中断请求是否被 CPU 响应最终可以由人们通过指令来控制。MCS－51 单片机的 CPU 就是具有可屏蔽中断功能的一类 CPU。

2. 非屏蔽中断

非屏蔽中断是指 CPU 对来自$\overline{\text{NMI}}$中断输入线上的中断请求是不可屏蔽（或控制）的，也就是说只要 $\overline{\text{NMI}}$ 上输入一个低电平，CPU 就必须响应$\overline{\text{NMI}}$上的这个中断请求。美国 Zilog 公司的 Z80 CPU 就具有这样的非屏蔽中断功能。

3. 软件中断

软件中断是指人们可以通过相应的中断指令使 CPU 响应中断，CPU 只要执行这种指令就可以转入相应的中断服务程序执行，以完成相应的中断功能。因此，具有软件中断功能的 CPU 十分灵活，人们只要在编程时有这种需要就可以通过安排一条中断指令使 CPU 产生一次中断，以完成一次特定的任务。具有软件中断功能的 CPU 有 Intel 公司的 8088 和 8086 等。

7.1.4 中断的嵌套

通常，一个 CPU 总会有若干个中断源，可以接收若干个中断源发出的中断请求。但在同一瞬间，CPU 只能响应若干个中断源中的一个中断请求，CPU 为了避免在同一瞬间因响应若干个中断源的中断请求而带来的混乱，必须给每个中断源的中断请求赋一个特定的中断优先级，以便 CPU 先响应中断优先级高的中断请求，然后再逐次响应中断优先级次高的中断请求。中断优先级又称为中断优先权，可以直接反映每个中断源的中断请求被 CPU 响应的优先程度，也是分析中断嵌套的基础。

与子程序类似，中断也是允许嵌套的。在某一瞬间，CPU 因响应某一中断源的中断请求而正在执行它的中断服务程序时，若 CPU 此时的中断是开放的，那它必然可以把正在执行的中断服务程序暂停下来转而响应和处理中断优先级更高的中断源的中断请求，等到处理完再转回继续执行原来的中断服务程序，这就是中断嵌套。因此，中断嵌套的先决条件是中断服务程序开头应设置一条开中断指令（因为 CPU 会因响应中断而自动关闭中断），其次才是要有中断优先级更高的中断源的中断请求存在。两者都是实现中断嵌套的必要条件，缺一不可。非屏蔽中断是一种不受屏蔽的中断，故$\overline{\text{NMI}}$并不存在中断嵌套问题。

图 7-2 为中断嵌套示意图。若假设图中 A 中断比 B 中断的中断优先级高，则中断嵌套过程可以归纳如下。

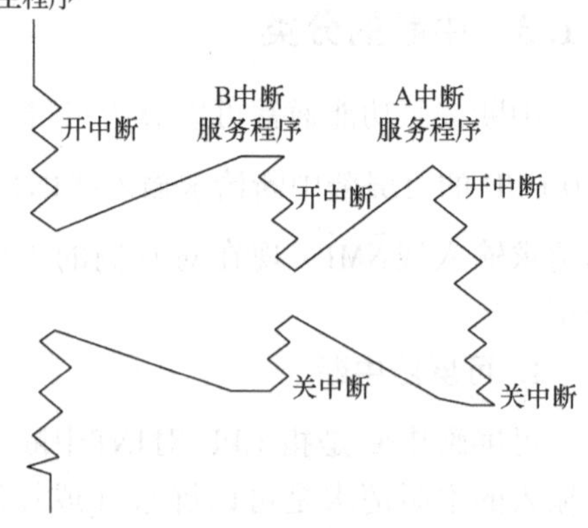

图 7-2 中断嵌套示意图

1）CPU 执行安排在主程序开头的开中断指令后，若来了一个 B 中断请求，CPU 便可响应 B 中断，从而进入 B 中断服务程序执行。

2）CPU 执行设置在 B 中断服务程序开头的一条开中断指令后使 CPU 中断再次开放，若此时又来了优先级更高的 A 中断请求，则 CPU 响应 A 中断，从而进入 A 中断服务程序执行。

3）CPU 执行到 A 中断服务程序末尾的一条中断返回指令 RETI 后自动返回，执行 B 中断服务程序。

4）CPU 执行到 B 中断服务程序末尾的一条中断返回指令 RETI 后，又可返回执行主程序。

至此，CPU 便已完成一次嵌套深度为2 的中断嵌套。对于嵌套深度更大的中断嵌套，其工作过程也与此类似，请读者自己分析。

7.1.5　中断系统的功能

中断系统是指能够实现中断功能的那部分硬件电路和软件程序。对于 MCS－51 单片机，大部分中断电路都是集成在芯片内部的，只有$\overline{\text{INT0}}$和$\overline{\text{INT1}}$中断输入线上的中断请求信号产生电路才是分散在各中断源电路或接口芯片电路里。虽然没有必要去弄清 MCS－51 单片机内部中断电路的细节，但从系统层面论述一下这部分电路的功能却是十分必要的。

中断系统的功能通常有以下几条。

1. 进行中断优先权排队

一个 CPU 通常可以与多个中断源相连，故在同一瞬时总会发生有两个或两个以上中断源同时请求中断的情况，这就要求人们能按轻重缓急给每个中断源的中断请求赋一个中断优先级。这样，当多个中断源同时向 CPU 请求中断时，CPU 就可以通过中断优先级排队电路率先响应中断优先级高的中断请求，而把中断优先级低的中断请求暂时搁置起来，等到处理完优先级高的中断请求后再来响应优先级低的中断。MCS－51 单片机内部集成的中断优先级排队电路在软件程序的配合下可以对它的五级中断进行优先级排队。

2. 实现中断嵌套

CPU 实现中断嵌套的先决条件是要有可屏蔽中断功能，其次要有能对中断进行控制的指令。CPU 的中断嵌套功能可以使它在响应某中断源中断请求的同时再去响应有更高中断优先级的中断请求，而把原中断服务程序暂时束之高阁，等处理完这个有更高中断优先级的中断请求后再来响应。例如，某单片机电台监测系统正在响应打印中断时巧遇敌电台开始发报，若监测系统不能暂时终止打印机的打印中断而去嵌套响应捕捉敌台信号的中断，那就会贻误战机，造成无法弥补的损失。

3. 自动响应中断

中断源产生的中断请求是随机发生且无法预料的。因此，CPU 必须不断检测中断输入线$\overline{\text{INT}}$或$\overline{\text{NMI}}$上的中断请求信号，而且相邻两次检测必须不能相隔太长，否则会影响响应中断的时效。通常，CPU 总是在每条指令的最后状态对中断请求进行一次检测，因此从中断源产生中断请求到被 CPU 检测到它的存在一般不会超过一条指令的时间。例如，当某中断源使 8051 的$\overline{\text{INT0}}$线变为低电平时，8051 便可在现行指令的 S5P2 或 S6P1 时检测到$\overline{\text{INT0}}$上中断是否开放，若$\overline{\text{INT0}}$上中断是开放的，则 8051 立即响应，否则就暂时搁置。CPU 在响应中断时通常要自动做三件事：一是自动关闭中断（严防其他中断进来干扰本次中断）并把原执行程序的断点地址（在 PC 中）压入堆栈，以便中断服务程序末尾的中断返回指令RETI可以按照此地址返回执行原程序；二是按中断源提供（或预先约定）的中断矢量自动转入相应的中断服务程序执行；三是自动或通过安排在中断服务程序中的指令来撤销本次中断请求，以免 CPU 返回主程序后再次响应本次中断请求。

4. 实现中断返回

通常，每个中断源都要配个中断服务程序，中断源不同，相应的中断服务程序也不相同。各个中断服务程序由用户根据具体情况编好后放在一定的内存区域（若允许中断嵌套，则中断服务程序开头应安排开中断指令）。CPU 在响应某中断源的中断请求后便自动转入相应的中断服务程序执行，在执行到安排在中断服务程序末尾的中断返回指令时，便自动到堆栈取出断点地址（CPU 在响应中断时自动压入），并按此地址返回中断前的原程序执行（参见 RETI 指令的功能）。

上述中断功能对 MCS－51 单片机也不例外，它也是由集成在芯片内部的中断电路完成的，并与软件程序配合，这些将在 7.2 节中介绍。

7.2　MCS－51 单片机中断系统结构及中断控制

MCS－51 单片机中断系统结构如图 7-3 所示。

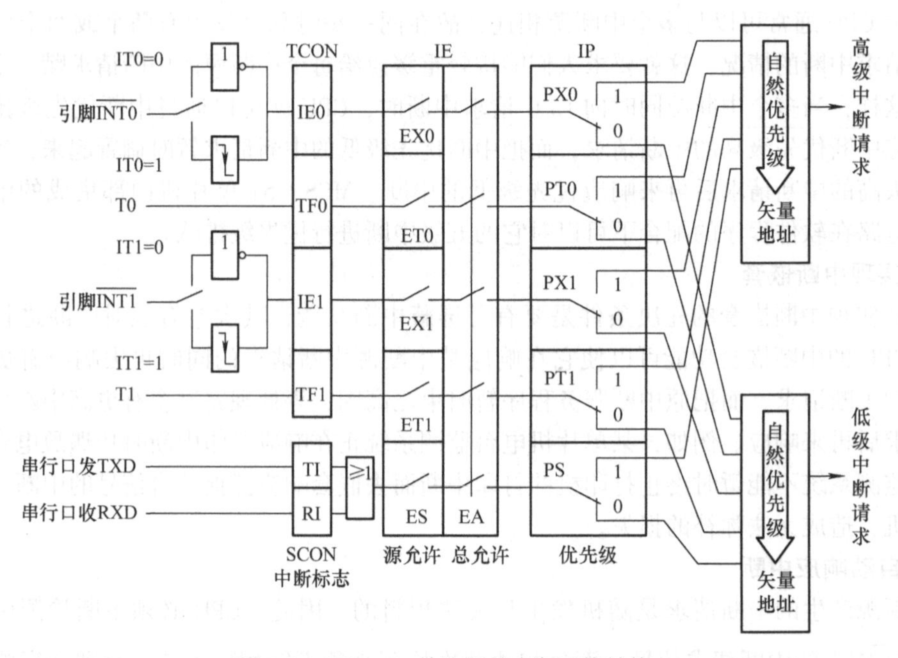

图 7-3　MCS－51 单片机的中断系统结构

注：IT0、IT1 也在 TCON 中。

MCS－51 单片机有 5 个中断请求源（89C52 有 6 个），4 个用于中断控制的寄存器 IE、IP、TCON（用 6 位）和 SCON（用 2 位），用来控制中断的类型、中断的开/关和各种中断源的优先级别。

5 个中断源有两个中断优先级，每个中断源可以编程为高优先级或低优先级中断，实现二级中断服务程序嵌套。

7.2.1 MCS-51单片机的中断源和中断标志

如上图所示，以8051为例，有5个中断源，对应了五种中断标志。当触发中断的条件被满足时，对应的中断标志位就会置位，这时如果IE中对应的中断源的中断允许处于置位状态，且IE中的单片机中断允许响应开发EA也处于置位状态，则该中断将被单片机响应。如果有多个中断同时被触发，则可以通过中断优先级寄存器（IP）来确定单片机响应的先后次序，单片机的高级中断申请可以打断正在执行的低级中断申请，高级中断申请程序执行结束后，单片机返回低级中断申请程序继续执行。

8051的五级中断分为两个外部中断和三个内部中断（两个定时器/计数器溢出中断和一个串行口中断）。

（1）外部中断源（中断标志为IE0和IE1）

由$\overline{\text{INT0}}$（P3.2）端口线引入，低电平或下降沿引起。

由$\overline{\text{INT1}}$（P3.3）端口线引入，低电平或下降沿引起。

（2）内部中断源（中断标志为TF0、TF1和TI/RI）

T0：定时器/计数器0中断，由T0回零溢出引起。

T1：定时器/计数器1中断，由T1回零溢出引起。

TI/RI：串行口中断，完成一帧字符发送/接收引起。

中断源和中断标志的具体使用方法如下：

1. 中断源

（1）外部中断源　8051有$\overline{\text{INT0}}$和$\overline{\text{INT1}}$两条外部中断请求输入线，用于输入两个外部中断源的中断请求信号，并允许外部中断源以低电平或负边沿两种中断触发方式输入中断请求信号。8051究竟工作于哪种中断触发方式，可由用户通过对定时器控制寄存器TCON中IT0和IT1位状态的设定来选取（见图7-4）。8051在每个机器周期的S5P2时对$\overline{\text{INT0}}$/$\overline{\text{INT1}}$线上的中断请求信号进行一次检测，检测方式和中断触发方式的选取有关。若8051设定为电平触发方式（IT0=0或IT1=0），则CPU检测到$\overline{\text{INT0}}$/$\overline{\text{INT1}}$上低电平时就可认定其中断请求有效；若设定为边沿触发方式（IT0=1或IT1=1），则CPU需要两次检测$\overline{\text{INT0}}$/$\overline{\text{INT1}}$线上的电平才能确定其中断请求是否有效，即前一次检测为高电平且后一次检测为低电平时，$\overline{\text{INT0}}$/$\overline{\text{INT1}}$上的中断请求才有效。因此，8051检测$\overline{\text{INT0}}$/$\overline{\text{INT1}}$上负边沿中断请求的时刻不一定恰好是其上中断请求信号发生负跳变的时刻，但两者之间最多不会相差一个机器周期时间。

（2）定时器溢出中断源　定时器溢出中断由8051内部定时器中断源产生，故它们属于内部中断。8051内部有两个16位定时器/计数器，由内部定时脉冲（主脉冲经12分频后）或T0/T1引脚上输入的外部定时脉冲计数。T0/T1在定时脉冲作用下从全1变为全0时可以自动向CPU提出溢出中断请求，以表明T0或T1的定时时间已到。T0/T1的定时时间可由用户通过程序设定，以便CPU在定时器溢出中断服务程序内进行计时。例如，若T0的定时时间设定为10ms，则CPU每响应一次T0溢出中断请求就可在中断服务程序中使（1/100）s单元加1，100次中断后（1/100）s单元清0的同时使秒单元加1，之后则重复上述过程。定时器溢出中断通常用于需要进行定时控制的场合。

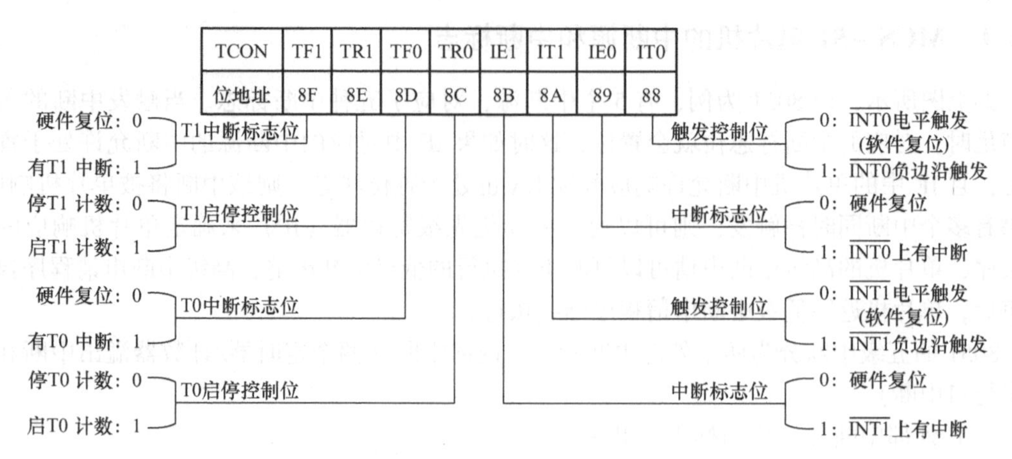

图 7-4 定时器控制寄存器 TCON 各位定义

（3）串行口中断源　串行口中断由 8051 内部串行口中断源产生，故也是一种内部中断。串行口中断分为串行口发送中断和串行口接收中断两种。在串行口进行发送/接收数据时，每当串行口发送/接收完一组串行数据时，串行口电路自动使串行口控制寄存器 SCON 中的 RI 或 TI 中断标志位置位（见图 7-5），并自动向 CPU 发出串行口中断请求，CPU 响应串行口中断后便立即转入串行口的中断服务程序执行。因此，只要在串行口中断服务程序中安排一段对 SCON 中的 RI 和 TI 中断标志位状态的判断程序，便可区分串行口发生了接收中断请求还是发送中断请求。

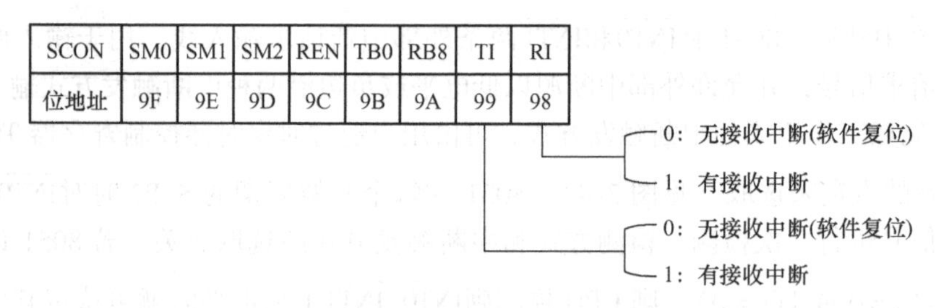

图 7-5 串行口控制寄存器 SCON 定义

2. 中断标志

8051 在每个机器周期的 S5P2 时检测（或接收）外部（或内部）中断源发来的中断请求信号后，先使相应中断标志位置位，然后便在下个机器周期检测这些中断标志位状态，以决定是否响应该中断。8051 中断标志位集中安排在定时器控制寄存器 TCON 和串行口控制寄存器 SCON 中，由于它们与 8051 中断初始化关系密切，故读者应注意熟悉或记住它们。

（1）定时器控制寄存器 TCON　定时器控制寄存器各位定义如图 7-4 所示。各位含义如下：

1）IT0 和 IT1。IT0 为$\overline{\text{INT0}}$中断触发控制位，位地址是 88H。IT0 状态可由用户通过程序设定。若使 IT0 = 0，则$\overline{\text{INT0}}$上中断请求信号的中断触发方式为电平触发（即低电平引起中断）；若 IT0 = 1，则$\overline{\text{INT0}}$设定为负边沿中断触发方式（即由负边沿引起中断）。IT1 的功能和 IT0 相同，区别仅在于被设定的外部中断触发方式不是$\overline{\text{INT0}}$而是$\overline{\text{INT1}}$，位地址为 8AH。

2）IE0 和 IE1。IE0 为外部中断$\overline{\text{INT0}}$中断请求标志位，位地址是 89H。当 CPU 在每个机器周期的 S5P2 检测到$\overline{\text{INT0}}$上的中断请求有效时，IE0 由硬件自动置位；当 CPU 响应$\overline{\text{INT0}}$上的中断请求后进入相应中断服务程序时，IE0 被自动复位。IE1 为外部中断$\overline{\text{INT1}}$的中断请求标志位，位地址为 8BH，其作用和 IE0 相同。

3）TR0 和 TRI。TR0 为 T0 的启停控制位，位地址为 8CH。TR0 状态可由用户通过程序设定。若 TR0 = 1，则 T0 立即开始计数；若 TR0 = 0，则 T0 停止计数。TRI 为 T1 的启停控制位，位地址为 8EH，其作用和 TR0 相同。

4）TF0 和 TF1。TF0 为 T0 的溢出中断标志位，位地址为 8DH。当 T0 产生溢出中断（全 1 变为全 0）时，TF0 由硬件自动置位，当 T0 的溢出中断为 CPU 响应后，TF0 被硬件复位。TFI 为 T1 的溢出中断标志位，位地址为 8FH，其作用和 TF0 相同。

（2）串行口控制寄存器 SCON　串行口控制寄存器 SCON 各位定义如图 7-5 所示。

TI 为串行口发送中断标志位，位地址为 99H。在串行口发送完一组数据时，串行口电路向 CPU 发出串行口中断请求的同时使 TI 位置位，但它在 CPU 响应串行口中断后是不能由硬件复位的，故用户应在串行口中断服务程序中通过指令来使它复位。

RI 为串行口接收中断标志位，位地址为 98H。在串行口接收到一组串行数据时，串行口电路在向 CPU 发出串行口中断请求的同时使 RI 位置位，表示串行口已产生了接收中断。RI 也应由用户在中断服务程序中通过软件复位。

其余各位用于串行口方式设定和串行口发送/接收控制。

7.2.2　MCS－51 单片机对中断请求的控制

1. 对中断允许的控制

MCS－51 单片机没有专门的开中断和关中断指令，中断的开放和关闭是通过中断允许寄存器 IE 进行两级控制的。两级控制是指有一个中断允许总控位 EA，配合各中断源的中断允许控制位共同实现对中断请求的控制。这些中断允许控制位集成在中断允许寄存器 IE 中（见图 7-6）。

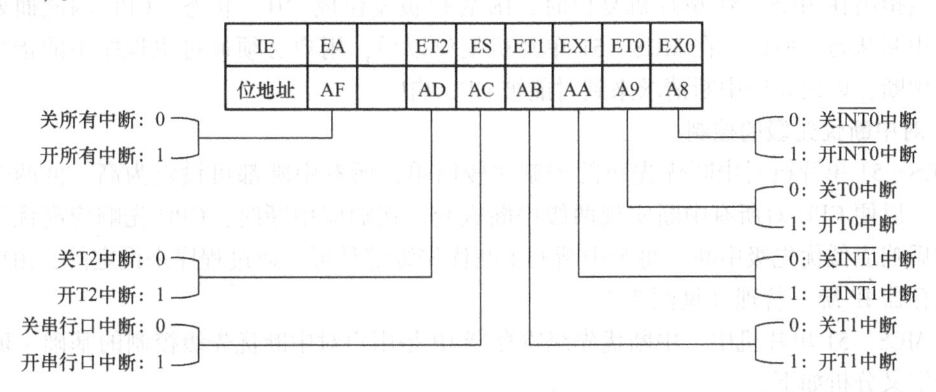

图 7-6　中断允许寄存器 IE 各位定义

现对 IE 各位的含义和作用分析如下：

1）EA。EA 为允许中断总控位，位地址为 AFH。EA 的状态可由用户通过程序设定。若 EA = 0，则 MCS－51 单片机的所有中断源的中断请求均被关闭；若 EA = 1，则 MCS－51

单片机的所有中断源的中断请求均被开放，但它们最终是否能为 CPU 响应还取决于 IE 中相应中断源的中断允许控制位状态。

2）EX0 和 EX1。EX0 为$\overline{\text{INT0}}$中断请求控制位，位地址是 A8H。EX0 状态可由用户通过程序设定。若 EX0 =0，则$\overline{\text{INT0}}$上的中断请求被关闭；若 EX0 =1，则$\overline{\text{INT0}}$上的中断请求被允许，但 CPU 最终是否能响应$\overline{\text{INT0}}$上的中断请求还要看允许中断总控位 EA 是否为“1”状态。

EX1 为$\overline{\text{INT1}}$中断请求允许控制位，位地址为 AAH，其作用和 EX0 相同。

3）ET0、ET1 和 ET2。ET0 为 T0 的溢出中断允许控制位，位地址是 A9H。ET0 状态可由用户通过程序设定。若 ET0 =0，则 T0 的溢出中断被关闭；若 ET0 =1，则 T0 的溢出中断被开放，但 CPU 最终是否响应该中断请求还要看允许中断总控位 EA 是否处于“1”状态。

ET1 为 T1 的溢出中断允许控制位，位地址是 ABH；ET2 为 T2 的溢出中断允许控制位，位地址是 ADH。ET1、ET2 和 ET0 的作用相同，但只有 8032、8052 和 8752 等芯片才具有 ET2 这一中断功能。

4）ES。ES 为串行口中断允许控制位，位地址是 ACH。ES 状态可由用户通过程序设定。若 ES =0，则串行口中断被禁止；若 ES =1，则串行口中断被允许，但 CPU 最终是否能响应这一中断还取决于允许中断总控位 EA 的状态。

中断允许寄存器 IE 的单元地址是 A8H，各控制位（位地址为 A8H ~ AFH）也可位寻址，故既可以用字节传送指令，也可以用位操作指令来对各个中断请求加以控制。例如，可以采用如下字节传送指令来开放 T1 的溢出中断：

```
MOV  IE  #88H
```

若改用位寻址指令，则需采用如下两条指令：

```
SETB  EA
SETB  ET1
```

应当指出在 MCS - 51 单片机复位时，IE 各位被复位成“0”状态，CPU 因此而处于关闭所有中断状态。所以，在 MCS - 51 单片机复位以后，用户必须通过主程序中的指令来开放所需中断，以便相应中断请求来到时能被 CPU 响应。

2. 对中断优先级的控制

MCS - 51 单片机对中断优先级的控制比较简单，所有中断都可设定为高、低两个中断优先级，以便 CPU 对所有中断实现两级中断嵌套。在响应中断时，CPU 先响应高优先级中断，然后响应低优先级中断。每个中断的中断优先级都是可以通过程序来设定的，由中断优先级寄存器 IP 统一管理（见图 7-7）。

在 MCS - 51 单片机中，中断优先级寄存器 IP 是用户对中断优先级控制的基础。现对 IP 各位的定义分析如下：

1）PX0 和 PX1。PX0 是$\overline{\text{INT0}}$中断优先级控制位，位地址为 B8H。PX0 的状态可由用户通过程序设定。若 PX0 =0，则$\overline{\text{INT0}}$中断被定义为低中断优先级；若 PX0 =1，则$\overline{\text{INT0}}$中断被定义为高中断优先级。PX1 是$\overline{\text{INT1}}$中断优先级控制位，位地址是 BAH，其作用和 PX0 相同。

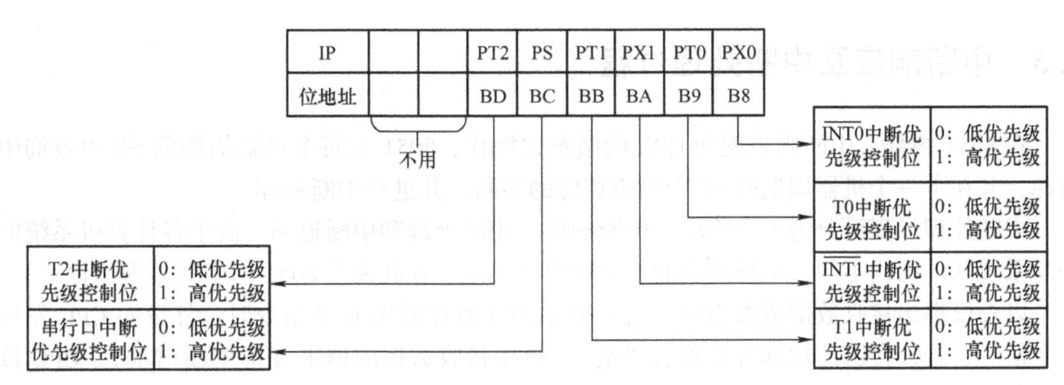

图7-7 中断优先级寄存器IP各位定义

2）PT0、PT1和PT2。PT0称为T0的溢出中断控制位，位地址是B9H。PT0状态可由用户通过程序设定。若PT0=0，则T0被定义为低中断优先级；若PT0=1，则T0被定义为高中断优先级。PT1为T1的溢出中断控制位，位地址是BBH。PT2为T2的溢出中断控制位，位地址是BDH。PT1及PT2的功能和PT0相同，但只有8032、8052和8752等芯片才有PT2。

3）PS。PS为串行口中断控制位，位地址是BCH。PS状态也由用户通过程序设定。若PS=0，则串行口中断定义为低中断优先级；若PS=1，则串行口中断定义为高中断优先级。

中断优先级寄存器IP也是MCS-51单片机CPU的21个特殊功能寄存器之一，各位状态均可由用户通过程序设定，以便对各中断优先级进行控制。MCS-51单片机共有5个中断源，但中断优先级只有高、低两级。因此，MCS-51单片机在工作过程中必然会有两个或两个以上中断源处于同一中断优先级（同为高中断优先级，或同为低中断优先级）。若出现这种情况，MCS-51单片机又该如何响应中断呢？原来，MCS-51单片机内部中断系统对各中断源的中断优先级有统一规定，在出现同级中断请求时，就按这个顺序来响应中断（见表7-1）。

表7-1 MCS-51单片机内部各中断源中断优先级的顺序

中断源	中断标志	优先级顺序
$\overline{INT0}$	IE0	高
T0	TF0	↓
$\overline{INT1}$	IE1	↓
T1	TF1	↓
串行口中断	TI或RI	低

MCS-51单片机有了这个中断优先级的顺序功能，就可同时处理两个或两个以上中断源的中断请求问题了。例如，若$\overline{INT0}$和$\overline{INT1}$同时设定为高中断优先级（PX0=1和PX1=1），其余中断设定为低中断优先级（PT0=0、PT1=0和PS=0），则当$\overline{INT0}$和$\overline{INT1}$同时请求中断时，MCS-51单片机就会在先处理完$\overline{INT0}$上的中断请求后自动转去处理$\overline{INT1}$上的中断请求。

7.3 中断响应及中断处理过程

在8051内部，中断则表现为CPU的微查询操作，8051在每个机器周期的S6中查询中断源，并在下一个机器周期的S1中响应相应的中断，并进行中断处理。

中断处理过程可分为3个阶段；中断响应、中断处理和中断返回。由于各计算机系统的中断系统硬件结构不同，中断响应的方式也有所不同。在此说明8051的中断处理过程。

以外设提出接收数据请求为例。当CPU执行主程序到第K条指令时，外设向CPU发送一个信号，告知自己的数据寄存器已“空”，提出接收数据的请求（即中断请求）。CPU接到中断请求信号，在本条指令执行完后，中断主程序的执行并保存断点地址，然后转去准备向外设输出数据（即响应中断）。CPU向外设输出数据（中断服务），数据输出完毕，CPU返回到主程序的第K+1条指令处继续执行（即中断返回）。在中断响应时，首先应在堆栈中保护主程序的断点地址（第K+1条指令的地址），以便中断返回时，执行RETI指令能将断点地址从堆栈中弹出到PC，正确返回。

由此可见，CPU执行的中断服务程序如同子程序一样，因此又被称作中断服务子程序。但两者的区别在于，子程序是用LCALL（或ACALL）指令来调用的，而中断服务子程序是通过中断请求实现的。所以，在中断服务子程序中也存在保护现场、恢复现场的问题。中断处理的大致流程图如图7-8所示。

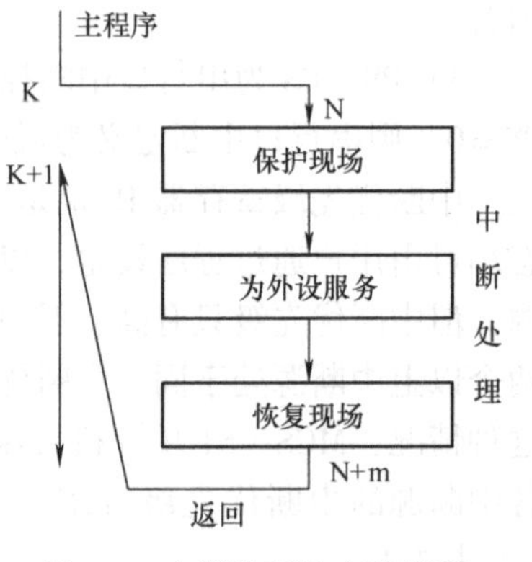

图7-8 中断处理的大致流程

7.3.1 中断响应

1. 中断响应条件

CPU响应中断的条件有：

1）有中断源发出中断请求。

2）中断总允许位EA=1，即CPU开中断。

3）申请中断的中断源的中断允许位为1，即中断没有被屏蔽。

4）无同级或更高级中断正在被服务。

5）当前的指令周期已经结束。

6）若现行指令为RETI或者是访问IE或IP指令，则该指令以及紧接着的另一条指令已执行完。

例如，当CPU对外部中断的响应采用边沿触发方式时，CPU在每个机器周期S5P2期间采样外部中断输入信号$\overline{\text{INTx}}$（x=0，1）。如果在相邻的两次采样中，第一次采样到的$\overline{\text{INTx}}$=1，紧接着第二次采样到的$\overline{\text{INTx}}$=0，则硬件将特殊功能寄存器TCON中的IEx（x=0，1）置1，请求中断。IEx的状态可一直保存下去，直到CPU响应此中断，进入到中断服务程序时，才由硬件自动将IEx清0。由于外部中断每个机器周期被采样一次，因此输入的高电平或低电平必须保持至少12个振荡周期（一个机器周期），以保证能被采样到。

2. 中断响应的自主操作过程

8051的CPU在每个机器周期的S5P2期间顺序采样每个中断源，CPU在下一个机器周期S6期间按优先级顺序查询中断标志。如果查询到某个中断标志为1，则将在接下来的机器周期S1期间按优先级进行中断处理。中断系统通过硬件自动将相应的中断矢量地址装入PC，以便进入相应的中断服务程序。中断响应表现为CPU的自主操作。

8051单片机的中断系统中有两个不可编程的“优先级生效”触发器。一个是“高优先级生效”触发器，用以指明已进行高级中断服务，并阻止其他一切中断请求；一个是“低优先级生效”触发器，用以指明已进行低优先级中断服务，并阻止除高优先级以外的一切中断请求。8051单片机一旦响应中断，首先置位相应的中断“优先级生效”触发器，然后由硬件执行一条长调用指令LCALL，把当前PC值压入堆栈，以保护断点，再将相应的中断服务程序的入口地址（如外部中断0的入口地址为0003H）送入PC，于是CPU接着从中断服务程序的入口处开始执行。

对于有些中断源，CPU在响应中断后会自动清除中断标志，如定时器溢出标志TF0、TF1和边沿触发方式下的外部中断标志IE0、IE1，而有些中断标志不会自动清除，只能由用户用软件清除，如串行口接收、发送中断标志RI、TI；在电平触发方式下的外部中断标志TE0和TE1则是根据引脚$\overline{\text{INT0}}$和$\overline{\text{INT1}}$的电平变化的，CPU无法直接干预，需在引脚外加硬件（如D触发器）使其自动撤销外部中断请求。

CPU执行中断服务程序之前，自动将PC的内容（断点地址）压入堆栈保护起来（但不保护状态寄存器PSW的内容，也不保护累加器A和其他寄存器的内容）；然后将对应的中断矢量装入PC，使程序转向该中断矢量地址单元中，以执行中断服务程序。各中断源及与之对应的矢量地址见表7-2。

表7-2 中断源及其对应的矢量地址

中断源	中断矢量
外部中断0（$\overline{\text{INT0}}$）	0003H
T0中断	000BH
外部中断1（$\overline{\text{INT1}}$）	0013H
T1中断	001BH
串行口中断	0023H

由于8051系列单片机的两个相邻中断源中断服务程序入口地址相距只有8个单元，一般的中断服务程序是容纳不下的，通常是在相应的中断服务程序入口地址中放一条长跳转指令LJMP，这样就可以转到64KB的任何可用区域了。若在2KB范围内转移，则可存放AJMP指令。

中断服务程序从矢量地址开始执行，一直到返回指令RETI为止。RETI指令的操作，一方面告诉中断系统该中断服务程序已执行完毕，另一方面把原来压入堆栈保护的断点地址从栈顶弹出，装入PC，使程序返回到被中断的程序断点处继续执行。

编写中断服务程序时应注意：

1）在中断矢量地址单元处放一条无条件转移指令（如LJMP ××××H），使中断服务程序可灵活地安排在64KB程序存储器的任何空间。

2）在中断服务程序中，用户应注意用软件保护现场，以免中断返回后丢失原寄存器、累加器中的信息。

3）若要在执行当前中断程序时禁止更高优先级中断，则可先用软件关闭CPU中断或禁止某中断源中断，在中断返回前再开放中断。

3. 中断响应时间

CPU 不是在任何情况下都对中断请求予以响应的，而且不同情况下对中断响应的时间也是不同的。现以外部中断为例，说明中断响应的最短时间。

在每个机器周期的 S5P2 期间，$\overline{INT0}$和$\overline{INT1}$引脚的电平被锁存到 TCON 的 IE0 和 IEI 标志位，CPU 在下一个机器周期才会查询这些值。这时，如果满足中断响应条件，下一条要执行的指令将是一条长调用指令 LCALL，使程序转至中断源对应的矢量地址入口。长调用指令本身要花费 2 个机器周期。这样，从外部中断请求有效到开始执行中断服务程序的第一条指令，中间要隔 3 个机器周期，这是最短的响应时间。

如果遇到中断受阻的情况，则中断响应时间会更长一些。例如，一个同级或高优先级的中断正在进行，则附加的等待时间将取决于正在进行的中断服务程序。如果正在执行的一条指令还没有进行到最后一个机器周期，则附加的等待时间为 1 ~ 3 个机器周期。因为一条指令的最长执行时间为 4 个机器周期（MUL 和 DIV 指令）。如果正在执行的是 RETI 指令或者是读/写 IE 或 IP 的指令，则附加的时间在 5 个机器周期之内（为完成正在执行的指令，还需要 1 个机器周期，加上为完成下一条指令所需的最长时间为 4 个机器周期，故最长为 5 个机器周期）。若系统中只有一个中断源，则响应时间为 3 ~ 8 个机器周期。

7.3.2 中断处理

CPU 响应中断后即转至中断服务程序的入口，执行中断服务程序。从中断服务程序的第一条指令开始到返回指令为止，这个过程称为中断处理或中断服务。不同中断源服务的内容及要求各不相同，其处理过程也就有所区别。一般情况下，中断处理包括两部分内容：一是保护现场，二是为中断源服务。

现场通常有 PSW、工作寄存器和 SFR 等。如果在中断服务程序中用这些寄存器，则在进入中断服务之前应将它们的内容保护起来（保护现场）；在中断结束、执行 RETI 指令前应恢复现场。

中断服务应针对中断源的具体要求进行相应的处理。用户在编写中断服务程序时，应注意以下几点：

1）各中断源的入口矢量地址之间只相隔 8 个单元，一般的中断服务程序是容纳不下的，因此最常用的方法是在中断入口地址单元处存放一条无条件转移指令，转至存储器其他的任何空间。

2）若在执行当前中断程序时禁止更高优先级中断，应用软件关闭 CPU 中断或屏蔽更高级中断源的中断，在中断返回前再开放中断。

3）在保护现场和恢复现场时，为了不使现场信息受到破坏或造成混乱，一般应关闭 CPU 中断，使 CPU 暂不响应新的中断请求。这样，在编写中断服务程序时，应注意在保护现场之前要关闭中断，在保护现场之后若允许高优先级中断嵌套，则应开中断。同样，在恢复现场之前应关闭中断，恢复之后再开中断。

7.3.3 中断返回

当某一中断源发出中断请求时，CPU 能决定是否响应这个中断请求，若响应此中断请求，则 CPU 必须在现行（假设）第 K 条指令执行完毕后，把断点地址（第 K +1 条指令的地址）即现行PC值压入堆栈中保护起来（保护断点）。当中断处理完后，再将压入堆栈的第K+1条指令的地址弹到PC（恢复断点）中，程序返回到原断点处继续运行。中断返回也表现为CPU的自主操作。

在中断服务程序中，最后一条指令必须为中断返回指令RETI。CPU执行此指令时，一方面清除中断响应时所置位的“优先级生效”触发器，另一方面从当前栈顶弹出断点地址送入PC，从而返回主程序。若用户在中断服务程序中进行了压栈操作，则在RETI指令执行前应进行出栈操作，使栈顶指针SP与保护断点后的值相同。也就是说，在中断服务程序中，PUSH指令与POP指令必须成对使用，否则不能正确返回断点。

7.4 单片机外部中断程序案例

单片机外部中断是由单片机的特定引脚的电平状态来触发的，MCS-51单片机包含两个外部中断$\overline{\text{INT0}}$和$\overline{\text{INT1}}$。

1. 外部中断触发条件设置

单片机的外部中断$\overline{\text{INT0}}$和$\overline{\text{INT1}}$分别由单片机的引脚$\overline{\text{INT0}}$和$\overline{\text{INT1}}$来触发，其触发方式包含负边沿触发和电平触发两种，由TCON寄存器的IT0和IT1来设置。IT0/IT1为外部中断请求的触发方式控制位

IT0/IT1=0：在$\overline{\text{INT0}}$/$\overline{\text{INT1}}$端申请中断的信号低电平有效；

IT0/IT1=1：在$\overline{\text{INT0}}$/$\overline{\text{INT1}}$端申请中断的信号负跳变有效。

负边沿触发方式：CPU在前一机器周期检测到$\overline{\text{INT0}}$或$\overline{\text{INT1}}$引脚为高电平，后一机器周期检测到为低电平才认为是一次中断请求，并置位外部中断标志位IE0或IE1。

电平触发方式：$\overline{\text{INT0}}$或$\overline{\text{INT1}}$引脚上的低电平须持续到中断发生。若中断返回前仍未及时撤除低电平，虽然单片机在响应中断时能由硬件自动复位IE0或IE1，但引脚上的低电平仍会使已经复位的IE0或IE1再次置位，产生重复中断的错误。

2. 外部中断的初始化程序设计

单片机响应外部中断程序，初始化程序设计包含四个内容：

1）开单片机总中断。

2）开$\overline{\text{INT0}}$或$\overline{\text{INT1}}$中断。

3）设$\overline{\text{INT0}}$或$\overline{\text{INT1}}$优先级。

4）设$\overline{\text{INT0}}$或$\overline{\text{INT1}}$的触发方式。

［例7-1］ 设8051外部中断源接引脚$\overline{\text{INT0}}$，中断触发方式为电平触发，试编写8051中断系统的初始化程序。

（1）采用位操作指令实现

```
SETB  EA        ;开总中断
SETB  EX0       ;开INT0中断
SETB  PX0       ;设INT0为高优先级
```

```
CLR  IT0                ;设INT0为电平触发方式
```

（2）采用字节指令实现

```
MOV  IE,#81H            ;开INT0中断
ORL  IP,#01H            ;设INT0为高优先级
ANL  TCON,#0FEH         ;设INT0为电平触发方式
```

3. 外部中断程序实例

［例7-2］ 如图7-9所示，通过P1口扩展八盏灯，在$\overline{\text{INT1}}$引脚接一个按钮开关，每按一下按钮就申请一次中断，点亮一盏灯，依次点亮八盏灯。采用边沿触发，试编写中断程序。

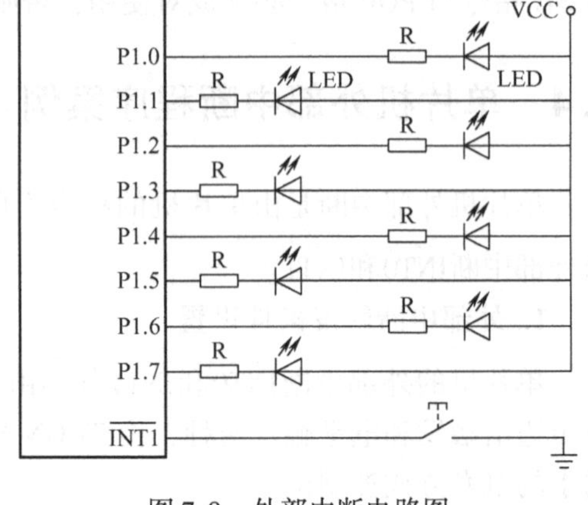

图7-9 外部中断电路图

程序如下：

```
         ORG   0000H
         LJMP  MAIN
         ORG   0013H          ;中断入口地址
         LJMP  IN11
MAIN:SETB  EA                 ;开总中断允许
         SETB  EX1            ;开分中断允许
         SETB  IT1            ;边沿触发
         MOV   A , #0FEH      ;给A赋初值
         SJMP  $              ;等待中断申请
IN11: RL  A                   ;左环移一次
         MOV  P1,A            ;输出到P1口
         RETI                 ;中断返回
         END
```

思考题与习题

1. 简述中断的作用及中断的全过程。
2. 单片机系统中，中断能实现哪些功能？
3. MCS-51单片机共有哪些中断源？对其中断请求如何进行控制？
4. 什么是中断优先级？处理中断优先级的原则是什么？
5. 说明外部中断请求的查询和响应过程。

第8章 MCS-51单片机的定时器/计数器

8.1 定时器/计数器概述

MCS-51 单片机片内有两个 16 位定时器/计数器，即定时器0（T0）和定时器1（T1），它们都有定时和事件计数的功能，可用于定时控制、延时、对外部事件计数和检测等场合。

8.1.1 什么是计数和定时

1. 计数

所谓计数是指对外部事件进行计数。外部事件的发生用输入脉冲表示，因此计数功能的实质就是对外来脉冲进行计数。MCS-51 单片机有 T0(P3.4) 和 T1(P3.5) 两个信号引脚，分别是这两个定时器/计数器的计数输入端，外部输入的脉冲在负跳变时有效，进行定时器/计数器加 1（加法计数）。

2. 定时

定时是通过定时器/计数器的计数来实现的，不过此时的计数脉冲来自单片机的内部，即每个机器周期产生一个计数脉冲，也就是每个机器周期定时器/计数器加 1。定时和计数的脉冲来源如图 8-1 所示。

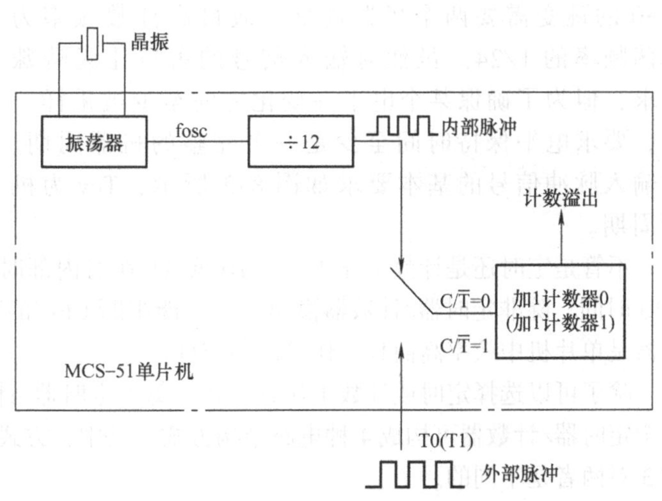

图 8-1 定时和计数脉冲的来源

由于一个机器周期等于 12 个振荡脉冲周期，因此计数频率为振荡频率的 1/12。如果单片机采用频率为 12MHz 的晶体，则计数频率为 1MHz，即每微秒定时器/计数器加 1。这样不但可以根据计数值计算出定时时间，也可以反过来按定时时间的要求计算出计数的预置值。

8.1.2 定时器/计数器的组成

T0 和 T1 的结构以及与 CPU 的关系如图 8-2 所示。两个 16 位定时器/计数器实际上都是

16 位加 1。其中，T0 由两个 8 位特殊功能寄存器 TH0 和 TL0 构成；T1 由 TH1 和 TL1 构成。每个定时器/计数器都可由软件设置为定时工作方式、计数工作方式或其他灵活多样的可控功能方式。这些功能都由特殊功能寄存器 TMOD 和 TCON 控制。

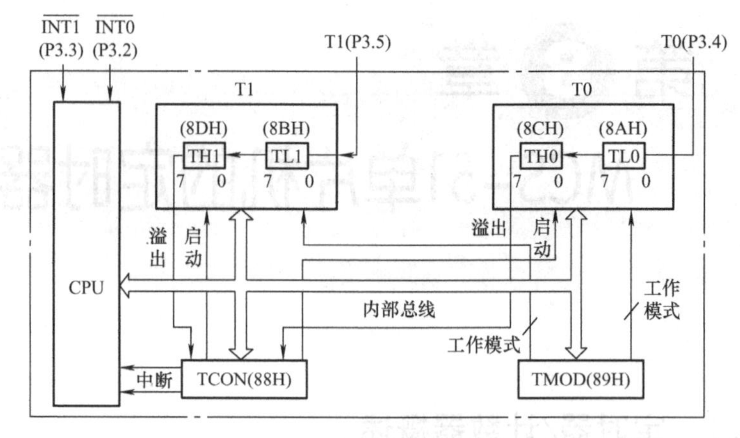

图 8-2 MCS－51 单片机定时器/计数器结构

设置为定时工作方式时，定时器/计数器计数 MCS－51 单片机片内振荡器输出的是经 12 分频后的脉冲，即每个机器周期使 T0 或 T1 的数值加 1 直至计满溢出。当 MCS－51 单片机采用频率为 12MHz 的晶振时，一个机器周期为 1μs，计数频率为 1MHz。

设置为计数工作方式时，定时器/计数器通过引脚 T0（P3.4）和 T1（P3.5）对外部脉冲信号计数。当输入脉冲信号产生由 1 至 0 的下降沿时，定时器/计数器的值加 1。在每个机器周期的 S5P2 期间采样 T0 和 T1 引脚的输入电平时，若前一个机器周期采样值为 1，下一个机器周期采样值为 0，则定时器/计数器加 1。此后的机器周期 S3P1 期间，新的数值装入定时器/计数器。所以，检测一个 1→0 的跳变需要两个机器周期，故最高计数频率为振荡频率的 1/24。虽然对输入信号的占空比无特殊要求，但为了确保某个电平在变化之前至少被采样一次，要求电平保持时间至少是一个完整的机器周期。对输入脉冲信号的基本要求如图 8-3 所示，Tcy 为机器周期。

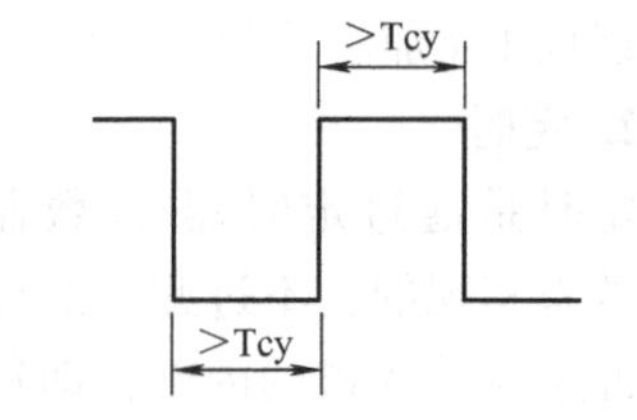

图 8-3 对输入脉冲宽度的要求

不管是定时还是计数工作方式，T0 或 T1 在对内部时钟或对外部事件计数时，不占用 CPU 时间，除非定时器/计数器溢出，才可能中断 CPU 的当前操作。由此可见，定时器/计数器是单片机中效率高而且工作灵活的部件。

除了可以选择定时或计数工作方式外，每个定时器/计数器还有 4 种工作方式，也就是每个定时器/计数器可构成 4 种电路结构方式。其中，方式 0～2 对 T0 和 T1 都是一样的，方式 3 对两者是不同的。

8.2 定时器/计数器的控制

定时器/计数器共有两个控制字，由软件写入 TMOD 和 TCON 两个 8 位寄存器，用来设置 T0 或 T1 的操作方式和控制功能。当 MCS－51 单片机的系统复位时，两个寄存器所有位都被清 0。

8.2.1　工作方式寄存器 TMOD

TMOD 用于控制 T0 和 T1 的工作方式，其各位的定义格式如图 8-4 所示。其中，低 4 位用于 T0，高 4 位用于 T1。

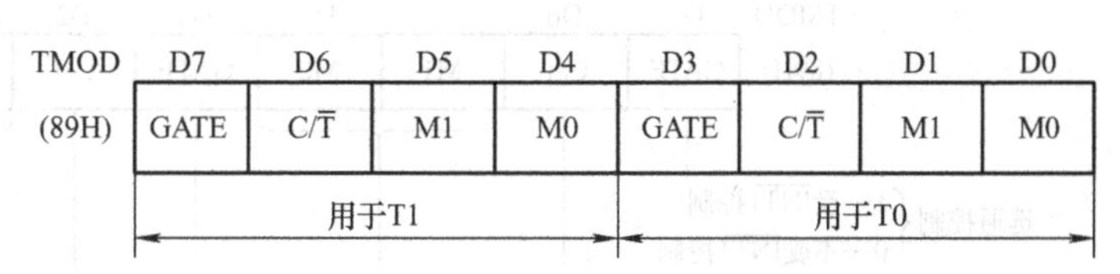

图 8-4　工作方式寄存器 TMOD 的位定义

以下介绍各位的功能。

1）M1 和 M0：操作方式控制位。两位可形成 4 种编码，对应于 4 种操作方式（即 4 种电路结构），见表 8-1。

表 8-1　M1、M0 控制的 4 种工作方式

M1　M0	工作模式	功能描述
0　　0	方式 0	13 位定时器/计数器
0　　1	方式 1	16 位定时器/计数器
1　　0	方式 2	自动再装入 8 位定时器/计数器
1　　1	方式 3	定时器 0：分成两个 8 位定时器/计数器 定时器 1：停止计数

2）C/$\overline{T}$：定时器/计数器方式选择位。

C/$\overline{T}$=0，设置为定时方式。定时器/计数器计数 MCS－51 单片机片内脉冲，即对机器周期（振荡周期的 12 倍）计数。

C/$\overline{T}$=1，设置为计数方式，定时器/计数器的输入是来自 T0（P3.4）或 T1（P3.5）端的外部脉冲。

3）GATE：门控位。

GATE=0 时，只要用软件使 TR0（或 TR1）置 1，就可以启动定时器/计数器，而不管 $\overline{INT0}$（或$\overline{INT1}$）的电平是高还是低。

GATE=1 时，只有$\overline{INT0}$（或 INT1）引脚为高电平且由软件使 TR0（或 TR1）置 1 时，才能启动定时器工作。

TMOD 不能位寻址，只能用字节设置定时器/计数器的工作方式，低半字节设置 T0，高半字节设置 T1，如图 8-5 所示。

8.2.2　定时器控制寄存器 TCON

定时器控制寄存器 TCON 除可字节寻址外，各位还可位寻址，各位定义及格式如图 8-6 所示。

TCON 各位的作用如下：

1）TF1（TCON.7）：T1 溢出标志位。当 T1 溢出时，由硬件自动使中断触发器 TF1

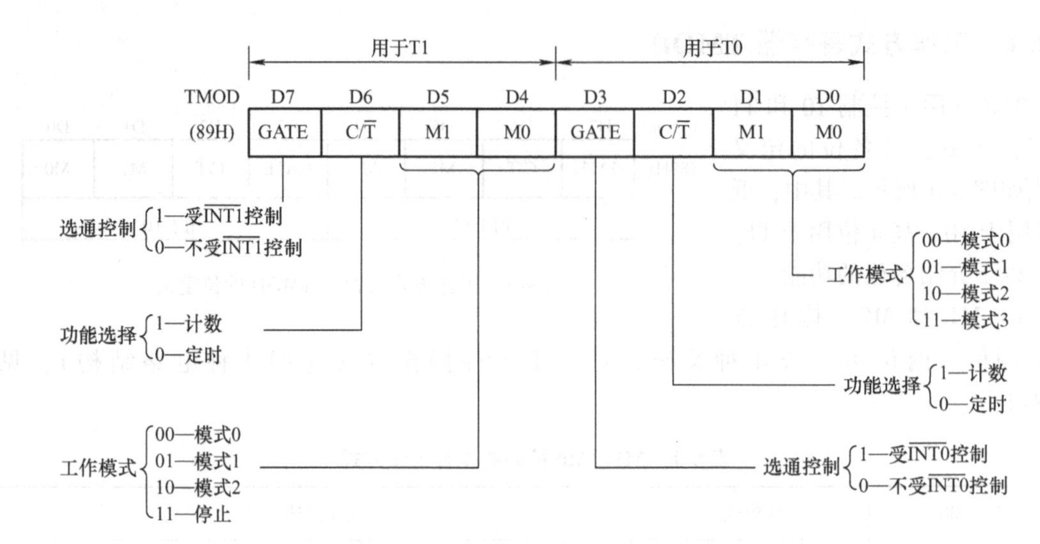

图 8-5 TMOD 各位定义及具体的意义

TCON	8FH	8EH	8DH	8CH	8BH	8AH	89H	88H
(88H)	TF1	TR1	TF0	TR0	IE1	IT1	IE0	IT0

图 8-6 定时器控制寄存器 TCON 的各位定义

置 1，并向 CPU 申请中断。当 CPU 响应中断而进入中断服务程序后，TF1 又被硬件自动清 0。TF1 也可以用软件清 0。

2）TF0（TCON.5）：T0 溢出标志位。其功能和操作情况同 TF1。

3）TR1（TCON.6）：T1 运行控制位，可通过软件置 1 或清 0 来启动或关闭 T1。在程序中用指令使 TR1 位置 1，T1 便开始计数。

4）TR0（TCON.4）：T0 运行控制位。其功能及操作情况同 TR1。

5）IE1、IT1、IE0 和 IT0（TCON.3 ~ TCON.0）：外部中断$\overline{INT1}$和$\overline{INT0}$请求及请求方式控制位。

MCS - 51 单片机复位时，TCON 的所有位被清 0。

TCON 各位作用如图 8-7 所示。

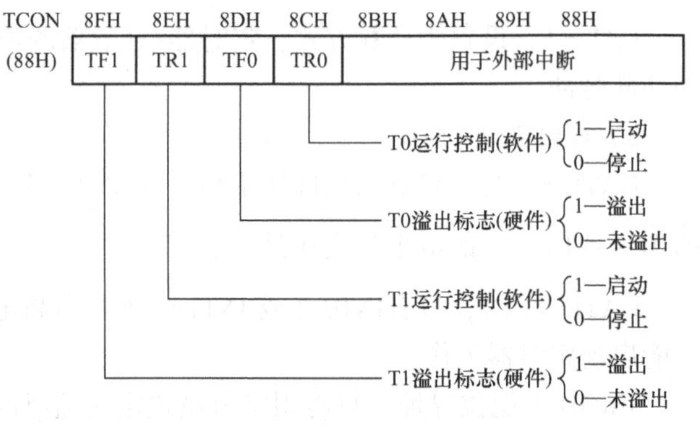

图 8-7 TCON 各位定义及具体的意义

8.2.3 MCS - 51 单片机定时器/计数器的初始化

MCS - 51 单片机内部定时器/计数器是可编程序的，其工作方式和工作过程均可由 MCS - 51单片机通过程序进行设定和控制。因此，MCS - 51 单片机在定时器/计数器工作前必须先对它进行初始化。初始化步骤如下。

1）根据要求先给工作方式寄存器 TMOD 送一个方式控制字，以便设置定时器/计数器的相应工作方式。

2）根据实际需要给定时器/计数器选送定时器时间常数初值或计数器基值，以确定需要定时的时间和需要计数的初值。

3）根据需要给中断允许寄存器IE选送中断控制字，并给中断优先级寄存器IP选送中断优先级字，以开放相应中断并设定中断优先级。

4）给定时器控制寄存器TCON送指令字，以便启动或禁止定时器/计数器的运行。

8.3　定时器/计数器的4种工作方式及应用

MCS－51单片机的定时器/计数器T0和T1可由软件对特殊功能寄存器TMOD中控制位$C/\overline{T}$进行设置，以选择定时功能或计数功能。对M1和M0位的设置对应4种工作方式，即方式0、方式1、方式2和方式3。在方式0、方式1和方式2时，T0与T1的工作方式相同；在方式3时，T0与T1的工作方式不同。方式0为TL0（5位）、TH0（8位）方式，方式1为TL1（8位）、TH1（8位）方式，其余完全相同。通常方式0很少用，常以方式1替代，本章不再介绍方式0。

8.3.1　方式1及其应用

该方式对应的是一个16位的定时器/计数器，如图8-8所示。其结构与操作几乎与方式0完全相同，唯一的差别是：在方式1中，寄存器TH0和TL0是以全部16位参与操作。用于定时工作方式时，定时时间为

$$t=(2^{16}-\text{T1 初值})\times\text{振荡周期}\times 12$$

用于计数工作方式时，计数长度为$2^{16}=65536$个外部脉冲。

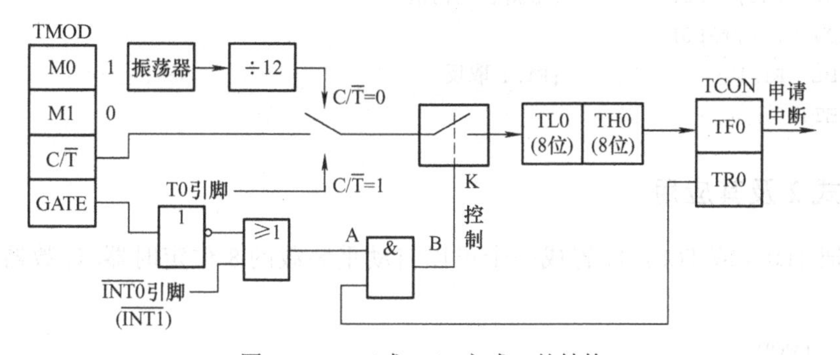

图8-8　T0（或T1）方式1的结构

［**例8-1**］　用定时器T1产生一个50Hz的方波，由P1.1输出。使用程序查询方式和中断方式，fosc＝12MHz，编写源程序。

方波周期T＝1/(50Hz)＝0.02s＝20ms，用T1定时10ms，计数初值X为

$$X=2^{16}-12\times 10\times 1000/12-65536-10000=55536=\text{D8F0H}$$

程序查询方式源程序如下：

```
        MOV  TMOD,#10H         ;T1 方式 1,定时
        SETB TR1               ;启动 T1
LOOP:MOV  TH1,#0D8H            ;装入 T1 计数初值
        MOV  TL1,#0F0H
        JNB  TF1,$             ;T1 没有溢出等待
        CLR  TF1               ;产生溢出,清标志位
        CPL  P1.1              ;P1.1 取反输出
        SJMP LOOP              ;循环
```

中断方式源程序如下：

```
        ORG  0000H;            主程序
RESET:AJMP  MAIN               ;跳过中断服务程序区
        ORG  001BH
        AJMP  IT1P
        ORG  0030H
MAIN:  MOV  SP,#60H            ;重置堆栈指针
        MOV  TMOD,#10H         ;设置 T1 为方式 1
        MOV  TH1,#0D8H         ;送初值
        MOV  TL1,#0F0H
        SETB  ET1              ;T1 中断允许
        SETB  EA               ;CPU 开中断
        SETB  TR1              ;启动定时
HERE:  SJMP  HERE              ;等待中断,虚拟主程序
        ORG  0120H             ;中断服务程序
IT1P:  MOV  TH1,#0D8H          ;重新装入初值
        MOV  TL1,#0F0H
        CPL  P1.1              ;P1.1 取反
        RETI
```

8.3.2 方式 2 及其应用

方式 2 把 TL0（或 TL1）配置成一个可以自动重装载的 8 位定时器/计数器，如图 8-9 所示。

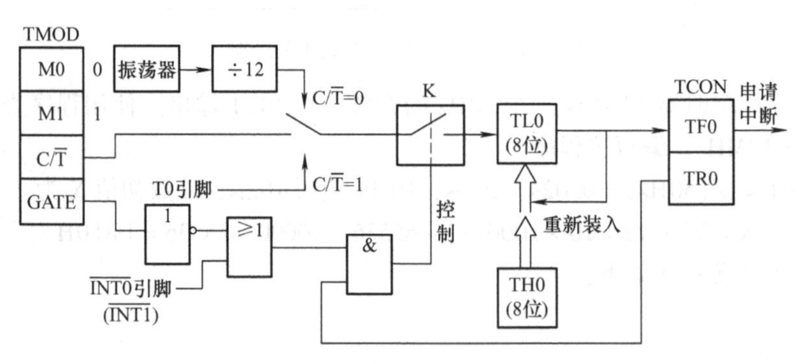

图 8-9 T0（或 T1）方式 2 的结构

TL0计数溢出时，不仅使溢出中断标志位TF0置1，而且还自动把TH0中的内容重新装载到TL0中。这里，16位计数器被拆成两个，TL0用作8位计数器，TH0用以保存初值。

在程序初始化时，TL0和TH0由软件赋予相同的初值。一旦TL0计数溢出，便置位TF0，并将TH0中的初值重新自动装入TL0，继续计数，循环重复。用于定时工作方式时，其定时时间（TF0溢出周期）为

$$t=(2^8-\text{TH0 初值})\times \text{振荡周期}\times 12$$

用于计数工作方式时，最大计数长度（TH0初值=0）为$2^8=256$个外部脉冲。

这种工作方式可省去用户软件中重装常数的语句，并可产生相当精确的定时时间，特别适于作串行口波特率发生器。

[例8-2] 当P3.4引脚上的电平发生负跳变时，从P1.0输出一个500μs的同步脉冲。用查询方式编程实现该功能，fosc=6MHz。

（1）方式选择。首先选T0为方式2，外部事件计数方式。当P3.4引脚上的电平发生负跳变时，计数器加1。溢出标志TF0置1；然后改变T0为500μs定时工作方式，并使P1.0输出由1变为0。T0定时到产生溢出，使P1.0引脚恢复输出高电平，T0又恢复外部事件计数方式，如图8-10所示。

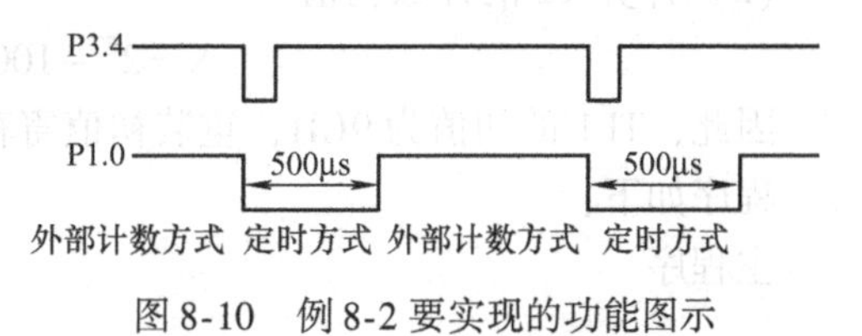

图8-10 例8-2要实现的功能图示

（2）计算初值。T0工作在外部事件计数方式，当计数到2^8-1时，再加1计数器就会溢出。设计数初值为X，当再出现一次外部事件时，计数器溢出，则

$$X+1=2^8$$
$$X=2^8-1=11111111B=0FFH$$

T0工作在定时方式时，设晶振频率为6MHz，500μs相当于250个机器周期。因此，初值X为

$$(2^8-X)\times 2\mu s=500\mu s$$
$$X=2^8-250=6=06H$$

程序如下：

```
        ORG  0000H
        LJMP  START
        ORG  0080H
START:  MOV  TMOD,#06H          ;设置 T0 为方式 2,外部计数方式
        MOV  TL0,#0FFH          ;计数器初值
        MOV  H0,#0FFH
        SETB  TR0               ;启动 T0 计数
LOOP1:  JBC  TF0,PTFO1          ;查询 T0 溢出标志,TF0 =1 时转且清 TF0 =0
        SJMP  LOOP1             ;等待 T0 溢出
PTFO1:  CLR  TR0                ;停止计数
        MOV  TMOD,#02H          ;设置 T0 为方式 2,定时方式
        MOV  TL0,#06H           ;送初值,定时 500μs
        MOV  TH0,#06H
```

```
        CLR  P1.0               ;P1.0 清 0
        SETB  TR0               ;启动定时 500μs
LOOP2:  JBC  TF0,PTFO2          ;查询 T0 溢出标志,TF0 =1 时转并清 TF0 =0
        SJMP  LOOP2             ;等待 T0 溢出中断(定时时间到)
PTFO2:  SETB  P1.0              ; P1.0 置 1
        CLR  TR0                ;停止定时
        SJMP  START             ;转向开始,重新等待 T0 引脚的脉冲
```

[**例 8-3**] 利用 T1 的方式 2 对外部信号计数。要求每计满 100 次，将 P1.0 端取反。

（1）选择方式。外部信号由 T1（P3.5）引脚输入，每发生一次负跳变计数器加 1，每输入 100 个脉冲，计数器发生溢出中断，中断服务程序将 P1.0 取反一次。

方式 2 的方式字为 TMOD =60H。T0 不用时，TMOD 的低 4 位可任取，但不能使 T0 进入方式 3，一般取 0。

（2）计算 T1 的计数初值。

$$X = 2^8 - 100 = 156D = 9CH$$

因此，TL1 的初值为 9CH，重装初值寄存器 TH1 =9CH。

程序如下：

主程序

```
        ORG  0000H
        LJMP  MAIN
        ORG  001BH              ;中断服务程序入口
        LJMP  IT1P
        ORG  0030H
MAIN:   MOV  SP, #60H           ;重置堆栈指针
        MOV  TMOD,#60H          ;设置 T1 为方式 2,外部计数方式
        MOV  TL1,#9CH           ;计数器初值
        MOV  TH1,#9CH
        MOV  IE,#88H            ;定时器开中断
        SETB  TR1               ;启动 T1 计数
HERE:   SJMP  HERE              ;等待中断
```

中断服务程序

```
       ORG  0100H               ;中断服务程序入口
IT1P:  CPL  P1.0
       RETI
```

8.3.3 方式 3 及其应用

方式 3 对 T0 和 T1 大不相同。若将 T0 设置为方式 3，则 TL0 和 TH0 被分成两个相互独立的 8 位计数器，如图 8-11 所示。

其中，TL0 用原 T0 的各控制位、引脚和中断源，即 $C/\overline{T}$、GATE、TR0、TF0 和 T0（P3.4）引脚及 $\overline{INT0}$（P3.2）引脚。TL0 除仅用 8 位寄存器外，其功能和操作与方式 0（13

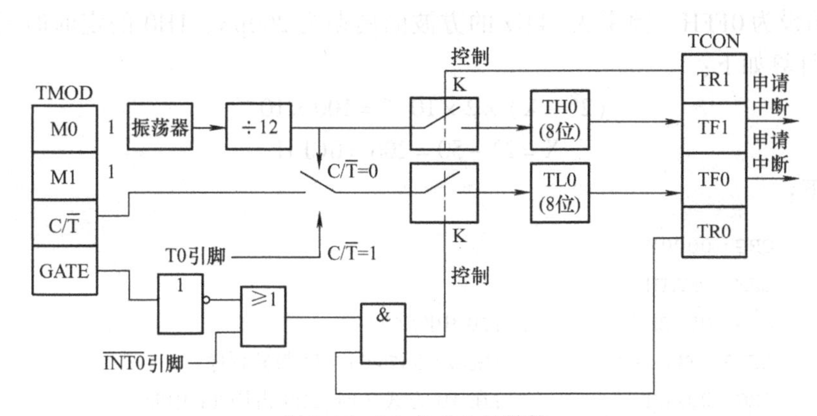

图 8-11　T0 方式 3 的结构

位计数器）和方式 1（16 位计数器）完全相同。TL0 也可工作在定时器方式或计数器方式。

TH0 只可用作简单的内部定时功能（见图 8-11 上半部分）。它占用了 T1 的控制位 TR1 和中断标志位 TF1，其启动和关闭仅受 TR1 的控制。

T1 无方式 3 状态。若将 T1 设置为方式 3，就会使 T1 立即停止计数，也就是保持住原有的计数值，作用相当于使 TR1 = 0，封锁与门，断开计数开关 K。

在 T0 用作方式 3 时，T1 仍可设置为方式 0 ~ 2，如图 8-12a、b 所示。由于 TR1 和 TF1 被 T0 占用，计数器开关 K 已被接通，此时，仅用 T1 控制位 C/$\overline{T}$切换其定时器或计数器工作方式就可使 T1 运行。寄存器（8 位、13 位或 16 位）溢出时，只能将输出送入串行口或用于不需要中断的场合。一般情况下，当 T1 用作串行口波特率发生器时，T0 才设置为方式 3。此时，常把 T1 设置为方式 2，用作波特率发生器，如图 8-12b 所示。

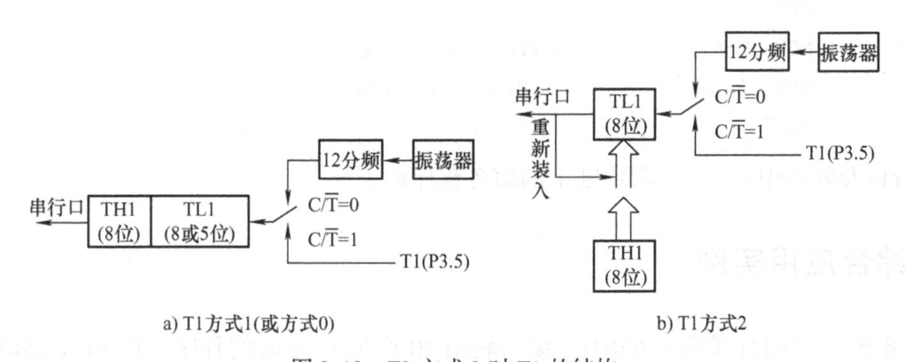

图 8-12　T0 方式 3 时 T1 的结构

［例 8-4］ 设 80C51 的两个外中断源已被占用，而且设置 T1 工作在方式 2，作串行口波特率发生器用。现要求增加一个外部中断源，同时从 P1.0 引脚输出一个频率为 5kHz 的方波。设系统时钟为 fosc = 6MHz。

可设置 T0 工作在方式 3 计数方式，把 T0 引脚（P3.4）作附加的外部中断输入端，TL0 的计数初值为 FFH，当检测到 T0 引脚电平出现 1 至 0 的负跳变时，TL0 产生溢出，申请中断，这相当于边沿触发的外部中断源。

T0 工作在方式 3 下，TL0 作计数用，而 TH0 可用作 8 位的定时器，定时控制 P1.0 引脚输出频率为 5kHz 的方波信号。

TL0 初值设为 0FFH。频率为 5kHz 的方波的周期为 200μs，TH0 的定时时间为 100μs。TH0 初值 X 计算如下：

$$(2^8 - X) \times 2 \times 10^{-6} = 100 \times 10^{-6}$$

$$X = 2^8 - 50 = 206 = 0CEH$$

程序如下：

```
        ORG  0000H
        LJMP  MAIN
        ORG  000BH              ;T0 中断入口
        LJMP  TL0INT            ;跳转 T0(TL0)中断服务程序
        ORG  001BH              ;在 T0 方式 3 时,TH0 占用 T1 中断
        LJMP  TH0INT            ;跳转 TH0 中断服务程序
        ORG  0100H
MAIN:   MOV  TMOD,#27H          ;T0 方式 3,TL0 计数,TH0 定时,T1 方式 2 定时(波特率发生器)
        MOV  TL0,#0FFH
        MOV  TH0,#0CEH          ;置 TH0、TL0 初值
        MOV  TL1,#data          ;data 为波特率常数
        MOV  TH1,#data
        MOV  TCON,#55H          ;启动 TL0、TH0
        MOV  IE,#9FH            ;允许 TL0、TH0 中断
          ⋮
TL0INT:MOV  TL0,#0FFH           ;TL0 中断,TL0 重装初值
        中断处理
        RETI
TH0INT:MOV  TH0,#0CEH           ;TH0 中断,TH0 重装初值
        CPL  P1.0               ;P1.0 位取反输出
        RETI
```

串行口及外部中断 0、外部中断 1 的服务程序略。

8.4 综合应用实例

[**例 8-5**] 设时钟频率为 6MHz。编写利用 T0 产生 1s 定时的程序，在 P1.7 端口输出周期为 2s 的方波。

(1) T0 工作方式的确定。因为方式 0 最长可定时 16.384ms，方式 1 最长可定时 131.072ms，方式 2 最长可定时 512μs，而题目要求定时 1s，所以可选用方式 1，每隔 100ms 中断一次，中断 10 次从而达到 1s 的定时。

(2) 求计数器初值 X。因为$(2^{16} - X) \times 12/(6 \times 10^6) = 100 \times 10^{-3}$ s，所以 X = 15536 = 3CB0H。因此，(TL0) = 0B0H,(TH0) = 3CH。

(3) 实现方法：对于中断 10 次计数，可使 T0 工作在计数方式，也可用循环程序的方法实现。本例采用循环程序法。

源程序：

```
ORG  0000H
AJMP  MAIN                ；上电，转向主程序
ORG  000BH                ;T0 的中断服务程序入口地址
AJMP  SERVE               ;转向中断服务程序
```

主程序

```
       ORG  0030H
MAIN:  MOV  SP,#60H             ;设堆栈指针
       MOV  B,#0AH              ;设循环次数
       MOV  TMOD,#01H           ;设置 T0 工作于方式 1
       MOV  TL0,#0B0H           ;装计数值低 8 位
       MOV  TH0,#3CH            ;装计数值高 8 位
       SETB  TR0                ;启动定时
       SETB  ET0                ;T0 开中断
       SETB   EA                ;CPU 开中断
       SJMP   $                 ;等待中断
```

中断服务程序

```
        ORG  0100H
SERVE:  MOV  TL0,#0B0H            ;重新赋初值
        MOV  TH0,#3CH
        DJNZ  B, LOOP             ;B-1 不为 0,继续定时
        CPL  P1.7                 ;对 P1.7 取反
        MOV  B,#0AH               ;设循环次数
LOOP:   RETI                      ;中断返回
        END
```

[例8-6]　应用门控位 GATE 测照相机快门打开时间。

此题实际上就是要求测出$\overline{INT0}$引脚上出现的正脉冲宽度。T0 应工作在定时方式。TMOD 的门控位 GATE 为 1 且运行控制位 TR0（或 TR1）为 1 时，定时器/计数器的启动和关闭受外部中断引脚信号$\overline{INT0}$（$\overline{INT1}$）控制。

为此在初始化程序中使 T0 工作于方式 1，置 GATE =1，TR1 =1；一旦$\overline{INT0}$（P3.2）引脚出现高电平，T1 开始对机器周期 Tm 计数，直到$\overline{INT0}$出现低电平，T0 停止计数；然后读出 T0 的计数值乘以 Tm。测试过程如图 8-13 所示。

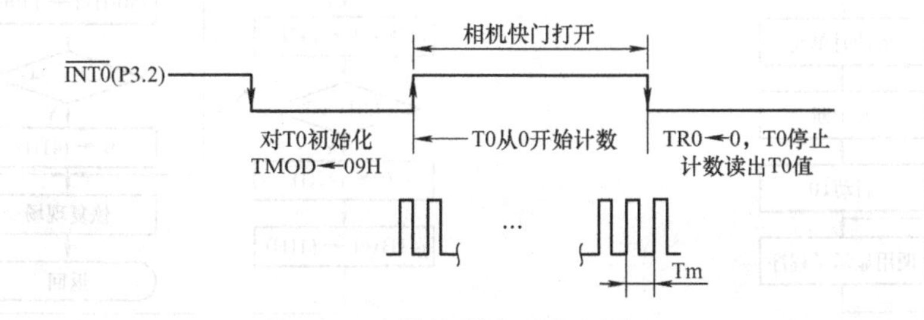

图 8-13　测相机快门时间原理

程序如下：

```
BEGIN: MOV  TMOD,#09H        ;T0 为方式 1,GATE 置 1
       MOV  TL0,#00H
       MOV  TH0,#00H
WAIT1: JBP3.2,WAIT1          ;等待INT0变低
       SETB  TR0             ;为启动 T0 做好准备
WAIT2: JNBP  3.2,WAIT2       ;等待正脉冲到,并开始计数
WAIT3: JBP  3.2, WAIT3       ;等待INT0变低
       CLR  TR0              ;停止 T0 计数
       MOV  R0, #70H
       MOV  @ R0,TL0         ;存放 TL0 的计数值
       INC  R0
       MOV  @ R0,TH0         ;存放 TH0 的计数值
       SJMP  $
```

[**例 8-7**] 设计实时时钟程序。时钟就是以 s、min、h 为单位进行计时。使用定时器与中断的联合应用。

(1) 实现时钟计时的基本方法

1) 计算计数初值。时钟计时的最小单位是 s，可把定时器的定时时间定为 100ms，计数溢出 10 次即得到 1s；10 次计数可用软件方法实现。

假定使用 T0，以方式 1 进行 100ms 的定时。fosc = 6MHz，则计数初值 X 为 X = 15536 = 3CB0H。

因此，(TL0) = 0B0H，(TH0) = 3CH。

2) 采用定时方式进行溢出次数的累计，计满 10 次即得到秒计时。设置软件计数器初值为 10，每 100ms 定时时间到溢出中断，使软件计数器减 1，直到减到 0，则 1s 到。

3) 从秒到分和从分到时的计时是通过累计和数值比较实现的。设置几个累加单元分别进行对 1s、1min、1h 进行计数。满 1s，秒位累加；满 60s，分位累加；满 60min，时位累加；满 24h，全部累加单元清 0。

(2) 程序流程及程序。

1) 主程序流程如图 8-14 所示。

2) 中断服务流程如图 8-15 所示。

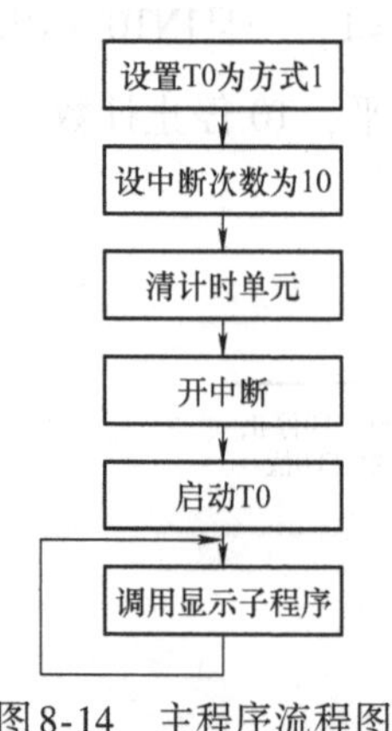

图 8-14 主程序流程图

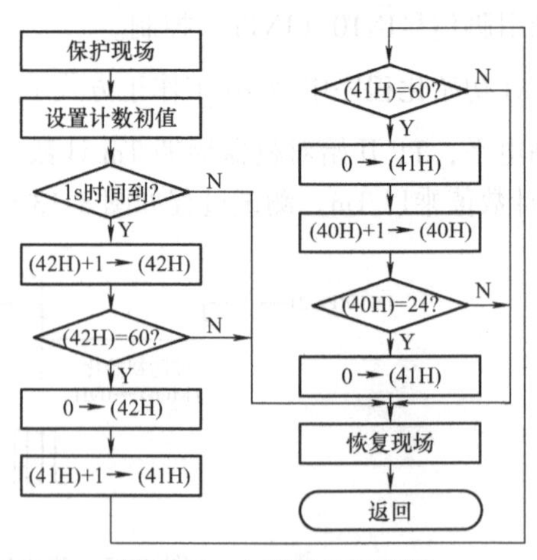

图 8-15 中断服务流程图

3）源程序如下：

```
        ORG  0000H
        AJMP  MAIN              ;上电,转向主程序
        ORG  001BH              ;T1 的中断服务程序入口地址
        AJMP  SERVE             ;转向中断服务程序
        ORG  2000H              ;主程序
  MAIN: MOV   SP,#60H           ;设堆栈指针
        MOV  TMOD,#10H          ;设置 T1 工作于方式 1
        MOV  20H,#0AH           ;设循环次数
        CLR   A
        MOV  40H,A              ;时单元清 0
        MOV  41H,A              ;分单元清 0
        MOV  42H,A              ;秒单元清 0
        SETB  ET1               ;T1 开中断
        SETB  EA                ;CPU 开中断
        MOV  TL1,#0B0H          ;装计数值低 8 位
        MOV  TH1,#3CH           ;装计数值高 8 位
        SETB  TR1               ;启动定时
        SJMP  $                 ;等待中断(可反复调用显示子程序)
```

中断服务程序：

```
  SERVE: PUSH  PSW              ;保护现场
         PUSH  ACC
         MOV  TL1,#0B0H         ;重新赋初值
         MOV  TH1,#3CH
         DJNZ  20H,RETUNT       ;1s 未到,返回
         MOV  20H,#0AH          ;重置中断次数
         MOV  A,#01H
         ADD  A,42H             ;秒位加 1
         DA  A                  ;转换为 BCD 码
         MOV  42H,A
         CJNE  A,#60H,RETUNT    ;未满 60s,返回
         MOV   42H,#00H         ;计满 60s,秒位清 0
         MOV  A,#01H
         ADD  A,41H             ;分位加 1
         DA  A                  ;转换为 BCD 码
         MOV  41H,A
         CJNE  A,#60H,RETUNT    ;未满 60min,返回
         MOV  41H,#00H          ;计满 60min,分位清 0
         MOV  A,#01H
         ADD  A,40H             ;时位加 1
         DA  A                  ;转换为 BCD 码
```

```
         MOV  40H,A
         CJNE   A,#24H,RETUNT   ;未满24h,返回
         MOV  40H,#00H          ;计满24h,时位清0
RETUNT:  POP  ACC               ;恢复现场
         POP  PSW
         RETI                   ;中断返回
         END
```

思考题与习题

1. 设单片机的系统时钟频率为6MHz，要求T0定时150μs，分别计算采用方式0、方式1和方式2时的定时初值。

2. 根据定时器/计数器T0的工作方式1逻辑结构图，分析门空位GATE取不同值时，启动定时器的工作过程。

3. 设单片机的系统时钟频率为6MHz，定时器处于不同工作方式时，最大定时范围分别是多少？

4. 编写设计汇编程序，设单片机的系统时钟频率为6MHz，定时器/计数器T0工作在定时工作模式（方式1），采用中断方式，设计一个定时1s的定时中断。

5. 编写设计汇编程序，设单片机的系统时钟频率为6MHz，用定时器/计数器T0的工作方式1设计两个不同频率的方波，P1.0输出频率为200Hz，P1.1输出频率为100Hz。

第 9 章 MCS-51单片机I/O接口技术

9.1 MCS-51 单片机的并行 I/O 口的结构及工作原理

由于外部设备种类繁多，工作速度差异也很大，比如有低速的继电器、键盘，也有高速的模/数转换器（ADC）等，并且外部设备的信号多种多样，传送距离也不一致，因而处理器和外部设备之间的数据传送比存储器复杂，需要在处理器和外部设备之间设置 I/O 接口电路，对数据传送进行协调。处理器和外部数据进行交互的方式通常有并行和串行两种方式。串行交互方式包括 SPI、IIC 和 UART 等方式，使用较少的处理器引脚线，但在和外部设备进行交互时，传送的数据需进行适当的编码，并按一定的时序规则在输入/输出引脚上进行传送。通常情况下，并行交互方式，数据的每一个数据位都通过一个引脚线来传送，简单的并行 I/O 设备如 LED 和按键等，只需判断引脚电平即可；复杂的并行 I/O 设备如并行 ADC 等，需要通过 I/O 口的时序，进行数据和指令等多个阶段的交互，才能完成对外部设备的控制。

9.1.1 I/O 接口扩展概述

单片机通过并行 I/O 口扩展外部设备（简称外设），为了实现数据的输入/输出传送，通常使用 3 种传送方式。

（1）无条件传送方式　当外设和单片机能够同步工作时，可以采用无条件方式进行传送，即数据可以随时进行传送。

（2）查询方式　查询方式又称为有条件传送方式，即数据的传送是有条件的。在进行输入/输出操作之前，用户要通过软件查询外设是否为数据传送做好准备。只有确认外设为数据传送做好准备，单片机才能执行数据的输入/输出操作。

（3）中断方式　当外设和计算机进行数据交换时，外设向单片机发出中断请求（即通知单片机）。单片机接到中断请求后，就做出响应，暂停正在执行的程序，而转去为设备的数据输入/输出服务。当服务完成后，程序返回，单片机再继续执行被中断的程序。中断方式大大提高了单片机系统的工作效率，所以在单片机中被广泛应用。

本章介绍用简单的并行输入/输出的无条件传送方式来进行外部设备的扩展，即通过 51 系列单片机内部并行 I/O 口来控制端口对应的引脚线电平，以实现对外部简单输入、输出设备的控制。

51 系列单片机内部有 4 个双向的并行 I/O 口：P0 ~ P3，共占 32 个引脚。在无片外扩展存储器的系统中，这 4 个端口都可以作为准双向通用 I/O 口使用。在具有片外扩展存储器的系统中，P0 口分时作为低 8 位地址线和数据线，P2 口作为高 8 位地址线。这时，P0 口和部分或全部的 P2 口无法再作通用 I/O 口。P3 口具有第二功能，在应用系统中也常被使用。在大多数的应用系统中，真正能够提供给用户使用的通常只有 P1 口和部分 P2 口、P3 口。

9.1.2 P0 口的结构

P0 口有两个用途，第一作为普通 I/O 口使用，第二作为地址/数据总线使用。当用作第二用途时，在这个端口分时送出 8 位地址和传送数据。

51 单片机的 P0 口为开漏输出，内部无上拉电阻（见图 9-1），所以在作普通 I/O 口输出数据时，由于 V2 截止，输出级是漏极开路电路，要使“1”信号（即高电平）正常输出，必须外接上拉电阻。

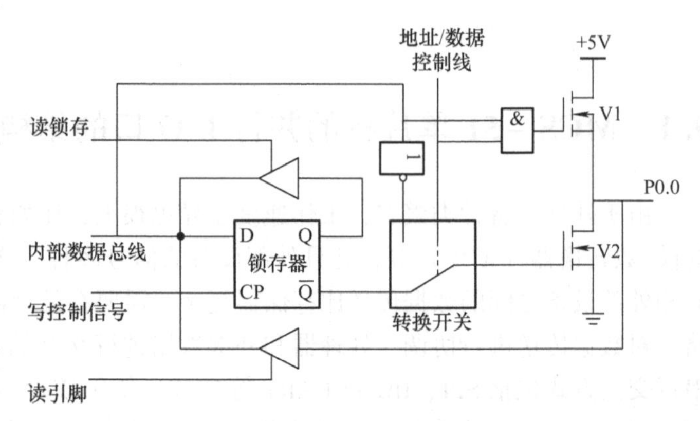

图 9-1 P0 口的内部结构

如图 9-1 所示，当 P0 口作为普通 I/O 口输出数据时，内部数据经过锁存器送到 P0.0 ~ P0.7 上。由于场效应晶体管 V1 始终截止，而当场效应晶体管 V2 也截止时，P0.0 ~ P0.7 处于悬空状态，没有标准的高电平，所以 P0 口作输出口使用时，必须外接上拉电阻。当 P0 口作为通用 I/O 口输入使用时，在输入数据前，应先向 P0 口写“1”，此时锁存器的 Q 端为“0”，使输出级的两个场效应晶体管 V1、V2 均截止，引脚处于悬浮状态，才可作高阻输入。否则，如果当从内部总线输出低电平后，锁存器 Q = 0，$\overline{Q}$ = 1，场效应晶体管 V1 开通，端口线呈低电平状态。此时无论端口线上外接的信号是低电平还是高电平，从引脚读入单片机的信号都是低电平，因而不能正确地读入端口引脚上的信号。

因此，为了使 P0 口在输出时能驱动 NMOS 电路并避免输入时读取数据出错，需外接上拉电阻。此外，51 单片机在对端口 P0 ~ P3 的输入操作上，为避免读错，应先向电路中的锁存器写入“1”，使场效应晶体管截止，以避免锁存器为“0”状态时对引脚读入的干扰。

CPU 对 P0 口的读操作有两种：读引脚和读-改-写锁存器。

当 CPU 执行下面的指令时

```
MOV  A,P0
```

或 `JB/JNB  P0.x，标号`

产生读引脚控制信号，此时读的是引脚的状态。

当 CPU 执行读-改-写指令（以端口为目的操作数的 ANL、ORL、XRL、DEC、INC、SETB、CLR 等）时，产生读锁存信号，此时是先读锁存器的状态，在修改之后，送回锁存器保存。

例如执行指令“XRL P0，#0F0H”，实现的功能为先读 P0 口，再将 P0 读出的值和 F0H 异或，然后将异或的结果写回 P0 口。

9.1.3　P1口的结构

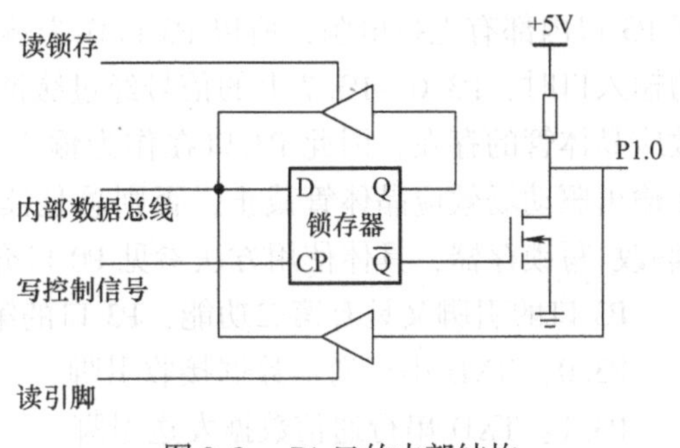

图9-2　P1口的内部结构

如图9-2所示，P1口是一个标准的准双向口，无第二功能。由于P1口内部有上拉电阻，所以P1口作为输出口使用时，可以不用外接上拉电阻，但此时内部上拉电阻较大，故上拉驱动能力较弱，除了有低功耗要求的应用系统，最好外接10kΩ左右的上拉电阻。P1口作输入口时，P1.0 ~P1.7上的信号经过缓冲器送到内部数据总线上。由于P1内部下拉场效应晶体管的存在，因此P1口在作为输入时，在读引脚之前，仍需先向端口数据锁存器输出1，使输出驱动场效应晶体管截止，否则总是读到0。

和P0口一样，CPU对P1口的读操作有两种：读引脚和读-改-写锁存器，详细的介绍参见P0口的读操作介绍。

9.1.4　P2口的结构

如图9-3所示，与P1口相比，P2口多了一个控制结构。P2口除了可以作为普通的I/O口使用，还可以作为地址总线的高8位。P2口作为输出口时，内部数据经过锁存器送到P2.0 ~ P2.7上，由于P2口内部有上拉电阻，所以P2口作为输出口使用时，可以不用外接上拉电阻。P2口作为输入口时，P2.0 ~ P2.7上的信号经过缓冲器送到内部数据总线上。由于P2口内部下拉场效应晶体管的存在，因此P2口在作为输入口使用时，在读引脚之前，要先将锁存器置1，使输出驱动场效应晶体管截止，否则总是读到0。CPU对P2口的读操作有两种：读引脚和读-改-写锁存器，具体使用方法参见P0口介绍。

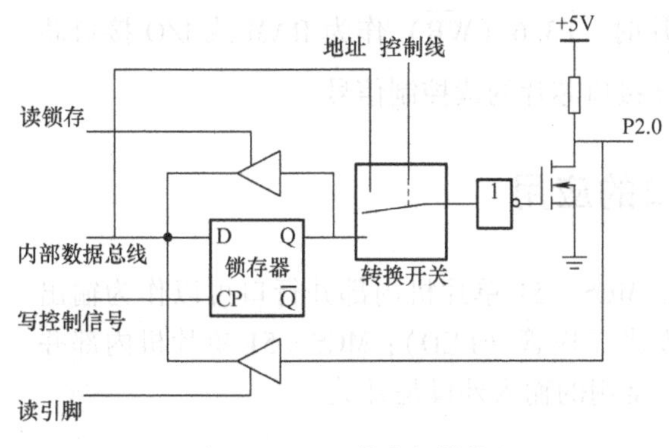

图9-3　P2口的内部结构

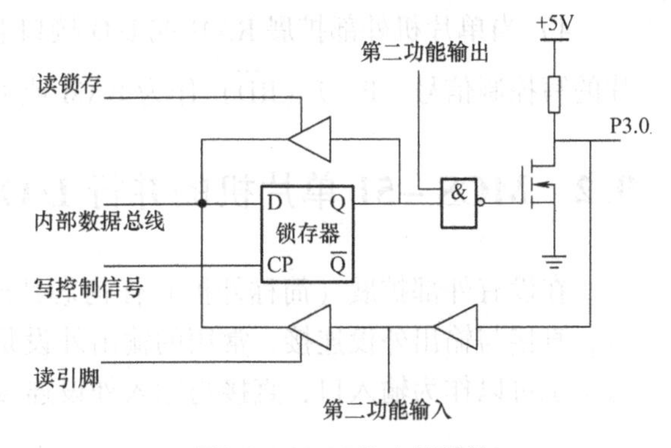

图9-4　P3口的内部结构

9.1.5　P3口的结构

P3口为多功能口，其结构如图9-4所示，当P3口的引脚没有作为第二功能使用时，可以直接作为I/O口使用。P3口作为输出口时，内部数据经过锁存器送到P3.0 ~P3.7上，由于 P3 口内部有上拉电阻，所以 P3 口作为输出口使用时，可以不用外接上拉电阻。P3 口作为输入口时，P3.0 ~P3.7 上的信号经过缓冲器送到内部数据总线上。由于 P3 口内部下拉场效应晶体管的存在，因此 P3 口在作为输入口使用时，在读引脚之前，要先将锁存器置 1，使输出驱动场效应晶体管截止，否则总是读到 0。CPU 对 P3 口的读操作有两种：读引脚和读–改–写锁存器，具体使用方法参见 P0 口介绍。

P3 口的引脚又具有第二功能，P3 口的第二功能如下：

P3.0：RXD 串行通信数据接收引脚。

P3.1：TXD 串行通信数据发送引脚。

P3.2：$\overline{\text{INT0}}$外部中断 0 输入引脚。

P3.3：$\overline{\text{INT1}}$外部中断 1 输入引脚。

P3.4：T0 定时/计数器 0，外部事件计数输入引脚。

P3.5：T1 定时/计数器 1，外部事件计数输入引脚。

P3.6：$\overline{\text{WR}}$外部数据存储单元写选通信号。

P3.7：$\overline{\text{RD}}$外部数据存储单元读选通信号。

处理器使用 P3 口对应的第二功能时，由处理器的微架构自动触发控制，具体可以包含以下 4 种情况：

1）当使用单片机内部串行口时，若 CPU 执行“MOV　A，SBUF”指令，则 P3.0（RXD）作为接收信号线，接收由外界串行输入的数据；若 CPU 执行“MOV　SBUF，A”指令，则 P3.1（TXD）作为发送信号线，串行发送数据至外界。

2）当单片机使用外部中断时，P3.2（$\overline{\text{INT0}}$）作为外部中断 0 的中断请求输入线，P3.3（$\overline{\text{INT1}}$）作为外部中断 1 的中断请求输入线。

3）当单片机使用定时器/计数器，且定时器/计数器工作于计数方式时，P3.4（T0）作为定时器 0 的计数脉冲输入线，P3.5（T1）作为定时器 1 的计数脉冲输入线。

4）当单片机外部扩展 RAM 或 I/O 接口芯片时，P3.6（$\overline{\text{WR}}$）作为 RAM 或 I/O 接口芯片的写控制信号，P3.7（$\overline{\text{RD}}$）作为 RAM 或 I/O 接口芯片的读控制信号。

9.2　MCS－51 单片机的并行 I/O 口的应用

在没有外部扩展（简称外扩）任何芯片时，MCS－51 单片机内部并行口可以作为输出口，直接与输出外设连接，常用的输出外设是发光二极管（LED）；MCS－51 单片机内部并行口也可以作为输入口，直接与输入外设连接，常用的输入外设是开关。

9.2.1　并行 I/O 的控制方式

控制 MCS－51 单片机的 4 个 I/O 端口通常有三种方式：端口输出数据方式、读端口数据方式和读端口引脚方式。

在端口输出数据方式下，处理器通过数据操作指令向 P0 ~ P3口对应的端口寄存器(P0 ~ P3口对应的特殊功能寄存器标号分别为 P0、P1、P2 和 P3）写入数据，然后通过 P0 ~ P3口对应的端口驱动器送到端口引脚线，以达到向端口引脚线输出数据的目的。以下指令可以通过P0～P3口输出数据。

```
MOV P0,#05H          ;将立即数05H通过P0口输出
ORL P1,A             ;将累加器A中的内容通过P1口输出
ANL P2,A             ;将累加器A和P2进行位与操作,结果通过P2口输出
XRL P3,#05H          ;将P3和立即数05H进行位异或操作,结果通过P3口输出。
```

采用读端口数据方式，是仅对P0～P3口锁存器中的数据进行读操作方式，处理器读入的数据并非端口引脚线上输入的数据，而是上次从该端口输出的数据。处理器可以通过传送指令来读取P0～P3口的端口锁存器，以下指令可以将端口锁存器数据读取到累加器A或片内RAM。

```
MOV  A,P1        ;P1的锁存器数据送累加器A
MOV  R1,P2       ;P2的锁存器数据送通用寄存器R1
MOV  30H,P3      ;P3的锁存器数据送片内RAM的30H单元处
MOV  @ R0,P0     ;P0的锁存器数据送R0所指向的片内RAM
```

读端口引脚方式可以通过在端口引脚线上读取电平状态，在这种方式下，处理器需先将对应引脚线的端口锁存器置1，使端口引脚对应输出驱动场效应晶体管截止，如图9-2所示。因此如果要从P1口的低4位引脚线上读取引脚的电平状态，需要连续使用两条指令，即

```
MOV  P1,#04H        ;使P1口的低4位锁存器置位
                    ;使相应的引脚线的输出场效应晶体管截止
MOV  A,P1           ;读P1口的低4位的引脚线电平到累加器A
```

9.2.2 并行I/O的应用

MCS-51单片机的4个并行I/O口在单片机的使用中非常重要，可以说对单片机的使用就是对这4个端口的使用。这4个并行I/O口除了作为基本的并行I/O口使用，还常作为其他功能使用，如P0口经常作为地址/数据复用总线使用，P2口作为高8位地址线使用，P3口用作第二功能（定时器/计数器、中断等）使用。本小节介绍基本的并行I/O口使用，P1口作为输入端口使用时，8个LED可以直接连接在单片机的P1口上，通过对单片机进行编程即可以实现8个LED产生流水灯。如图9-5所示，每个LED的阳极接+5V电源，阴极通过一个电阻和P1口的引脚线相连，当P1口引脚线输出低电平时，对应的LED亮，当P1口引脚线输出高电平时，对应的LED灭。

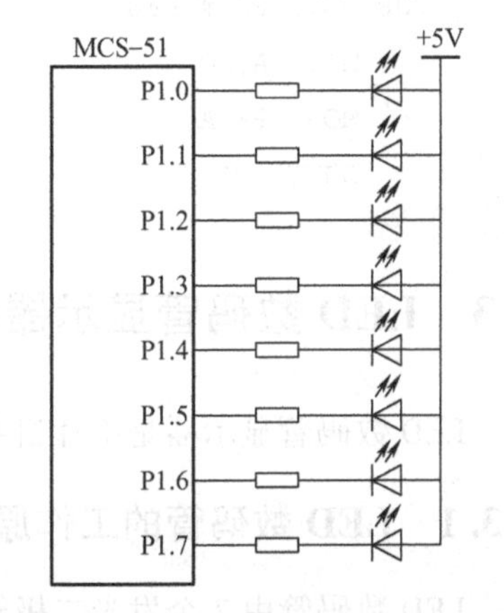

图9-5 MCS-51单片机外扩LED

［例9-1］ 用MCS-51单片机的P1口驱动8个LED，使8个LED轮流点亮。试画出连接图，编写驱动程序。

LED连接图如图9-5所示。

驱动程序如下：

```
        MOV  A,#0FEH
                                  ;初始值为0FEH,当P1.0输出低电平时,对应的LED亮
    UP: MOV  P1,A
                                  ;将A中的数字,通过P1口输出,控制P1口引脚线电平
        LCALL  DELAY              ;调用延迟子程序
        RL  A                     ;将A的值进行8位的循环右移
        SJMP  UP                  ;回到UP,循环执行
DELAY:  MOV  R7,#2                ;延迟子程序
DELAY1: MOV  R6,#250
        DJNZ  R6,$
        DJNZ  R7,DELAY1
        RET
```

如图9-6所示，P0口作为输入使用时，P0口引脚线可以直接和8个按键相连，每个按键通过上拉电阻和+5V电源相连，当按键按下时，引脚线输入电平为低电平，处理器从P0口对应的引脚线读取的数值为位“0”，当按键没有按下时，引脚线输入电平为高电平，从P0口对应的引脚线读取的数值为位“1”。

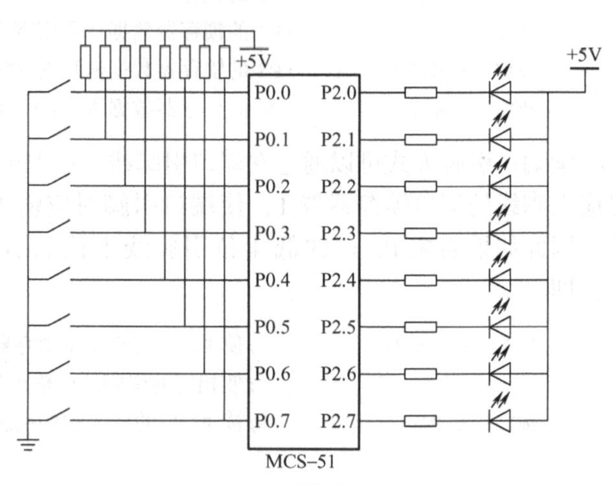

图9-6 MCS-51单片机外扩按键和LED

［例9-2］ 用MCS-51单片机的P0口传送8个开关状态，用P2口显示8个开关状态，若按键按下则对应灯亮，试画出连接图，编写驱动程序。

LED连接图如图9-6所示。

驱动程序如下：

```
UP:MOV  P0,#0FFH          ;给P0口8个引脚线对应的锁存器置1
   MOV  A,P0              ;读取P0口8个引脚线状态
   MOV  P2,A              ;根据按键状态,控制LED
   SJMP  UP               ;程序循环执行
```

9.3 LED数码管显示器的接口设计

LED数码管显示器是单片机系统最常用的外扩部件，通常用于显示数字或字母等信息。

9.3.1 LED数码管的工作原理

LED数码管由7个发光二极管封装在一起组成“8”字形的器件，如果加上小数点就是由8个发光二极管组成，这些发光二极管段通常分别由字母a、b、c、d、e、f、g、dp来表

示，如图9-7所示。这些发光二极管引线已在内部连接完成，各个笔画所在的发光二极管公共电极被引出，称为公共端，各个笔画所在的发光二极管的另外一端用来控制二极管的亮和灭，称为控制端。LED数码管公共端的引出方式有两种：一种是所有发光二极管的阳极被引出，这样的数码管称为共阳极数码管，如图9-8所示；另一种是所有发光二极管的阴极被引出，这样的数码管称为共阴极数码管，如图9-9所示。

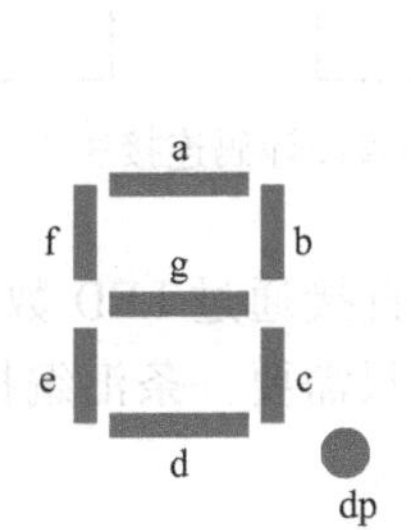

图9-7 LED数码管组成结构图

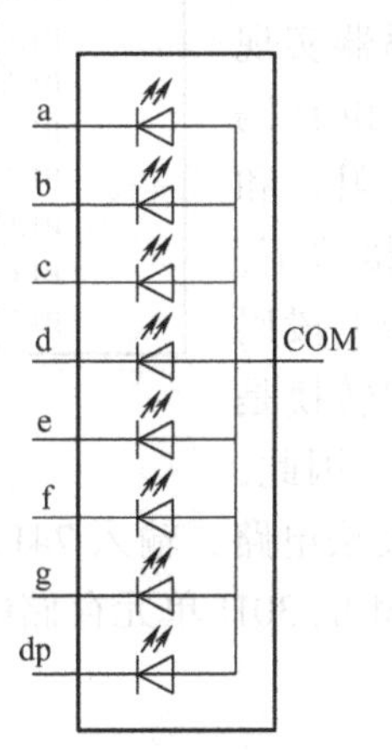

图9-8 共阳极数码管

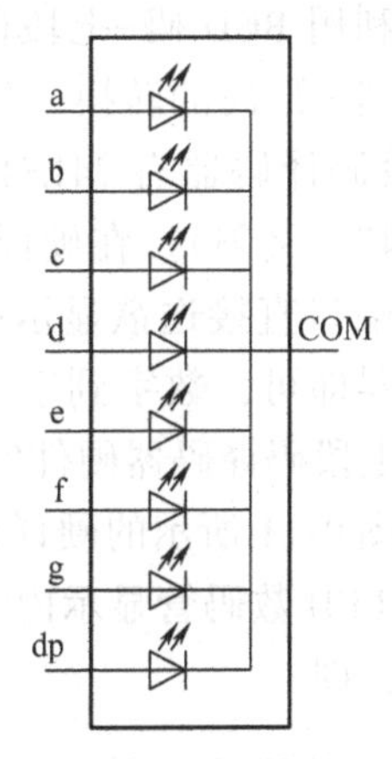

图9-9 共阴极数码管

LED数码管显示原理就是使数码管的某些段点亮而另一些段不亮，这样数码管就可以显示0~9、A~F等字形。控制数码管的内部二极管段的亮灭必须具备两个条件：①公共端连接地或电源：共阴极数码管的公共端接地；共阳极数码管的公共端接电源。②通过向控制端输入高电平或低电平来控制内部二极管的段的亮灭：共阴极管的控制端接高电平时，相应的二极管段亮，接低电平时，相应的二极管段灭；共阳极管的控制端接低电平时，相应的二极管段亮，接高电平时，相应的二极管段灭。

9.3.2 LED数码管显示器接口设计举例

单个七段LED数码管与单片机的连接方法有两种：软译码连接法和硬译码连接法。

软译码连接法通过单片机的引脚直接控制七段LED数码管中各个段的亮和灭，进而来显示各种码型，如图9-10所示。因此，若要让数码管显示数字0~9，需要在单片机中准备好数字0~9对应的端口引脚电平状态，通常可以在ROM中存储数字0~9对应的端口寄存器输出数值，然后通过MOVC指令以查表的方式来控制数字0~9的显示。

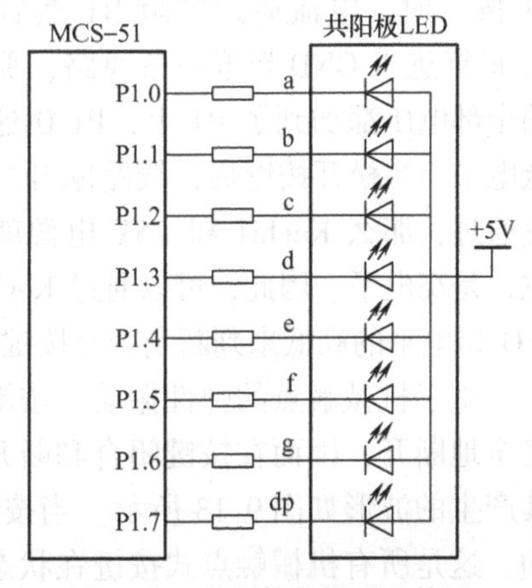

图9-10 数码管软译码连接法

[例9-3] 单片机和共阳极LED数码管的连接图如图9-10所示，编写汇编程序，LED数码管显示内部RAM的30H单元存储的数字0~9。

汇编程序如下：

```
MOV  A,30H
MOV  DPTR,#TAB
```

```
    MOVC  A,@ A + DPTR
    MOV  P1,A
TAB: DB  0C0H,0F9H,0A4H,0B0H,99H,92H,82H,0F8H,80H,98H
```

硬译码连接法 LED 数码管与单片机的连接图如图 9-11 所示。硬译码连接法利用 BCD 码–七段码译码器实现数字到字形码的转换。常用的 BCD 码–七段码译码器有 74LS48（共阴）和 74LS47（共阳）。在硬译码连接法下，通过端口直接送欲显示的数到七段码译码器即可，数字到字形码的转换是通过七段码译码器硬件实现的。因此，对于图 9-11 所示的硬译码连接法电路，输入 74LS48 的数可以直接通过 LED 数码管显示，例如 LED 数码管显示内部 RAM 的 30H 单元存储的数字 0～9，只需要一条汇编指令就可以实现，即

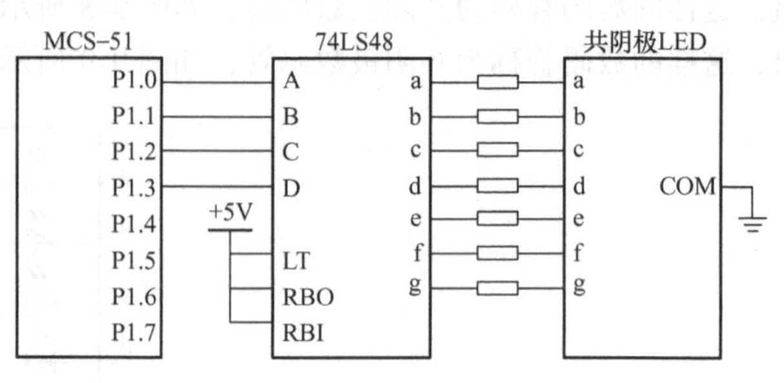

图 9-11　数码管硬译码连接法

```
MOV  P1, 30H
```

9.4　键盘的接口设计

键盘是单片机控制系统最常用、最简单的输入设备。用户可以通过键盘输入数据或指令，实现简单的人机通信。常用的按键电路有两种形式：独立式按键和矩阵式按键。

9.4.1　独立式按键接口设计

独立式按键比较简单，它们各自与独立的输入线相连接，如图 9-12 所示。

4 条输入线接到单片机的 I/O 口上，当按键 S1 按下时，电流通过电阻 R1 然后再通过按键 S1 最终进入 GND 形成一条通路，那么这条线路的全部电压都加到了 R1 上，P1.0 这个引脚就是低电平。当松开按键后，线路断开，就不会有电流通过，那么 KeyIn1 和 +5V 电源就应该是等电位，是高电平。因此，可以通过 KeyIn1 这个并行 I/O 口电平的高低来判断是否有按键按下。

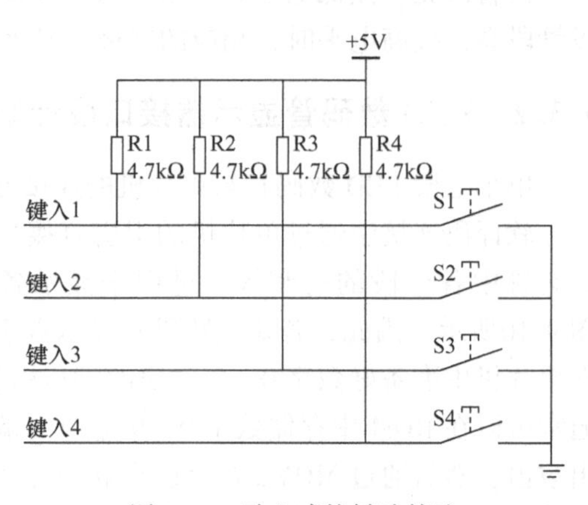

图 9-12　独立式按键连接法

由于机械触点的弹性振动，按键在按下时不会马上稳定地接通，而在弹起时也不能一下完全地断开，因而在按键闭合和断开的瞬间均会出现一连串的抖动，称为按键的抖动干扰，其产生的波形如图 9-13 所示。当按键按下时会产生前沿抖动，当按键弹起时会产生后沿抖动，这是所有机械触点式按键在状态输出时的共性问题，抖动时间的长短取决于按键的机械特性与操作状态，一般为 10～100ms，此为按键处理设计时要考虑的一个重要参数。

[**例9-4**]　单片机和4个独立按键连接电路如图9-14所示，当按键未被按下时，与此键相连的I/O口线获得高电平；当按键被按下时，与此键相连的I/O口线获得低电平。单片机只要读取I/O口状态，获取按键信息，识别有无键按下和哪个键被按下。编写按键处理程序。注意：独立按键输入判断，通常都必须要做去抖处理。

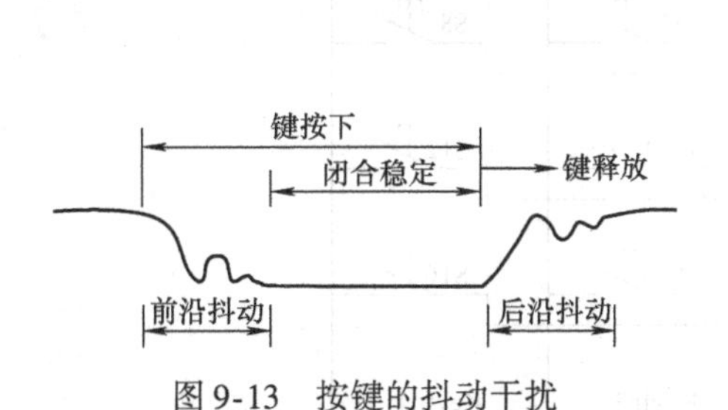

图9-13　按键的抖动干扰

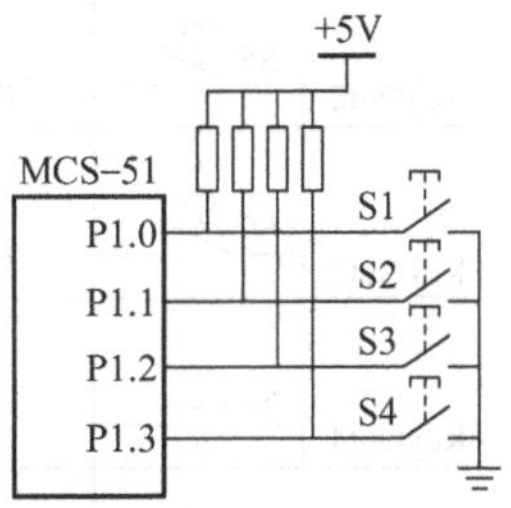

+5V
MCS-51
P1.0
P1.1
P1.2
P1.3
S1
S2
S3
S4

图9-14　单片机独立按键输入电路

按键处理程序如下：

```
        MOV   P1,#0FFH
UP1:    MOV   A,P1               ;读 I/O 口状态
        ANL   A,#0FH             ;屏蔽无用位
        CJNE  A,#0FH,NEXT1       ;有闭合键?
        SJMP  UP1
NEXT1:LCALL   D20ms              ;延时 20ms 去抖动
        MOV   A,P1               ;再读 I/O 口状态
        ANL   A,#0FH
        CJNE  A,#0FH,NEXT2       ;有闭合键?
        SJMP  UP1
NEXT2:JB   P1.0,NEXT3            ;S1 按下?
        LCALL  S1                ;S1 键处理程序
NEXT3:JB    P1.1,NEXT4           ;S2 按下?
        LCALL S2                 ;S2 键处理程序
NEXT4:JB    P1.2,NEXT5           ;S3 按下?
        LCALL S3                 ;S3 键处理程序
NEXT5:JB   P1.3,UP1              ;S4 按下?
        LCALL S4                 ;S4 键处理程序
        LJMP UP1
```

9.4.2　矩阵式按键接口设计

在某一个系统设计中，如果需要使用很多的按键时，做成独立按键会大量占用I/O口，因此通常采用矩阵按键的设计。矩阵按键电路原理图如图9-15所示，使用8个I/O口来实现了16个按键。

矩阵按键读取方法，通常采用扫描方式，每次判断一行4个按键中有没有键按下，四行按键需要判断4次。所以单片机和矩阵按键连接时，四行按键扫描引脚是作为输出使用，四列按键读取引脚时作为输入使用。每次扫描时，扫描哪一行对应的引脚输出低电平，为扫描

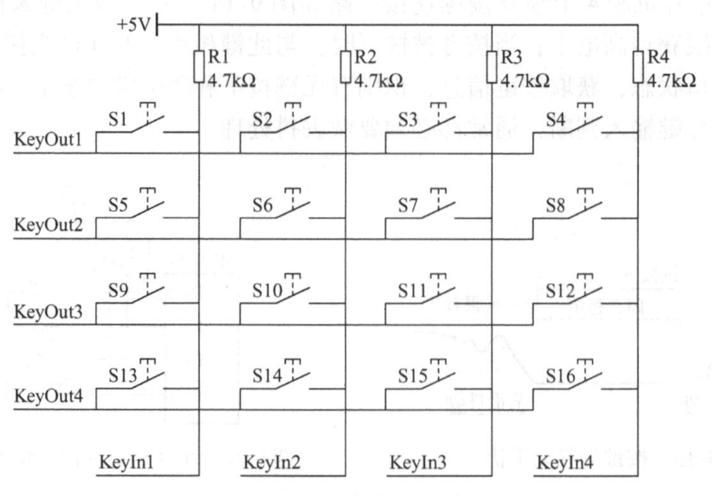

图 9-15　矩阵按键连接法

的行值 m，其他三行对应的引脚输出高电平，然后读取四列输入引脚对应的端口状态，如果为高电平，则对应的那一列按键有键按下，为扫描的列值 n，从而可以获取到按下的按键键值为 m 行 n 列。

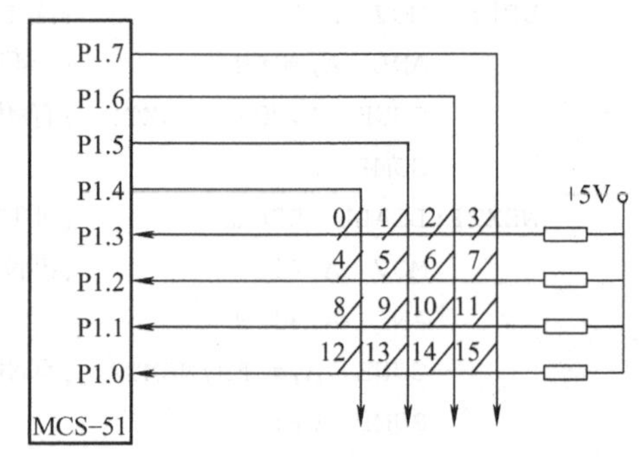

图 9-16　单片机矩阵按键输入电路

［**例 9-5**］　单片机矩阵按键输入电路如图 9-16 所示，采用扫描法，编写矩阵按键的输入采集汇编程序。本例中矩阵键盘的列连接单片机的输出扫描引脚为 P1.4～P1.7，矩阵键盘的行连接单片机的输入读取引脚为 P1.0～P1.3。有键按下时，键值读取汇编子程序 SERCH，返回的键值存储在 R3 中，值为 0～15，分别对应 16 个按键。

```
SERCH: MOV  R2,#0EFH            ; R2 设置输出扫描的列电平
       MOV  R3,#00H             ;设置要扫描的列
LINE0: MOV  A,R2
       MOV  P1,A                ;输出扫描的列电平
       MOV  A,P1                ;读取扫描输入的行电平
       JB   ACC.3,LINE1         ;判断是否为第 0 行按键
       MOV  A,#00H
       AJMP  TRYK
LINE1: JB   ACC.2,LINE2         ;判断是否为第 1 行按键
       MOV  A,#04H
       AJMP  TRYK
LINE2: JB   ACC.1,LINE3         ;判断是否为第 2 行按键
       MOV  A,#08H
       AJMP  TRYK
LINE3: JB   ACC.3,LINE4         ;判断是否为第 3 行按键
       MOV  A,#0CH
```

```
        AJMP  TRYK
LINE4:  INC  R3                        ;扫描下一列,R3 设置为下一列列值
        MOV  A,R2
        RL   A
        JNB  ACC.0,BACK                ;四列扫描结束,返回
        MOV  R2,A
        AJMP  LINE0                    ;开始跳回扫描下一列程序
TRYK:   ADD  A,R3                      ;键盘的行列值计算
BACK:   RET
```

思考题与习题

1. 什么叫 I/O 接口？I/O 接口的作用是什么？

2. 单片机内部的四个并行 I/O 口各有什么不同？

3. MCS－51 单片机引线中有多少 I/O 引线？它们和单片机对外的地址总线和数据总线有什么关系？简述 8031 单片机中 P0、P1、P2、P3 口的主要作用。

4. 请写出共阴极数码管显示数字 0～9 对应的段码值和共阳极数码管显示数字 0～9 对应的段码值。

5. 8051 和两位七段数码管的连接如图 9-17 所示。数码管为共阴极。显示缓冲区设置在片内 RAM 40H 单元，编写显示子程序，实现每隔 1s 将缓冲区中的数 x（x 为 <100 的无符号整数，以二进制形式存放）显示在数码管上。

6. 编写单片机的汇编程序来读取矩阵键盘的键值。电路连接如图 9-18 所示。

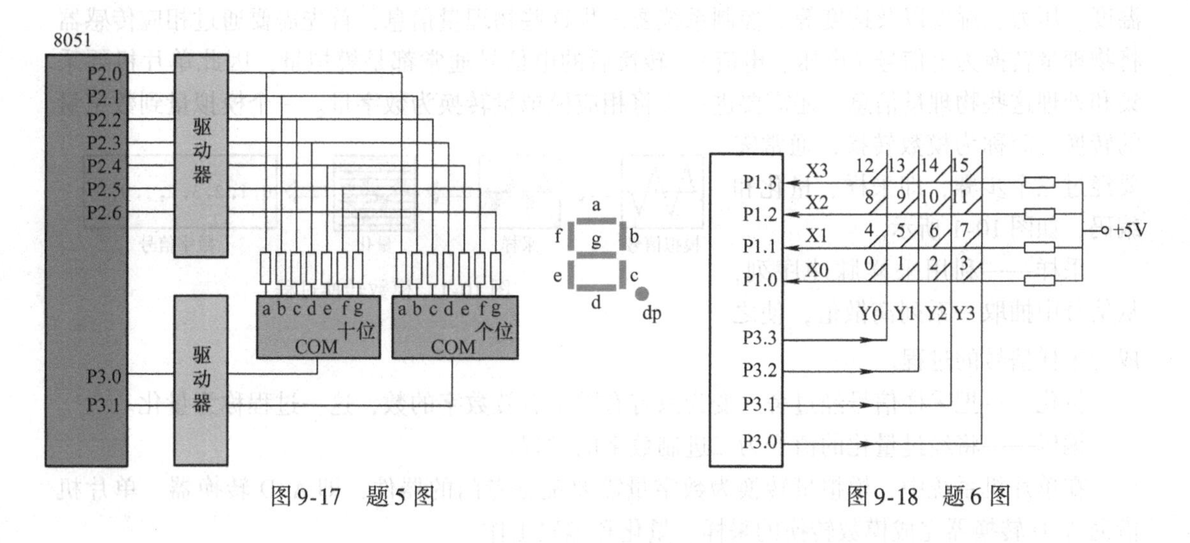

图 9-17　题 5 图　　　　图 9-18　题 6 图

第10章 MCS-51单片机并行扩展应用

在单片机系统中主要有两类数据传送操作，一类是单片机和存储器之间的数据读写操作；另一类是单片机和其他设备之间的数据输入/输出（I/O）操作。在利用单片机并行 I/O 进行扩展的外部设备中，除了传统的 LED、按键和数码管等简单的设备外，单片机和大多数的扩展设备之间进行交互时，往往需要控制时序以及控制指令字，扩展设备的控制流程也往往包含配置和读写等多个阶段。本章将介绍其中比较常用的 A/D 转换器、D/A 转换器和 LCM 的扩展方法。

10.1 A/D 转换器接口

单片机处理的是离散量（数字量），而现实中往往是连续量（模拟量），即物理量，如温度、压力、湿度以及速度等。控制系统要采集这些物理量信息，首先需要通过相应传感器将物理量转换为电信号（电压、电流）。转换后的电信号通常都是模拟量，因此单片机要采集和处理这些物理量信息，还需要进一步将相应模拟量转换为数字量。一个模拟量到数字量的转换，简称为模数转换，通常需要经过三个步骤，即采样、量化和编码，如图 10-1 所示。

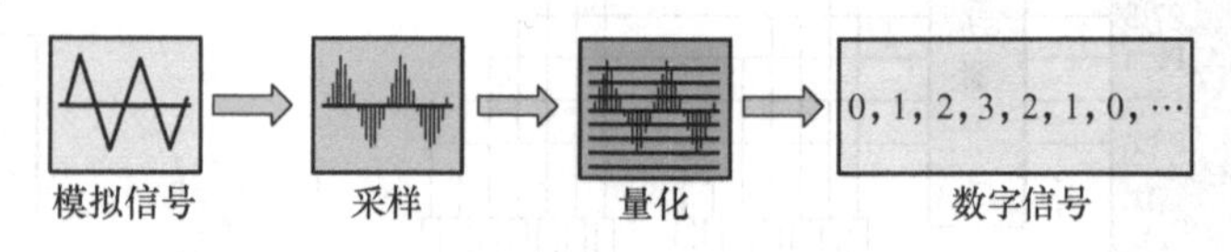

图 10-1 模数转换过程

采样——利用采样脉冲序列，从信号中抽取一系列离散值，使之成为采样信号的过程。

量化——把采样信号经过舍入变为只有有限个有效数字的数，这一过程称为量化。

编码——将经过量化的值变为二进制数字的过程。

在单片机系统中，模拟量转换为数字量需要配备专门的器件，即 A/D 转换器。单片机借助 A/D 转换器完成模数转换的采样、量化和编码工作。

10.1.1 A/D 转换器概述

A/D（analog/digital）转换器是将模拟量转换为数字量的器件。这个模拟量泛指电压、电阻、电流、时间等参量，但在一般情况下模拟量是指电压。

1. A/D 转换器的分类

（1）积分型 积分型 A/D 转换器的工作原理是将输入电压转换成时间（脉冲宽度信号）或频率（脉冲频率），然后由定时器/计数器获得数字值。其优点是用简单电路就能获得高分辨率，但缺点是由于转换精度依赖于积分时间，因此转换速率极低。初期的单片A/D转换器大多采用积分型，但现在逐次比较型已逐步成为主流。

（2）逐次比较型　逐次比较型A/D转换器由一个比较器和D/A转换器通过逐次比较逻辑构成，从最高位开始，为了确定D/A转换后每一位的数值，依次将输入电压与内置D/A转换器输出进行比较，经n次比较而输出数字值。其电路规模属于中等。其优点是速度较高、功耗低，在低分辨率（<12位）时价格便宜，但在高分辨率（>12位）时价格很高。

（3）并行比较型/串并行比较型　并行比较型A/D转换器采用多个比较器，仅做一次比较而实行转换，又称flash（快速）型转换器。由于转换速率极高，n位的转换需要2n－1个比较器，因此电路规模也极大，价格也高，只适用于视频A/D转换器等要求速度特别高的领域。

串并行比较型A/D转换器结构上介于并行比较型和逐次比较型之间，最典型的是由两个$n/2$位的并行比较型A/D转换器配合D/A转换器组成，用两次比较实行转换，所以称为half flash（半快速）型A/D转换器。还有分成三步或多步实现A/D转换的叫作分级（multistep/subrangling）型A/D转换器，而从转换时序角度又可称为流水线（pipelined）型A/D转换器，现代的分级型A/D转换器中还加入了对多次转换结果做数字运算而修正特性等功能。这类A/D转换器速度比逐次比较型高，电路规模比并行比较型小。

（4）Σ－Δ（Sigma delta）型　Σ－Δ型A/D转换器由积分器、比较器、1位D/A转换器和数字滤波器等组成。原理近似于积分型，将输入电压转换成时间（脉冲宽度）信号，用数字滤波器处理后得到数字值。电路的数字部分基本上容易单片化，因此容易做到高分辨率。这种类型主要用于音频和测量。

（5）电容阵列逐次比较型　电容阵列逐次比较型A/D转换器在内置D/A转换器中采用电容矩阵方式，也可称为电荷再分配型A/D转换器。一般的电阻阵列D/A转换器中多数电阻的值必须一致，在单芯片上生成高精度的电阻并不容易，如果用电容阵列取代电阻阵列，可以用低廉成本制成高精度单片A/D转换器。逐次比较型A/D转换器大多采用电容阵列式。

（6）压频变换型　压频变换型（voltage-frequency converter）A/D转换器是通过间接转换方式实现模数转换的。其原理是首先将输入的模拟信号转换成频率，然后用计数器将频率转换成数字量。从理论上讲这种A/D转换器的分辨率几乎可以无限增加，只要采样的时间能够满足输出频率分辨率要求的累积脉冲个数的宽度。其优点是分辨率高、功耗低、价格低，但是需要外部计数电路共同完成A/D转换。

（7）流水线型　为兼顾高速率和高精度的要求，流水线结构的A/D转换器应运而生。这种A/D转换器结合了串行和闪烁型A/D转换器的特点，采用基于流水线结构（pipeline）的多级转换技术，各级模拟信号之间并行处理，能得到较高的转换速度；利用数字校正电路对各级误差进行校正，保证有较高的精度；所用器件数目与转换位数成正比，可有效地控制功耗和成本。

2. A/D转换器技术指标

A/D转换器常用以下几项技术指标来评价其质量水平。

（1）分辨率（resolution） 分辨率是指 A/D 转换器对微小输入信号变化的敏感程度。分辨率越高，转换时对输入量微小变化的反应越灵敏。通常用数字量的位数来表示，如 8 位、10 位、12 位（偶数）等。分辨率为 n，表示它可以对满刻度的 $1/2^n$ 的变化量做出反应，即

$$分辨率 = 满刻度值/2^n$$

（2）转换时间 A/D 转换器完成一次转换所需的时间定义为 A/D 转换时间。逐位逼近式 A/D 转换器的转换时间为微秒级，双积分型 A/D 转换器的转换时间为毫秒级。

（3）转换误差 转换误差通常以输出误差最大值的形式给出，它表示实际输出的数字量和理论上应有的输出数字量之间的差别，一般多以最低有效位的倍数给出。

3. A/D 转换器的转换原理

比较型 A/D 转换器可分为反馈比较型及非反馈（直接）比较型两种。高速的并行比较型 A/D 转换器是非反馈型，智能仪器中常用到的中速逐次逼近型 A/D 转换器是反馈型。

一个 n 位 A/D 转换器是由 n 位寄存器、n 位 D/A 转换器、运算比较器、控制逻辑电路和输出锁存器五部分组成，如图 10-2 所示。

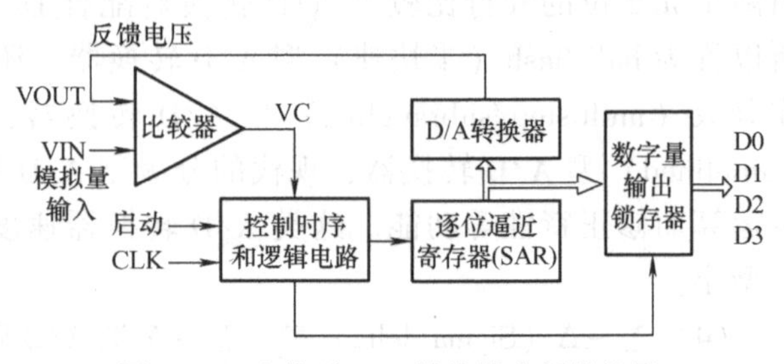

图 10-2 比较型 A/D 转换器内部结构图

现以 4 位 A/D 转换器把模拟量 9 转换为二进制数 1001 为例，说明 A/D 转换器的工作原理。当启动信号作用后，时钟信号在控制逻辑作用下：

1）首先使寄存器的最高位 D3 = 1，其余为 0，此数字量 1000 经 D/A 转换器转换成模拟电压即 VOUT = 8，送到比较器输入端与被转换的模拟量 VIN = 9 进行比较，控制逻辑根据比较器的输出进行判断，因 VIN > VOUT，则保留 D3 = 1。

2）再对下一位 D2 进行比较。同样先使 D2 = 1，与上一位 D3 位一起（即 1100）进入 D/A 转换器，转换为 VOUT = 12 再进入比较器，与 VIN = 9 比较，因 VIN < VOUT，则使 D2 = 0。

3）再下一位 D1 位也是如此。D1 = 1 即 1010，经 D/A 转换为 VOUT = 10，再与 VIN = 9 比较，因 VIN < VOUT，则使 D1 = 0。

4）最后一位 D0 = 1 即 1001，经 D/A 转换为 VOUT = 9，再与 VIN = 9 比较，因 VIN = VOUT，保留 D0 = 1，比较完毕，寄存器中的数字量 1001 即为模拟量 9 的转换结果，存在输出锁存器中等待输出。

一个 n 位 A/D 转换器的模数转换表达式是

$$B = \frac{VIN - VREF_-}{VREF_+ - VREF_-} \times 2^n$$

式中 n —— A/D 转换器的位数；

$VREF_+$、$VREF_-$ ——基准电压源的正、负输入；

VIN——要转换的输入模拟量；

B——转换后的输出数字量。

当基准电压源确定之后，n位A/D转换器的输出数字量B与要转换的输入模拟量VIN成正比。

［例10-1］ 一个8位A/D转换器，设$VREF_+ = 5.02V$，$VREF_- = 0V$，计算当VIN分别为0V、2.5V、5V时所对应的转换数字量。

解：把已知数代入公式得

$$B = \frac{VIN - VREF_-}{VREF_+ - VREF_-} \times 2^n = \frac{VIN - 0}{5.02 - 0} \times 2^8$$

0V、2.5V、5V时所对应的转换数字量分别为00H、80H、FFH。

10.1.2 MCS－51单片机与8位ADC0809的接口

1. ADC0809介绍

逐次逼近式ADC（模数转换器）具有转换速度快，精度较高，价格适中的优点。下面将介绍常用逐次逼近式转换芯片ADC0809及其与微控制器的接口。ADC0809芯片引脚如图10-3所示。

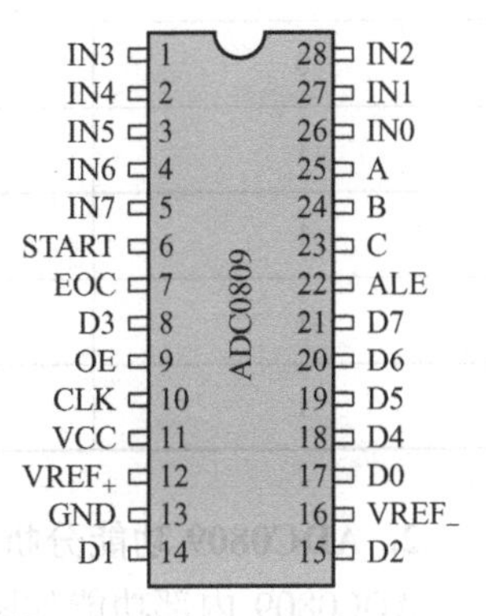

图10-3 ADC0809芯片引脚图

ADC0809芯片是8位逐次逼近式8通道的A/D转换器，技术指标如下：

- 分辨率为$1/2^8 \approx 0.39\%$。
- 模拟电压转换范围是0～5V。
- 标准转换时间为100μs。
- 功耗为15mW。
- 采用28脚双列直插式封装。
- 输出数字信号与TTL电平兼容。

ADC0809芯片引脚功能说明如下：

1）IN7～IN0：8路模拟量输入端。允许8路模拟量分时输入，共用一个A/D转换器。

2）D7～D0：8位数字量输出端。D7为最高位，D0为最低位。由于有三态输出锁存，可与主机数据总线直接相连。

3）C、B、A：3位地址线即模拟量通道选择端。ALE为高电平时，地址译码与对应通道选择见表10-1。

4）ALE（address latch enable）：地址锁存允许信号输入端，高电平有效。上升沿时锁存3位通道选择信号。

5）START：启动A/D转换信号，输入端，高电平有效。上升沿时将转换器内部清0，下降沿时启动A/D转换。

6）EOC（end of convention）：转换结束信号，输出端，A/D转换完成后EOC变为高电平。

7）OE（output enable）：输出使能信号，输入端，高电平有效。该信号用来打开三态输出缓冲器，将A/D转换得到的8位数字量送到数据总线上。

8）CLK：外部时钟脉冲输入端。当脉冲频率为640kHz时，A/D转换时间为100μs。

9）$VREF_{+}$，$VREF_{-}$：参考电压源正、负端。电压取决于被转换的模拟电压范围，通常 $VREF_{+}=5V$，$VREF_{-}=0V$。

10）VCC：工作电源5V。

11）GND：电源地。

表10-1 选中通道和地址关系

C	B	A	选中通道
0	0	0	IN0
0	0	1	IN1
0	1	0	IN2
0	1	1	IN3
1	0	0	IN4
1	0	1	IN5
1	1	0	IN6
1	1	1	IN7

2. ADC0809功能分析

ADC0809内部功能如图10-4所示。

ADC0809转换通常需要经过以下几个步骤：

1）ALE信号上升沿有效，锁存地址并选中相应通道。首先ALE的上升沿将地址代码锁存、译码后选通模拟开关中的某一路，使该路模拟量进入到A/D转换器中。

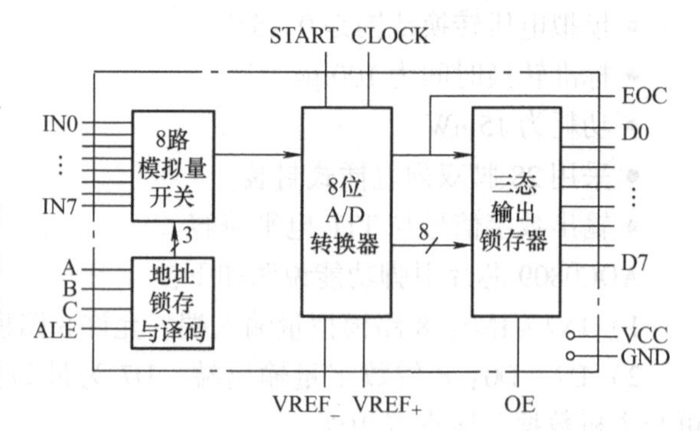

图10-4 ADC0809内部功能框图

2）START信号有效，开始转换。A/D转换期间START为低电平。START的上升沿将转换器内部清0，下降沿启动A/D转换，在时钟的作用下逐位逼近过程开始，转换结束信号EOC引脚变为低电平。

3）EOC信号输出高电平表示转换结束。当ADC0809转换结束后，EOC引脚恢复高电平。

4）OE信号有效，允许输出转换结果。如果对输出允许引脚OE输入一个高电平指令，则可以通过D0～D7引脚读出数据。

ADC0809的转换时序如图10-5所示。

3. MCS－51单片机与ADC0809的接口实例

MCS－51单片机与ADC0809的连接如图10-6所示。电路连接主要包含两个内容：一是8路模拟信号通道的选择，二是A/D转换完成后转换数据的传送。

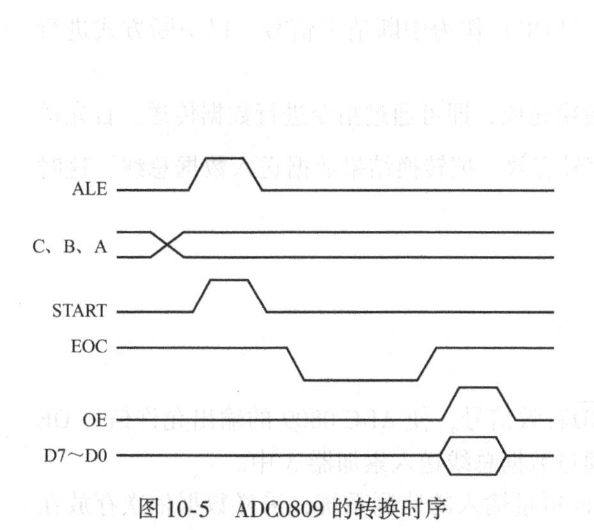

图 10-5　ADC0809 的转换时序

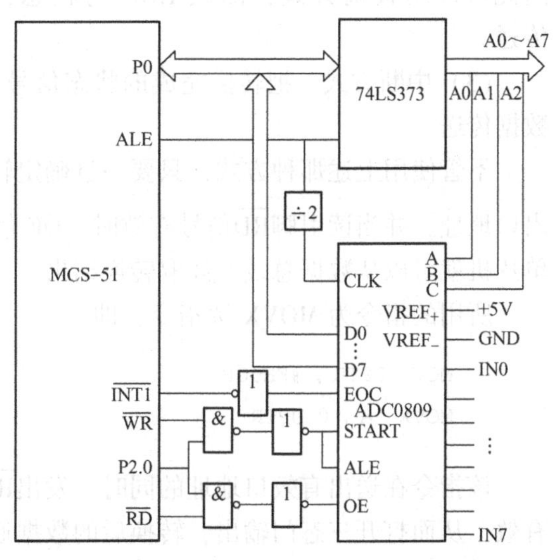

图 10-6　MCS－51 单片机与 ADC0809 电路连接图

如图 10-6 所示，模拟通道选择信号 A、B、C 分别接最低三位地址 A0、A1、A2 即（P0.0、P0.1、P0.2），而地址锁存允许信号 ALE 由 P2.0 控制，则 8 路模拟通道的地址为 0FEF8H～0FEFFH。

图 10-6 中 ADC0809 的 ALE 信号与 START 信号接在一起了，这样连接使得在信号的前沿写入（锁存）通道地址，紧接着在其后沿就启动转换。ADC0809 的 ALE 信号与 START 信号的时序配合如图 10-7 所示。

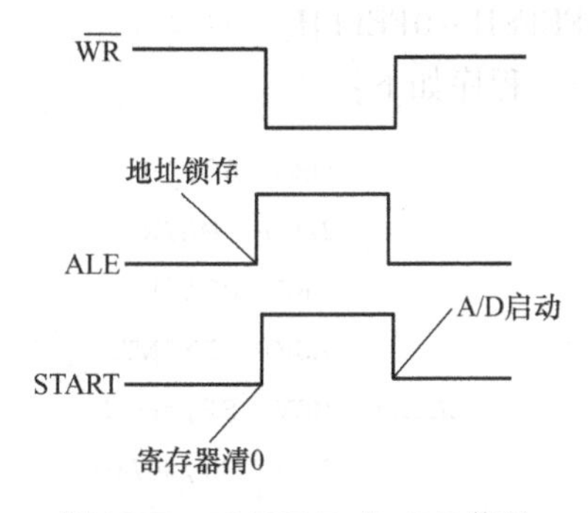

图 10-7　ADC0809 的 ALE 信号与 START 信号时序配合示意图

启动 A/D 转换只需要一条 MOVX 指令。在此之前，要将 P2.0 清 0 并将最低三位与所选择的通道对应的口地址送入数据指针 DPTR 中。例如要选择 IN0 通道时，可采用如下两条指令，即可启动 A/D 转换。

```
MOV   DPTR，#FE00H          ;送入 0809 的口地址
MOVX  @ DPTR，A             ;启动 A/D 转换(IN0)
```

此处的 A 与 A/D 转换无关，可为任意值。

A/D 转换后得到的数据应及时传送给单片机进行处理。数据传送的关键问题是如何确认 A/D 转换的完成，因为只有确认完成后，才能进行传送。为此可采用下述三种方式。

（1）定时传送方式　对于一种 A/D 转换器来说，转换时间作为一项技术指标是已知和固定的。例如 ADC0809 的转换时间为 128μs，相当于 6MHz 的 MCS－51 单片机共 64 个机器周期。可据此设计一个延时子程序，A/D 转换启动后即调用此子程序，延迟时间一到，转换肯定已经完成了，接着就可进行数据传送。

（2）查询方式　查询 A/D 转换芯片转换完成的状态信号，如 ADC0809 的 EOC 端。

因此可以用查询方式，测试 EOC 的状态，即可查询转换是否完成，并接着进行数据传送。

(3) 中断方式　把转换完成的状态信号（EOC）作为中断请求信号，以中断方式进行数据传送。

不管使用上述那种方式，只要一旦确定转换完成，即可通过指令进行数据传送。首先送出口地址，并当读引脚$\overline{RD}$信号有效时，OE 信号有效，把转换结果数据送入数据总线，这时单片机就可以从数据总线上读取转换结果。

所用的指令为 MOVX 读指令，即

```
MOV  DPTR , #FE00H
MOVX  A , @ DPTR
```

该指令在送出有效口地址的同时，发出$\overline{RD}$有效信号，使 ADC 0809 的输出允许信号 OE 有效，从而打开三态门输出，转换后的数据通过数据总线送入累加器 A 中。

[例 10-2]　设计汇编程序实现一个 8 路模拟量输入的监测系统，采样数据依次存放在片外 RAM 0A0H ~ 0A7H 单元中。如图 10-6 所示的接口电路，ADC0809 的 8 个通道地址为 0FEF8H ~ 0FEFFH。

程序如下：

```
        ORG   0000H            ;主程序入口地址
        AJMP  MAIN             ;跳转主程序
        ORG   0013H            ;外部中断 1 入口地址
        AJMP  EXINT1           ;跳转到外部中断服务程序
MAIN:   MOV   SP,#60H          ;设置堆栈
        MOV   R0,#0A0H         ;取片内 RAM 首地址
        MOV   R7,#08           ;设置通道数
        SETB  IT1              ;边沿触发
        SETB  EA               ;开中断
        SETB  EX1              ;允许外部中断 1
        MOV   DPTR,#FEF8H      ;指向 0809IN0 通道地址
        MOVX  @ DPTR,A         ;启动 A/D 转换
        SJMP  $                ;等待中断
EXINT1:MOVX   A,@ DPTR         ;读 A/D 转换结果
        MOV   @ R0,A           ;存数
        INC   R0
        INC   DPTR
        MOVX  @ DPTR,A         ;启动 A/D 转换
        DJNZ  R7,LOOP          ;若未采完 8 次,则 LOOP
        CLR   EX1              ;若采完 8 次,则关中断
LOOP:   RETI                   ;返回
        END
```

10.2　D/A 转换器扩展

10.2.1　D/A 转换器概述

D/A 转换器也称 DAC，它是把数字量转变成模拟量的器件。D/A 转换器基本上由 4 个部分组成，即权电阻网络、运算放大器、基准电源和模拟开关。D/A 转换器输入的是数字量，经转换后输出的是模拟量。

1. D/A 转换器的主要性能指标

（1）分辨率　分辨率是指输入数字量的最低有效位（LSB）发生变化时，所对应的输出模拟量（常为电压）的变化量。它反映了输出模拟量的最小变化值。分辨率与输入数字量的位数有确定的关系，可以表示成 $FS/2^n$。FS 表示满量程输入值，n 为二进制位数。对于 5V 的满量程，采用 8 位的 DAC 时，分辨率为（5/256）V = 19.5mV；当采用 12 位的 DAC 时，分辨率则为（5/4096）V = 1.22mV。显然，位数越多分辨率就越高。

（2）线性度　线性度（也称非线性误差）是实际转换特性曲线与理想直线特性之间的最大偏差，常以相对于满量程的百分数表示，如 ±1% 是指实际输出值与理论值之差在满刻度的 ±1% 以内。

（3）绝对精度和相对精度　绝对精度（简称精度）是指在整个刻度范围内，任一输入数码所对应的模拟量实际输出值与理论值之间的最大误差。绝对精度是由 DAC 的增益误差（当输入数码为全 1 时，实际输出值与理论输出值之差）、零点误差（当数码输入为全 0 时，DAC 的非零输出值）、非线性误差和噪声等引起的。绝对精度（即最大误差）应小于 1 个 LSB。

相对精度与绝对精度表示同一含义，用最大误差相对于满刻度的百分比表示。

（4）建立时间　建立时间是指输入的数字量发生满刻度变化时，输出模拟信号达到满刻度值的（±1/2）LSB 所需的时间。它是描述 D/A 转换速率的一个动态指标。电流输出型 DAC 的建立时间短。电压输出型 DAC 的建立时间主要决定于运算放大器的响应时间。根据建立时间的长短，可以将 DAC 分成超高速（<1μs）、高速（1～10μs）、中速（10～100μs）、低速（≥100μs）4 档。

2. D/A 转换器工作原理

以 4 位 D/A 转换器为例说明其工作原理，如图 10-8 所示。

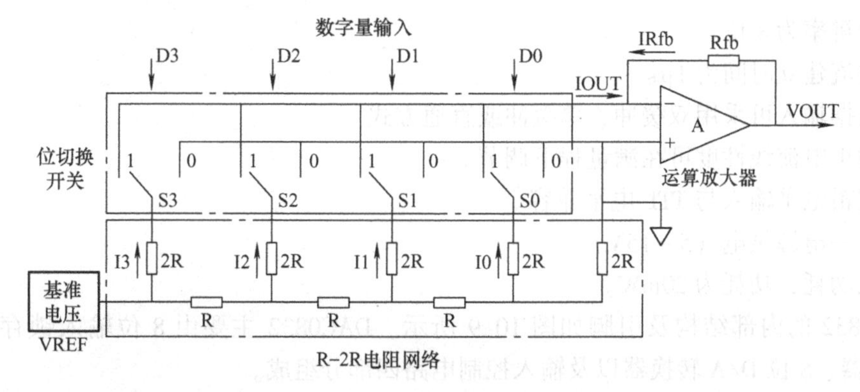

图 10-8　4 位 D/A 转换器工作原理示意图

假设 D3 D2 D1 D0 为 1111，则开关 S3、S2、S1、S0 全部与“1”端相连。根据电路基础理论有

$$I3=\frac{VREF}{2R}=2^3\times\frac{VREF}{2^4R}\qquad I2=\frac{I3}{2}=2^2\times\frac{VREF}{2^4R}$$

$$I1=\frac{I2}{2}=2^1\times\frac{VREF}{2^4R}\qquad I0=\frac{I1}{2}=2^0\times\frac{VREF}{2^4R}$$

由于开关 S3 ~ S0 的状态是由要转换的二进制数 D3 D2 D1 D0 控制的，并不一定全是“1”。因此，可以得到通式

$$\begin{aligned}IOUT&=D3\times I3+D2\times I2+D1\times I1+D0\times I0\\&=(D3\times 2^3+D2\times 2^2+D1\times 2^1+D0\times 2^0)\times\frac{VREF}{2^4R}\end{aligned}$$

考虑到放大器反相端为虚地，故

$$IRfb=-IOUT$$

选取 Rfb = R，可以得到

$$VOUT=IRfb\times Rfb=-(D3\times 2^3+D2\times 2^2+D1\times 2^1+D0\times 2^0)\times\frac{VREF}{2^4}$$

对于 n 位 D/A 转换器，它的输出电压 VOUT 与输入二进制数 B［D(n－1) ~ D0］的关系式可写成

$$VOUT=-[D(n-1)\times 2^{n-1}+D(n-2)\times 2^{n-2}+\cdots+D1\times 2^1+D0\times 2^0]\times\frac{VREF}{2^n}=-B\times\frac{VREF}{2^n}$$

由上述推导可见，输出电压除了与输入的二进制数有关，还与运算放大器的反馈电阻 Rfb 以及基准电压 VREF 有关。

10.2.2 MCS－51 单片机与 8 位 DAC0832 的接口

1. DAC0832 芯片简介

DAC0832 是使用非常普遍的 8 位 D/A 转换器，由于其片内有输入数据寄存器，故可以直接与单片机连接。DAC0832 以电流形式输出，当需要转换为电压输出时，可外接运算放大器。属于该系列的芯片还有 DAC0830、DAC0831，它们可以相互替换。DAC0832 的主要特性有：

1）分辨率为 8 位。

2）电流建立时间为 1μs。

3）数据输入可采用双缓冲、单缓冲或直通方式。

4）输出电流线性度可在满量程下调节。

5）逻辑电平输入与 TTL 电平兼容。

6）单一电源供电（5 ~ 15V）。

7）低功耗，功耗为 20mW。

DAC0832 的内部结构及引脚如图 10-9 所示。DAC0832 主要由 8 位输入锁存器、8 位 DAC 寄存器、8 位 D/A 转换器以及输入控制电路四部分组成。

1）8 位输入锁存器用于存放主机送来的数字量，使输入数字量得到缓冲和锁存，并加

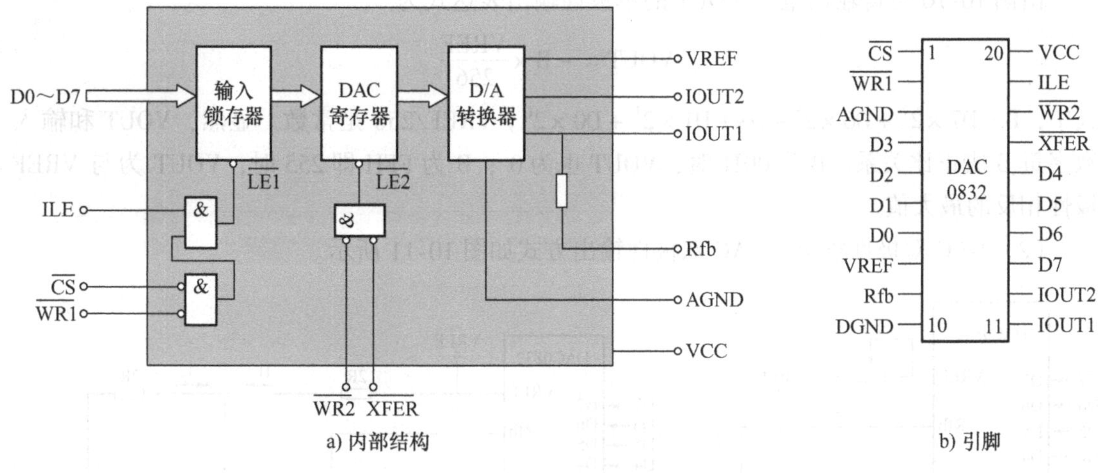

图 10-9　DAC0832 内部结构及引脚

以控制。

2）8 位 DAC 寄存器用于存放待转换的数字量，并加以控制。

3）8 位 D/A 转换器 输出与数字量成正比的模拟电流。

4）由与门/非与门组成的输入控制电路来控制 2 个寄存器的选通或锁存状态。

引脚说明：

1）D0～D7：8 位数据输入线，TTL 电平，有效时间 >90ns，否则锁存器的数据会出错。

2）ILE：数据锁存允许控制信号输入线，高电平有效。

3）$\overline{\text{CS}}$：片选信号输入线，用来选通数据锁存器，低电平有效。

4）$\overline{\text{WR1}}$：数据锁存器写选通输入线，低电平有效，脉宽 >500ns。由 ILE、$\overline{\text{CS}}$、$\overline{\text{WR1}}$的逻辑组合产生$\overline{\text{LE1}}$，当$\overline{\text{LE1}}$为高电平时，数据锁存器状态随输入数据线变换，$\overline{\text{LE1}}$负跳变时将输入数据锁存。

5）$\overline{\text{XFER}}$：数据传送控制信号输入线，低电平有效，脉宽 >500ns。

6）$\overline{\text{WR2}}$：DAC 寄存器选通输入线，低电平有效。由$\overline{\text{WR2}}$、$\overline{\text{XFER}}$的逻辑组合产生$\overline{\text{LE2}}$，当$\overline{\text{LE2}}$为高电平时，DAC 寄存器的输出随寄存器的输入而变化，$\overline{\text{LE2}}$负跳变时将数据锁存器的内容输入 DAC 寄存器并开始 D/A 转换。

7）IOUT1：电流输出端 1，其值随 DAC 寄存器的数值线性变化。

8）IOUT2：电流输出端 2，其值与 IOUT1 值之和为一常数。

9）Rfb：反馈信号输入线，改变 Rfb 端外接电阻，可调整转换满量程精度。

10）VCC：电源输入端，VCC 的范围为 5～15V。

11）VREF：基准电压输入线，VREF 的范围为 -10～10V。

12）AGND：模拟信号地。

13）DGND：数字信号地。

2. DAC0832 的应用

（1）DAC 单极性输出　DAC 单极性输出方式如图 10-10 所示。

由图 10-10 可得输出电压 VOUT 的单极性输出表达式为

$$VOUT = -B \times \frac{VREF}{256}$$

其中，$B = D7 \times 2^7 + D6 \times 2^6 + \cdots + D1 \times 2^1 + D0 \times 2^0$。VREF/256 是常数。显然，VOUT 和输入数字量 B 成正比关系。B 为 00H 时，VOUT 也为 0；B 为 FFH 即 255 时，VOUT 为与 VREF 极性相反的最大值。

（2）DAC 双极性输出　DAC 双极性输出方式如图 10-11 所示。

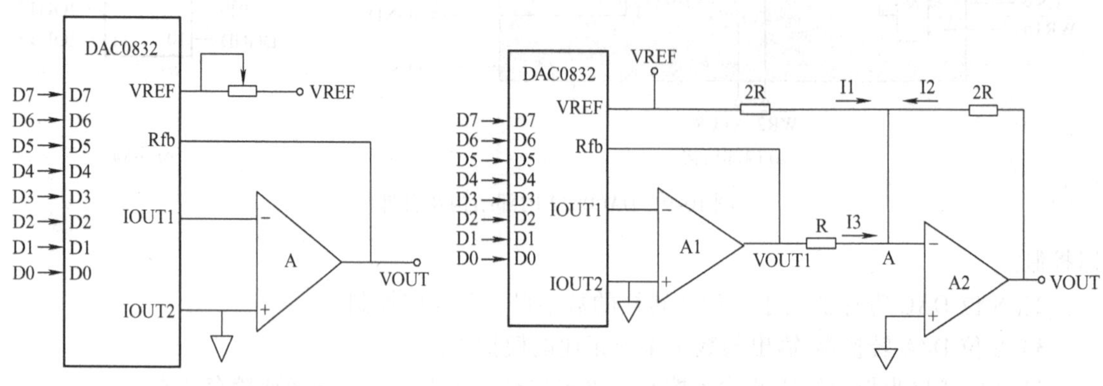

图 10-10　DAC 单极性输出　　　图 10-11　DAC 双极性输出

A1 和 A2 为运算放大器，A 点为虚地，故可得

$$I1 + I2 + I3 = 0$$

$$VOUT1 = -B \times \frac{VREF}{256}$$

$$I1 = \frac{VREF}{2R}$$

$$I2 = \frac{VOUT}{2R}$$

$$I3 = \frac{VOUT1}{R}$$

解上述方程可得双极性输出表达式

$$VOUT = VREF\left(\frac{B}{2^{8-1}} - 1\right)$$

或

$$VOUT = (B - 2^{8-1}) \times \frac{VREF}{2^{8-1}}$$

A2 的作用是将 A1 的单向输出变为双向输出。当输入数字量 <80H 时，输出模拟电压为负；当输入数字量 >80H 时，输出模拟电压为正。其他 n 位 D/A 转换器的输出电路与 DAC0832 相同，只要把计算表达式中的 2^{8-1} 改为 2^{n-1} 即可。

（3）单缓冲方式　DAC0832 的两个数据缓冲器一个处于直通方式，另一个处于受控的锁存方式。在不要求多路输出同步的情况下，可采用单缓冲方式，如图 10-12 所示。

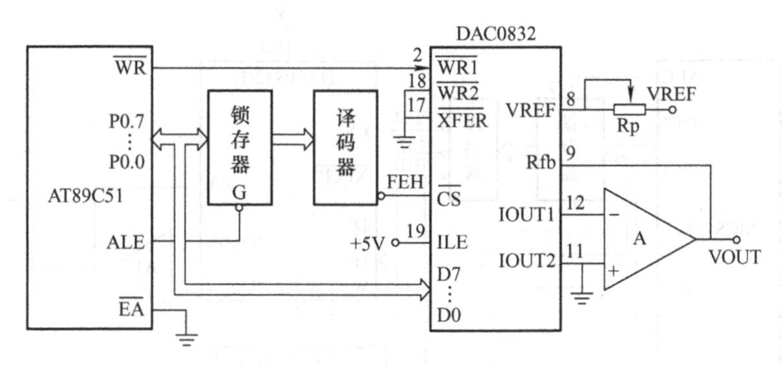

图 10-12　DAC0832 单缓冲方式

[**例 10-3**]　DAC0832 用作波形发生器。分别写出产生锯齿波和三角波的程序。

锯齿波的示意图如图 10-13 所示，其产生程序如下：

```
        ORG   0000H
START:  MOV   R0,#0FEH     ;DAC 地址
        MOV   A,#00H       ;数字量
LOOP:   MOVX  @R0,A        ;数字量→D/A 转换器
        INC   A            ;数字量逐次加
        SJMP  LOOP
```

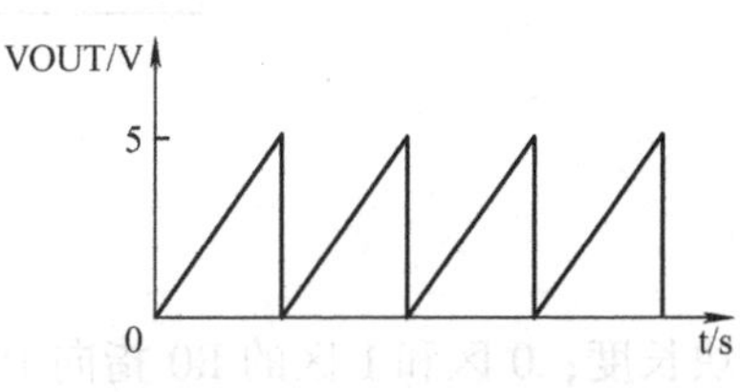

图 10-13　产生锯齿波示意图

三角波的示意图如图 10-14 所示，其产生程序如下：

```
        ORG  0000H
START:  MOV  R0,#0FEH
        MOV  A,#00H
UP:     MOVX @R0,A     ;三角波上升边
        INC  A
        JNZ  UP
DOWN:   DEC  A         ;A=0 时再减 1 又为 FFH
        MOVX @R0,A
        JNZ  DOWN      ;三角波下降边
        SJMP UP
```

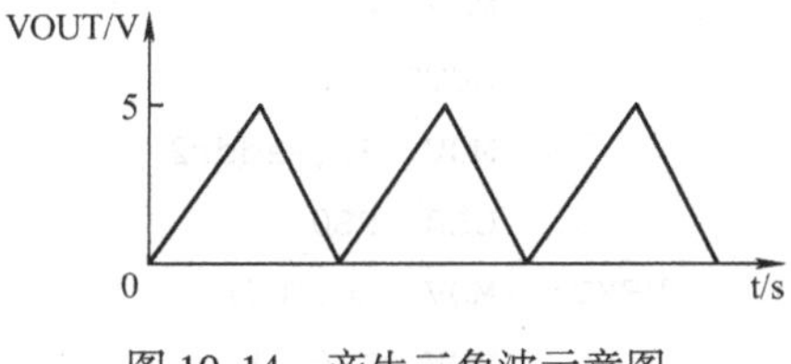

图 10-14　产生三角波示意图

（4）双缓冲方式　输入寄存器和 DAC 寄存器分配有各自的地址，可分别选通，用于同时输出多路模拟信号，如图 10-15 所示。

其中，DAC0832（1）占有两个端口地址 FDH 和 FBH。DAC0832（2）的两个端口地址为 FEH 和 FBH。

[**例 10-4**]　设 AT89C51 单片机片内 RAM 中有两个长度为 20 的数据块，其起始地址分别为 addr1 和 addr2，请根据图 10-15 所示，编写能把 addr1 和 addrr2 中数据从 DAC0832（1）和（2）同步输出的程序。程序中 addr1 和 addr2 中的数据，即为绘图仪所绘制曲线的坐标点 x、y。

程序设计：工作寄存器 0 区的 R1 指向 addr1；1 区的 R1 指向 addr2；0 区的 R2 存放数

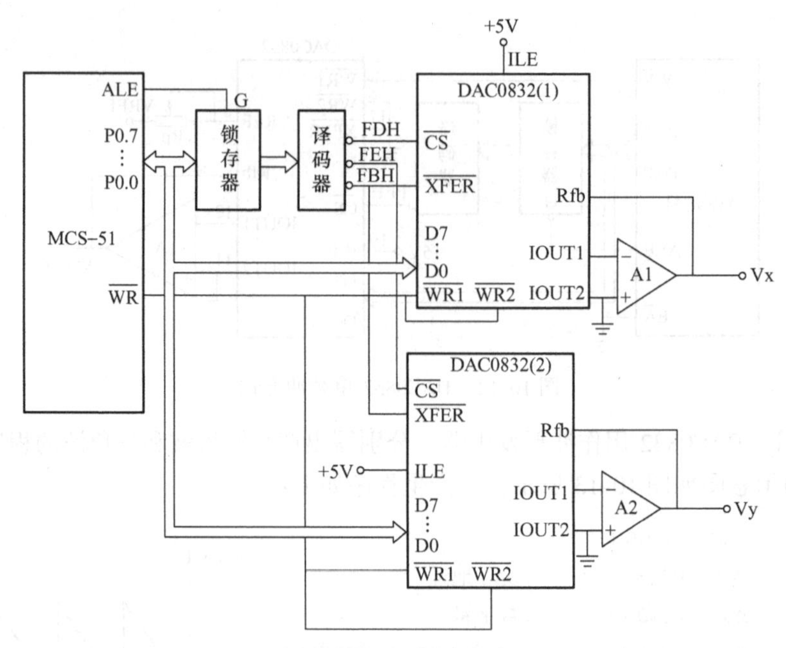

图 10-15　双缓冲方式

据块长度；0 区和 1 区的 R0 指向 DAC 端口地址。

```
        ORG  2000H
        addr1  DATA  20H          ;定义存储单元
        addr2  DATA  40H          ;定义存储单元
DTOUT:  MOV  R1,#addr1            ;0 区 R1 指向 addr1
        MOV  R2,#20               ;数据块长度送 0 区 R2
        SETB  RS0                 ;切换到工作寄存器 1 区
        MOV  R1,#addr2            ;1 区 R1 指向 addr2
        CLR  RS0                  ;返回 0 区
NEXT:   MOV  R0,#0FDH             ;0 区 R0 指向 DAC0832(1)数字量控制端口
        MOV  A,@ R1               ;addr1 中数据送 A
        MOVX  @ R0,A              ;addr1 中数据送 DAC0832(1)
        INC  R1                   ;修改 addr1 指针 0 区 R1
        SETB  RS0                 ;转 1 区
        MOV  R0,#0FEH             ;1 区 R0 指向 DAC0832(2)数字量控制端口
        MOV  A,@ R1               ;addr2 中数据送 A
        MOVX  @ R0,A              ;addr2 中数据送 DAC0832(2)
        INC  R1                   ;修改 addr2 指针 1 区 R1
        MOV  R0,#0FBH             ;1 区 R0 指向 DAC 的启动 D/A 转换端口
        MOVX  @ R0,A              ;启动 DAC 进行转换
        CLR  RS0                  ;返回 0 区
        DJNZ  R2,NEXT             ;若未完,则跳 NEXT
        LJMP  DTOUT               ;若送完,则循环
        END
```

10.3　字符点阵 LCM 显示模块的控制

LCM（LCD module）即液晶显示器（liquid crystal display，LCD）显示模块，是指将 LCD 显示器件、连接件、控制与驱动等外部电路、PCB（印制电路板）、背光源和结构件等装配在一起的组件。LCM 提供用户一个标准的 LCD 显示驱动接口（有 4 位、8 位、VGA 等不同类型），用户按照接口要求进行操作来控制 LCD 正确显示。

字符型液晶显示模块是一种专门用于显示字母、数字、符号等点阵式 LCM，目前常用 16×1 行、16×2 行、20×2 行和 40×2 行等模块。本节以 1602 字符型液晶显示器（16×2 行）为例，介绍其用法。一般 1602 字符型液晶显示器实物如图 10-16 所示。

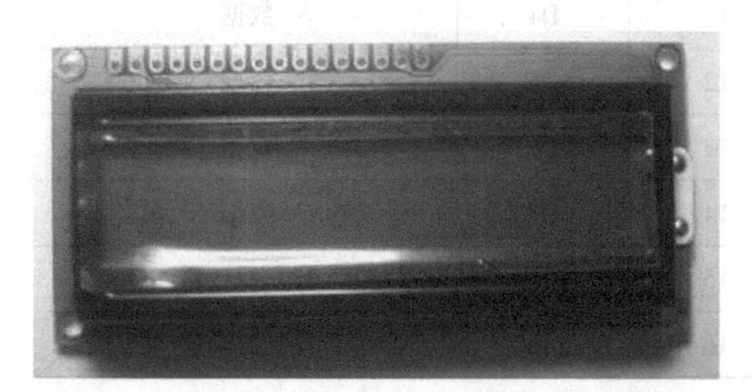

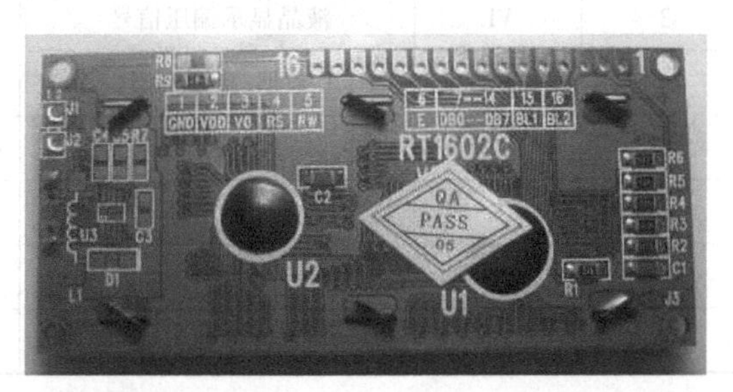

图 10-16　1602 字符型液晶显示器实物图

10.3.1　1602 字符点阵式 LCM 简介

1. 1602 LCM 的基本参数及引脚功能

1602 LCM 分为带背光和不带背光两种，其控制器通常为 HD44780，带背光的比不带背光的厚，是否带背光在应用中并无差别，两者尺寸差别如图 10-17 所示。

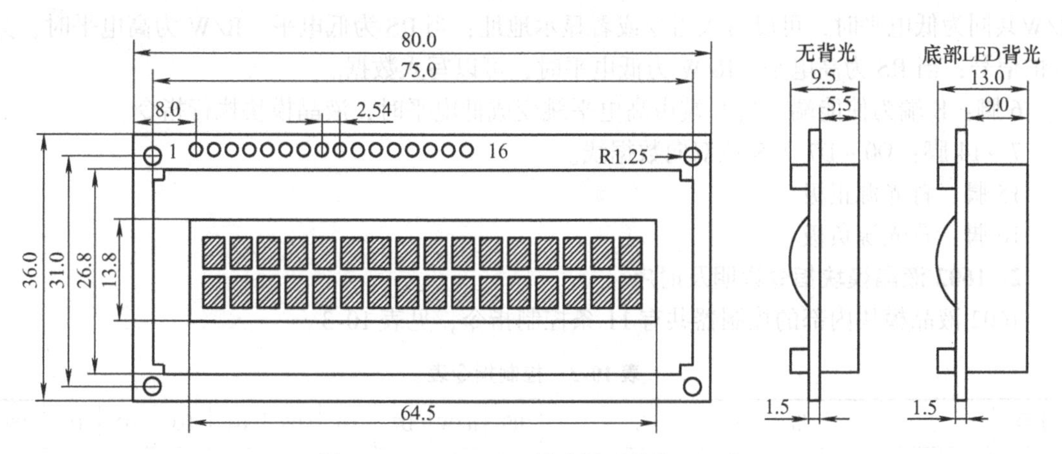

图 10-17　1602 LCM 尺寸图（单位：mm）

1602 LCM 主要技术参数：

- 显示容量：16×2 个字符。
- 芯片工作电压：4.5～5.5V。

- 工作电流：2.0mA（5.0V）。
- 模块最佳工作电压：5.0V。
- 字符尺寸（W×H）：2.95mm×4.35mm。

引脚功能说明：1602 LCM 采用标准的 14 脚（无背光）或 16 脚（带背光）接口，各引脚接口说明见表 10-2。

表 10-2　1602 引脚接口说明

编号	符号	引脚说明	编号	符号	引脚说明
1	GND	电源地	9	D2	数据
2	VCC	电源正极	10	D3	数据
3	VL	液晶显示偏压信号	11	D4	数据
4	RS	数据/指令选择	12	D5	数据
5	R/W	读/写选择	13	D6	数据
6	E	使能信号	14	D7	数据
7	D0	数据	15	BLA	背光源正极
8	D1	数据	16	BLK	背光源负极

1 脚：GND 为电源地。

2 脚：VCC 接 5V 正电源。

3 脚：VL 为液晶显示器对比度调整端，接正电源时对比度最弱，接地时对比度最高，对比度过高时会产生“鬼影”，使用时可以通过一个 10kΩ 的电位器调整对比度。

4 脚：RS 为寄存器选择，高电平时选择数据寄存器，低电平时选择指令寄存器。

5 脚：R/W 为读/写信号线，高电平时进行读操作，低电平时进行写操作。当 RS 和 R/W共同为低电平时，可以写入指令或者显示地址；当 RS 为低电平、R/W 为高电平时，为读忙信号；当 RS 为高电平、R/W 为低电平时，可以写入数据。

6 脚：E 端为使能端，当 E 端由高电平跳变成低电平时，液晶模块执行指令。

7～14 脚：D0～D7 为 8 位双向数据线。

15 脚：背光源正极。

16 脚：背光源负极。

2. 1602 液晶模块指令说明及时序

1602 液晶模块内部的控制器共有 11 条控制指令，见表 10-3。

表 10-3　控制指令表

序号	指　令	RS	R/W	D7	D6	D5	D4	D3	D2	D1	D0
1	清显示	0	0	0	0	0	0	0	0	0	1
2	光标返回	0	0	0	0	0	0	0	0	1	*
3	设置输入模式	0	0	0	0	0	0	0	1	I/D	S

（续）

序号	指　　令	RS	R/W	D7	D6	D5	D4	D3	D2	D1	D0
4	显示开/关控制	0	0	0	0	0	0	1	D	C	B
5	光标或字符移位	0	0	0	0	0	1	S/C	R/L	*	*
6	功能设置	0	0	0	0	1	DL	N	F	*	*
7	设置字符发生存储器（CGRAM）地址	0	0	0	1	字符发生存储器地址					
8	设置数据存储器（DDRAM）地址	0	0	1	显示数据存储器地址						
9	读忙标志或光标地址	0	1	BF	计数器地址						
10	写数到 CGRAM 或 DDRAM	1	0	要写的数据内容							
11	从 CGRAM 或 DDRAM 读数	1	1	读出的数据内容							

1602 液晶模块的读/写操作、屏幕和光标的操作都是通过指令编程来实现的，其中 1 为高电平、0 为低电平，＊表示备用位

指令 1：清显示，指令码 01H，光标复位到地址 00H 位置。

指令 2：光标返回，光标返回到地址 00H。

指令 3：设置输入模式，即光标和显示模式设置。I/D：光标移动方向，高电平右移，低电平左移；S：屏幕上所有文字是否左移或者右移，高电平有效，低电平无效。

指令 4：显示开/关控制。D：控制整体显示的开与关，高电平表示开显示，低电平表示关显示；C：控制光标的开与关，高电平表示有光标，低电平表示无光标；B：控制光标是否闪烁，高电平闪烁，低电平不闪烁。

指令 5：光标或字符移位。S/C：高电平时移动显示的文字，低电平时移动光标。R/L：高电平表示右移，低电平表示左移。

指令 6：功能设置。DL 高电平时为 4 位总线，低电平时为 8 位总线；N：低电平时为单行显示，高电平时双行显示；F：低电平时显示 5×7 的点阵字符，高电平时显示 5×10 的点阵字符。

指令 7：设置字符发生存储器（CGRAM）地址。

指令 8：设置数据存储器（DDRAM）地址。

指令 9：读忙标志和光标地址。BF：为忙标志位，高电平表示忙，此时模块不能接收指令或者数据，如果为低电平表示不忙。

指令 10：写数到 CGRAM 或 DDRAM。

指令 11：从 CGRAM 或 DDRAM 读数。

与 HD44780 相兼容的芯片时序见表 10-4。

表 10-4　基本操作时序表

读状态	输入	RS＝L，R/W＝H，E＝H	输出	D0～D7＝状态字
写指令	输入	RS＝L，R/W＝L，D0～D7＝指令码，E＝高脉冲	输出	无
读数据	输入	RS＝H，R/W＝H，E＝H	输出	D0～D7＝数据
写数据	输入	RS＝H，R/W＝L，D0～D7＝数据，E＝高脉冲	输出	无

读写操作时序如图 10-18 和图 10-19 所示。

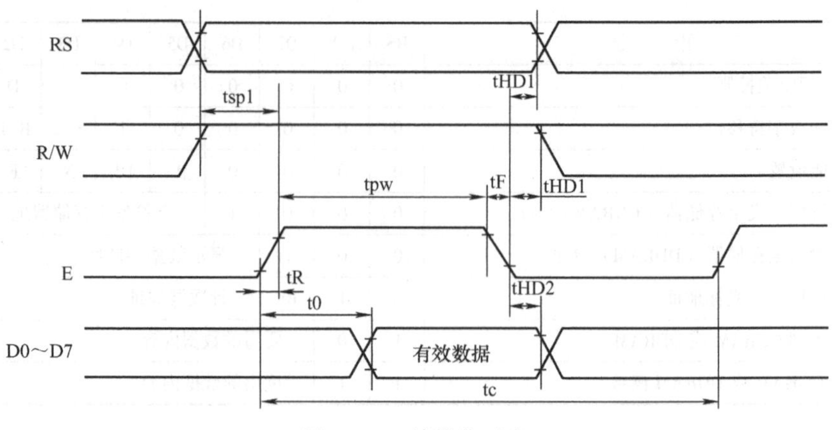

图 10-18 读操作时序

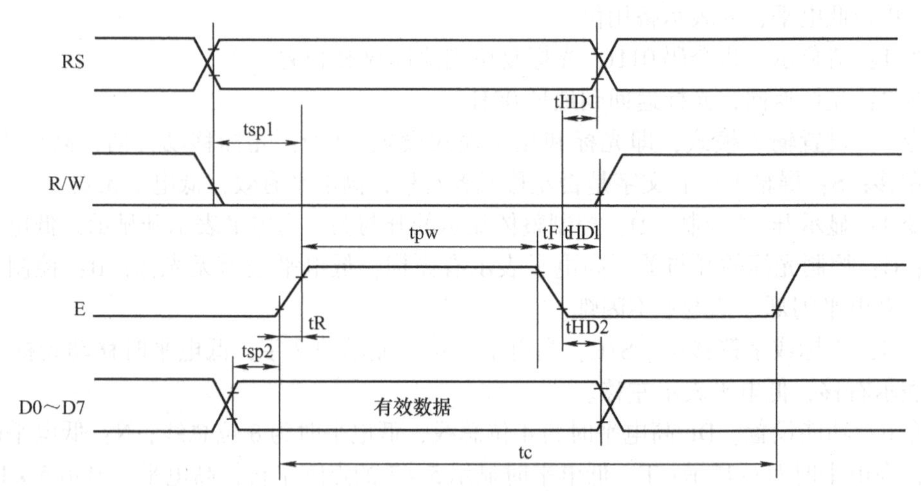

图 10-19 写操作时序

3. 1602 液晶显示模块的 RAM 地址映射及标准字库表

1602 液晶显示模块是一个慢显示器件，所以在执行每条指令之前一定要确认模块的忙标志为低电平，表示不忙，否则此指令失效。显示字符时要先输入显示字符地址，也就是告诉模块在哪里显示字符，图 10-20 是 1602 的内部显示地址。

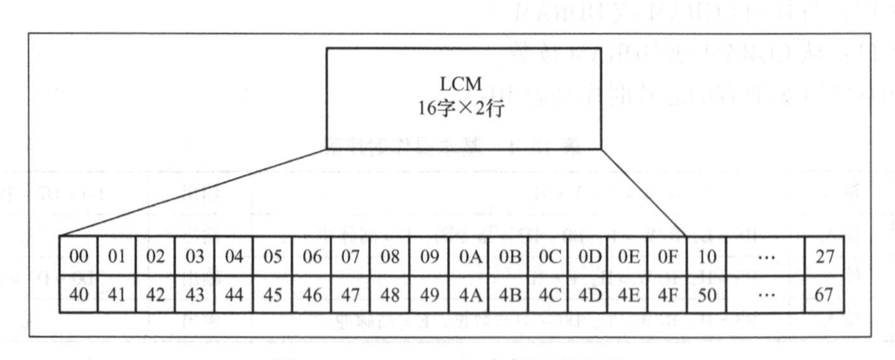

图 10-20 1602 LCM 内部显示地址

例如，第二行第一个字符的地址是 40H，那么是否直接写入 40H 就可以将光标定位在第二行第一个字符的位置呢？这样不行，因为写入显示地址时要求最高位 D7 恒定为高电平 1，所以实际写入的数据应该是 01000000B（40H）＋10000000B（80H）＝11000000B（C0H）。

对液晶模块的初始化中要先设置其显示模式，在液晶模块显示字符时光标是自动右移的，无须人工干预。每次输入指令前都要判断液晶模块是否处于忙的状态。

1602 液晶模块内部的 CGROM 已经存储了 160 个不同的点阵字符图形，按 ASCII 码排列，如图 10-21 所示。这些字符有阿拉伯数字、英文字母的大小写、常用的符号和日文等，每一个字符都有一个固定的代码，比如大写的英文字母“A”的代码是 01000001B（41H），显示时模块把地址 41H 中的点阵字符图形显示出来，就可以看到字母“A”。

十六进制字符代码低4位(D0～D3)

十六进制字符代码高4位(D4～D7)

图 10-21　字符代码与图形对应图

10.3.2　1602 字符点阵式 LCM 与单片机的接口

单片机与 1602 字符点阵式 LCM 的接口电路如图 10-22 所示，可以用 P1 口来连接 1602 的数据接口。单片机引脚 P3.5、P3.6 和 P3.7 分别接 1602 的控制引脚 RS、RW 和 E，从而可以设计 1602 字符点阵式的显示程序。

[例 10-5]　单片机与 1602 液晶显示器连接电路如图 10-22 所示，设计汇编程序使单片机开机以后，在 1602 液晶显示屏的第一行显示“ok”。

汇编程序如下：

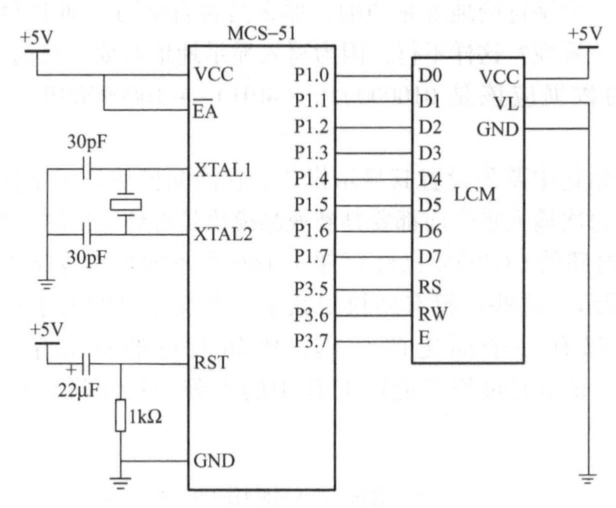

图 10-22　单片机与 1602 字符点阵式 LCM 的接口电路

```
        RS  bit P3.5
        RW  bit  P3.6
        E  bit  P3.7
        LCD  EQU  P1
MAIN:                               ;主程序
        MOV  LCD,#00000001B         ;清屏并光标复位
        ACALL  WR_COMM              ;调用写入指令子程序
        ACALL  INIT_LCD             ;调用初始化子程序
        MOV  LCD,#82H               ;写入显示起始地址
        ACALL  WR_COMM              ;调用写入指令子程序
        MOV  LCD,#'o'               ;显示“o”
        ACALL  WR_DATA              ;调用写入数据子程序
        MOV  LCD,#'k'               ;显示“k”
        ACALL  WR_DATA              ;调用写入数据子程序
        JMP $                       ;维持当前输出状态
INIT_LCD:                           ;LCD 初始化设定
        MOV  LCD,#00111000B         ;设置 8 位、2 行、5×7 点阵
        ACALL  WR_COMM              ;调用写入指令子程序
        MOV  LCD,#00001111B         ;显示器开,光标允许闪烁
        ACALL  WR_COMM              ;调用写入指令子程序
        MOV  LCD,#00000110B         ;文字不动,光标自动右移
        ACALL  WR_COMM              ;调用写入指令子程序
        RET
```

其中写指令子函数如下：

```
WR_COMM:                            ;写入指令子程序
        CLR  RS                     ;RS=0,选择指令寄存器
        CLR  RW                     ;RW=0,选择写模式
```

```
        CLR   E                   ;E=0,禁止读/写 LCM
        ACALL  CHECK_BF           ;调用判断 LCM 忙碌子程序
        SETB   E                  ;E=1,允许读/写 LCM
        RET
CHECK_BF:                         ;判断是否忙碌子程序
        MOV  LCD,#0FFH            ;此时不接受外来指令
        CLR  RS                   ;RS=0,选择指令寄存器
        SETB  RW                  ;RW=1,选择读模式
        CLR  E                    ;E=0,禁止读/写 LCM
        NOP                       ;延时 1μs
        SETB  E                   ;E=1,允许读/写 LCM
        JB  LCD.7,CHECK_BF        ;忙碌循环等待
        RET
```

写数据子函数如下：

```
WR_DATA:                          ;写入数据子程序
          SETB  RS                ;RS=1,选择数据寄存器
          CLR  RW                 ;RW=0,选择写模式
          CLR  E                  ;E=0,禁止读/写 LCM
          ACALL  CHECK_BF         ;调用判断忙碌子程序
          SETB  E                 ;E=1,允许读/写 LCM
          RET
```

查询状态子函数如下：

```
CHECK_BF:                         ;判断是否忙碌子程序
          MOV LCD,#0FFH           ;此时不接收外来指令
          CLR RS                  ;RS=0,选择指令寄存器
          SETB RW                 ;RW=1,选择读模式
          CLR E                   ;E=0,禁止读/写 LCM
          NOP                     ;延时 1μs
          SETB E                  ;E=1,允许读/写 LCM
          NOP                     ;延时 1μs
          JB LCD.7,CHECK_BF       ;忙碌循环等待
          RET
```

思考题与习题

1. 设计单片机和DAC0832的接口，采用单缓冲方式，将内部RAM 20H～2FH单元的数据转换成模拟电压，每隔1ms输出一个数据。

2. DAC0832用作波形发生器，试画出8051与DAC0832的连接图，并编写产生方波的程序。

3. 单片机的系统时钟频率采用6MHz，MCS－51单片机与ADC0809的硬件连接原理图如图10-23所示，编写汇编程序，实现每间隔1s对ADC0809的8个AD通道IN0～IN7进行A/D转换，并将转换结果依次存储到片内RAM的40H～47H位置。

4. 设计硬件电路和汇编程序，使用定时器/计数器和DAC0832产生一个频率为10Hz的正弦波。

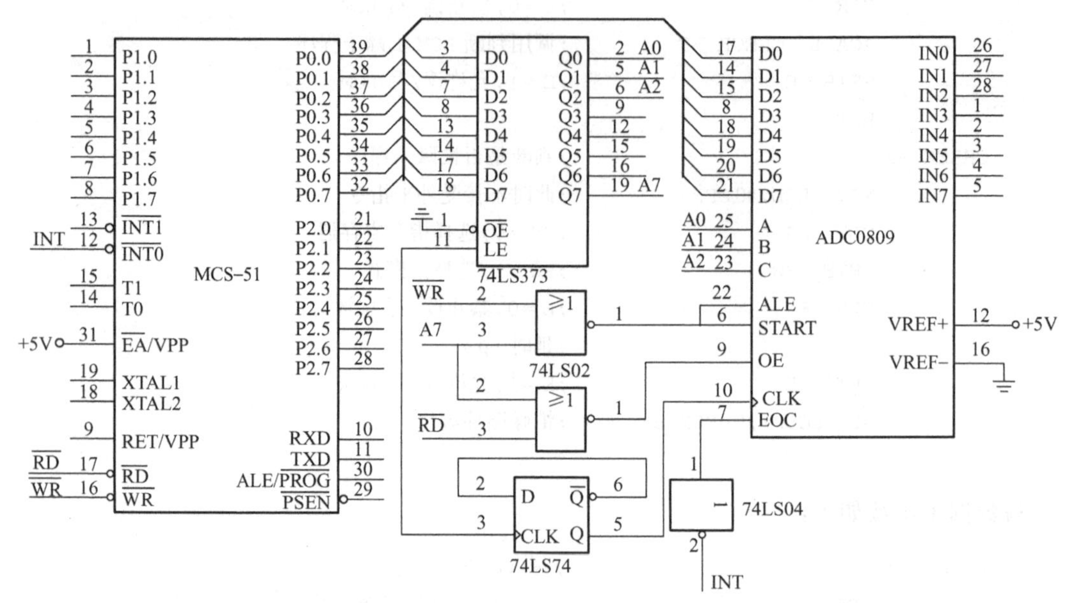

图 10-23 题 3 图

5. 单片机的系统时钟频率采用 6MHz，两个 DAC0832 数/模转换采用双缓冲同步方式，设计汇编程序使两个 DAC0832 同步输出频率为 500Hz 的方波。

6. 设计硬件电路和汇编程序，利用 1602LCM 显示一行内容“show：01”，并且让 show 后面的数字，从 01 依次累加到 99，然后又从 01 开始累加，重复此过程。

第11章 MCS-51单片机的串行接口及其应用

串行通信技术是指通信双方按位进行、遵守时序的一种通信方式。串行通信中，将数据按位依次传送，每位数据占据固定的时间长度，即可使用少数几条通信线路就可以完成系统间信息交换。串行接口是一种可以将接收来自单片机的并行数据转换为连续的串行数据流发送出去，同时可将接收的串行数据流转换为并行的数据供给单片机的器件。串行口通信在通常情况下，串行口按位（bit）发送和接收字节，尽管比按字节（byte）的并行通信慢，但是串行口可以在使用一根线发送数据的同时，用另一根线接收数据。串行通信过程的显著特点是：通信线路少，布线简便易行，施工方便，结构灵活，系统间协商协议，自由度及灵活度较高，因此在电子电路设计、信息传递等诸多方面的应用越来越多。

11.1　串行通信基础

11.1.1　数据通信

处理器与外部设备数据通信有两种方式：并行通信和串行通信，如图 11-1 所示。

并行通信：一条信息的各位数据被同时传送的通信方式称为并行通信。并行通信的特点是：各数据位同时传送，传送速度快、效率高，但有多少数据位就需多少根传输线，因此传送成本高，只适用于近距离（相距数米）的通信。

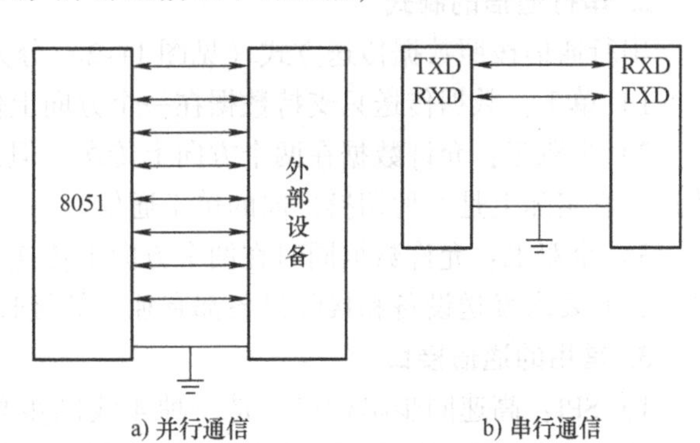

图 11-1　单片机并行通信与串行通信

并行通信特点：

1）传送原理：数据各个位同时传送。

2）优点：速度快。

3）缺点：占用引脚资源多。

串行通信：一条信息的各位数据被逐位按顺序传送的通信方式称为串行通信。串行通信的特点是：数据传送按位顺序进行，最少只需一根传输线即可完成，成本低但传送速度慢。串行通信的距离可以从几米到几千米。

串行通信特点：

1）传送原理：数据按位顺序传送。

2）优点：占用引脚资源少。

3）缺点：速度相对较慢。

11.1.2 异步通信和同步通信

1. 串行通信的方式

串行通信有两种基本通信方式：异步通信和同步通信。

（1）异步通信（asynchronous communication） 收发双方使用独立的时钟进行数据传送。发送的每帧数据之间的时间间隔可以是任意的。发送端可以在任意时刻发送数据，而接收端要做好接收的准备，否则会造成数据丢失。在异步通信中，数据通常以字符为单位组成字符帧传送。字符帧由发送端一帧一帧地发送，每一帧数据均是低位在前，高位在后，通过传输线被接收端一帧一帧地接收。发送端和接收端可以由各自独立的时钟来控制数据的发送和接收，这两个时钟彼此独立，互不同步。在异步通信中，接收端是依靠字符帧格式来判断发送端何时开始发送，何时结束发送。字符帧格式是异步通信的一个重要指标。

1）字符帧（character frame）。字符帧也叫数据帧，由起始位、数据位、奇偶校验位和停止位 4 部分组成。

2）波特率（baud rate）。异步通信的另一个重要指标为波特率。波特率为每秒传送二进制数码的位数，单位为 bit/s。波特率用于表征数据传输的速度，波特率越高，数据传输速度越快。但波特率和字符的实际传输速率不同，字符的实际传输速率是每秒内所传字符帧的帧数，和字符帧格式有关。

（2）同步通信（synchronous communication） 收发双方要保持时钟的同步，要求使用同一个时钟。在发送数据之前，为了表示数据传送的开始，会先发送一两个同步字符，用于进行时钟的同步。同步之后即可逐位数据进行传送。

2. 串行通信的制式

串行通信按照数据传送方式（见图 11-2）分为：

1）单工：数据传送只支持数据在一个方向上传送。

2）半双工：允许数据在两个方向上传送，但是在某一时刻，只允许数据在一个方向上传送，它实际上是一种切换方向的单工通信。

3）全双工：允许数据同时在两个方向上传送，因此全双工通信是以上两种通信方式的结合，它要求发送设备和接收设备都有独立的接收和发送能力。

3. 常用的通信接口

1）SPI：高速同步串行口，是一种 4 线同步总线，收发独立，可同步串行外部设备接口，是 Motorola 公司推出的一种同步串行通信方式，因其硬件功能很强，与 SPI 有关的软件就相当简单，使 CPU 有更多的时间处理其他事务。

2）UART：通用异步接收发送设备。单片机上的串行口大多数特指 UART，可以实现全双工通信。数据是异步传送的，对双方的时序要求比较严格，通信速度不是很快。在多机（单片机与单片机之间）通信上用得较多。

3）IIC：一种串行传送方式，三线制 IIC 接口的协议里面包括设备地址信息，可以同一总线上连接多个从设备，通过应答来互通数据及指令。但是传输速率有限，标准模式下可达到 100kbit/s，快速模式下可达到 400kbit/s，高速模式下达到 4Mbit/s。

4）单总线：单总线（1-wire）是 Dallas 公司推出的外部串行扩展总线。单总线只有一根数据输入/输出线，可由单片机或 PC 的一根 I/O 口线作为数据输入/输出线，所有的器件都挂在这根线上。图 11-3 所示为一个由单总线构成的分布式温度监测系统。许多带有单总线接口的数字温度计集成电路 DS18B20 都挂接在一根 I/O 口线上，单片机对每个 DS18B20 通过总线 DQ 寻址。DQ 为漏极开路，须加上拉电阻 Rp。Dallas 公司为单总线的寻址及数据传送提供了严格的时序规范。此外还有 1 线热电偶测温系统及其他单总线系统。

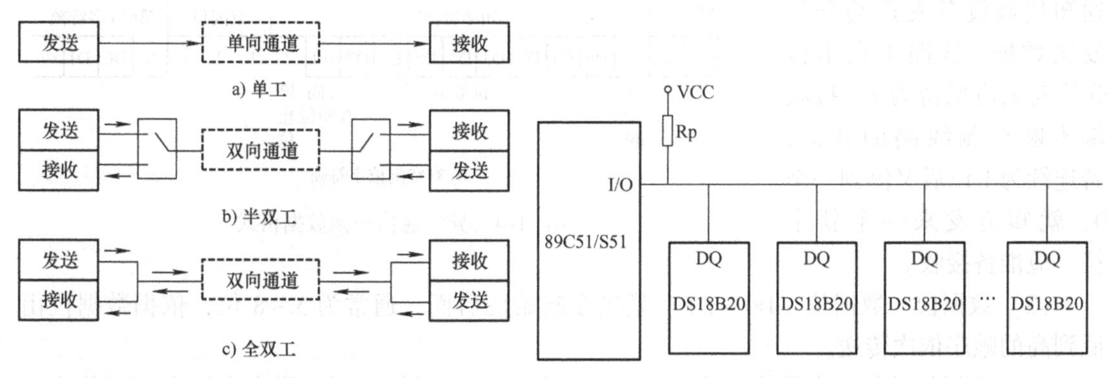

图 11-2　串行通信数据传送方式　　　图 11-3　单总线构成的分布式温度监测系统

4. 常用通信接口的通信方式分类

1）同步通信：带时钟同步信号传送，如 SPI、IIC。

2）异步通信：不带时钟同步信号，如 UART、单总线。

具体的通信方式分类见表 11-1。

表 11-1　通信接口的通信方式分类

通信接口	引脚说明	通信方式	通信方向
UART	TXD：发送端 RXD：接收端 GND：公共地	异步通信	全双工
单总线	DQ：发送/接收端	异步通信	半双工
SPI	SCK：同步时钟 MISO：主机输入，从机输出 MOSI：主机输出，从机输入	同步通信	全双工
IIC	SCL：同步时钟 SDA：数据输入/输出端	同步通信	半双工

11.1.3　单片机异步串行通信的过程

在单片机异步通信中，数据是以字符为单位组成字符帧传送的。发送端和接收端由各自独立的时钟来控制数据的发送和接收，这两个时钟彼此独立，互不同步。每一字符帧的数据格式如图 11-4 所示。

在帧格式中，一个字符由四个部分组成：起始位、数据位、奇偶校验位和停止位。

（1）起始位　起始位位于字符帧开头，仅占一位，为逻辑低电平0，用来通知接收设备发送端开始发送数据。线路上在不传送字符时应保持为1。接收端不断检测线路的状态，若连续为1以后又测到一个0，就知道发来一个新字符，应准备接收。

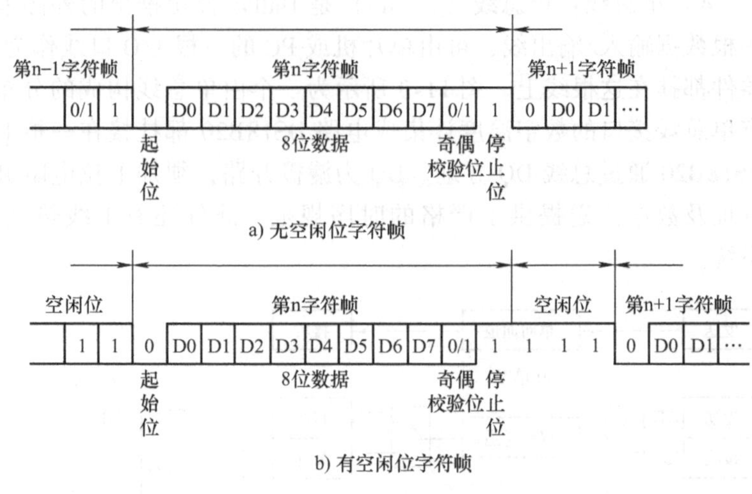

图11-4　异步通信一帧数据格式

（2）数据位　数据位（D0～D7）紧接在起始位后面，通常为5～8位，依据数据位由低到高的顺序依次传送。

（3）奇偶校验位　奇偶校验位只占一位，紧接在数据位后面，用来表征串行通信中采用奇校验还是偶校验，也可用这一位（I/O）来确定这一帧中的字符所代表信息的性质（地址/数据等）。

（4）停止位　停止位位于字符帧的最后，表征字符的结束，它一定是高电平（逻辑1）。停止位可以是1位、1.5位或2位。接收端收到停止位后，知道上一字符已传送完毕，同时也为接收下一字符做好准备（只要再接收到0就是新字符的起始位）。若停止位以后不是紧接着传送下一个字符，则让线路上保持为1。图11-4a表示一个字符紧接一个字符传送的情况，上一个字符的停止位和下一个字符的起始位是相邻的；图11-4b则是两个字符间有空闲位的情况，空闲位为1，线路处于等待状态。存在空闲位正是异步通信的特征之一。

11.2　MCS－51单片机的串行口

11.2.1　串行口的结构

与MCS－51单片机串行口有关的特殊功能寄存器为SBUF、SCON、PCON，如图11-5所示，下面对这些寄存器进行详细介绍。

1. 串行口数据缓冲器SBUF

特殊功能寄存器SBUF具有两个物理上独立的串行口数据缓冲器，即接收缓冲器和发送缓冲器。SBUF（发送）即发送缓冲器用于存放将要发送的字符数据；SBUF（接收）即接收缓冲器用于存放串行口接收到的字符数据，数据的发送和接收可同时进行。SBUF（发送）和SBUF（接收）同属于特殊功能寄存器SBUF，占用同一个地址99H。但SBUF（发送）只能写入，不能读出；SBUF（接收）只能读出，不能写入。因此，对SBUF进行写操作时，是把数据送入SBUF（发送）中；对SBUF进行读操作时，读出的是SBUF（接收）中的

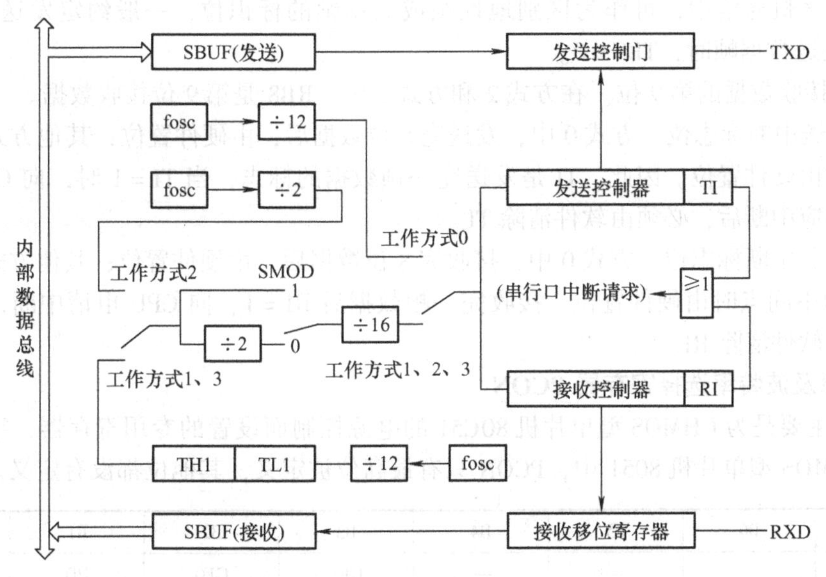

图 11-5　MCS-51 单片机串行口的结构

数据。

2. 串行口控制寄存器 SCON

SCON 用来控制串行口的工作方式和状态，字节地址为 98H，可以位寻址。

SCON 的格式如下所示：

SM0	SM1	SM2	REN	TB8	RB8	TI	RI	SCON（98H）

各位功能说明如下。

SM0、SM1：串行口工作方式选择位，其定义见表 11-2。

表 11-2　串行口工作方式设定

SM0	SM1	工作方式	功能说明
0	0	方式 0	同步移位寄存器输入/输出，波特率为 fosc/12
0	1	方式 1	8 位 UART，波特率可变（T1 溢出率/n，n = 16 或 32）
1	0	方式 2	9 位 UART，波特率为 fosc/n，n = 32 或 64
1	1	方式 3	9 位 UART，波特率可变（T1 溢出率/n，n = 16 或 32）

SM2：多机通信控制位，用于方式 2 和方式 3 中。在方式 2 和方式 3 处于接收方式时，若 SM2 = 1，表示允许多机通信。如果接收到的第 9 位数据 RB8 为 1，则将数据装入 SBUF，并置 RI 为 1，向 CPU 申请中断；如果接收到的第 9 位数据 RB8 为 0，则不接收数据，RI 仍为 0，不向 CPU 申请中断。若 SM2 = 0，表示不是多机通信，则不论接收到的第 9 位 RB8 为 0 还是为 1，TI、RI 都以正常方式被激活，接收到的数据装入 SBUF。在方式 1 中，若 SM2 = 1，则只有收到有效的停止位后，RI 置 1。在方式 0 中，SM2 = 0。

REN：允许串行接收位。REN = 1 时，允许接收；REN = 0 时，禁止接收。

TB8：发送数据的第 9 位。在方式 2 和方式 3 中，TB8 是第 9 位发送数据，可作为奇偶校验位。在多机通信中，可作为区别地址帧或数据帧的标识位，一般约定发送地址帧时，TB8 =1，发送数据帧时，TB8 =0。

RB8：接收数据的第9位。在方式2和方式3中，RB8是第9位接收数据。

TI：发送中断标志位。方式0中，发送完8位数据后，由硬件置位；其他方式中，在发送停止位时由硬件置位。因此，TI是发送完一帧数据的标志，当TI =1时，向CPU申请串行中断，响应中断后，必须由软件清除TI。

RI：接收中断标志位。方式0中，接收完8位数据后，由硬件置位；其他方式中，在接收停止位的中间点时由硬件置位。接收完一帧数据后RI =1，向CPU申请中断，响应中断后，必须由软件清除RI。

3. 电源及波特率选择寄存器PCON

PCON主要是为CHMOS型单片机80C51的电源控制而设置的专用寄存器，字节地址为87H。在HMOS型单片机8051中，PCON只有最高位被定义，其他位都没有定义。

B7	B6	B5	B4	B3	B2	B1	B0
SMOD	—	—	—	GF1	GF0	PD	ID

PCON的最高位SMOD为串行口波特率的倍增位。在方式1、2和3时，串行通信的波特率与SMOD有关。当SMOD =1时，通信波特率加倍；当SMOD =0时，波特率不变。其他各位为掉电方式控制位。

通常MCS－51单片机的串行通信是通过控制这三个寄存器来实现数据的发送和接收。发送和接收数据信号的输入和输出，是通过串行口对外的两条独立收发信号线RXD（P3.0）、TXD（P3.1）来实现的。常规的串行通信发送过程和接收过程如下：

（1）串行口发送过程　当单片机执行写SBUF指令（如指令：MOV　SBUF，A）时，将累加器A中欲发送的字符送入SBUF（发送）后，发送控制器在发送时钟的作用下，自动在发送字符前后添加起始位、停止位和其他控制位，然后在发送时钟的控制下，逐位从TXD线上串行发送字符帧。发送完后使发送中断标志TI =1，发出串行口发送中断请求。

（2）串行口接收过程　串行口在接收时，接收控制器会自动对RXD线进行监视。当确认RXD线上出现起始位后，接收控制器就从起始位后的数据位开始，将一帧字符中的有用位逐位移入SBUF（接收）中，自动去掉起始位、停止位或空闲位，并使接收中断标志RI =1，发出串行口接收中断请求。这时，只要执行读SBUF指令（如指令：MOV　A，SBUF），便可以得到接收的数据。

11.2.2　串行口的工作方式

1. 方式0

单片机的串行口工作在方式0时，串行口为同步移位寄存器的输入、输出方式。主要用于扩展并行输入或输出口。这时，串行口的内部结构可简化为图11-6所示的结构。数据由RXD（P3.0）引脚输入或输出，同步移位脉冲由TXD（P3.1）引脚输出。发送和接收均为8位数据，低位在先，高位在后。波特率固定为fosc/12。

（1）方式0输出时序　以串行口方式0输出数据时，SBUF相当于一个并入串出的移位寄存器。当TI =0时，通过指令向SBUF（发送）写入一个数据，就会启动串行口的发送过

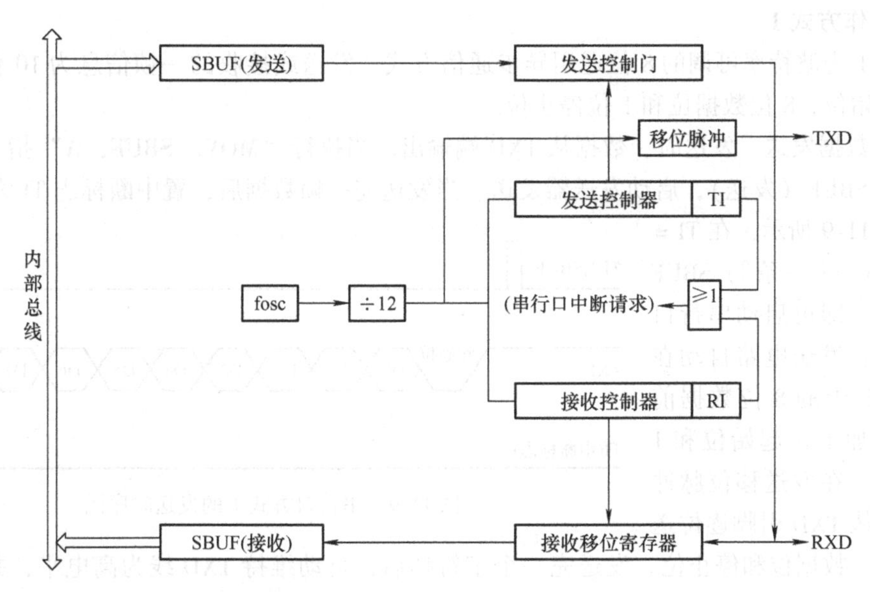

图 11-6　串行口方式 0 内部结构图

程。从 RXD 引脚逐位移出 SBUF 中的数据，同时从 TXD 引脚输出同步移位脉冲。这个移位脉冲可供与串行口通信的外设作为输入移位脉冲移入数据。

当 SBUF 中的 8 位数据完全移出后，硬件电路自动将中断标志 TI 置 1，产生串行口中断请求。如要再发送下一字节数据，必须用指令先将 TI 清 0，再重复上述过程。串行口方式 0 输出时序如图 11-7 所示。

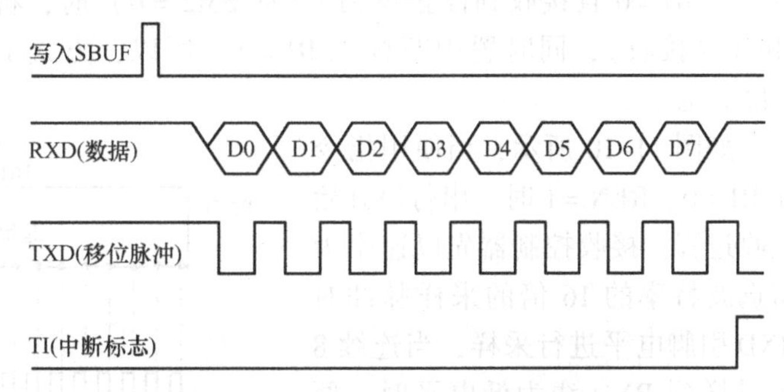

图 11-7　串行口方式 0 输出时序图

（2）方式 0 输入时序　以方式 0 接收数据时，SBUF 相当于一个串入并出的移位寄存器。

当 SCON 中的接收允许位 REN＝1，并用指令使 RI 为 0 时，就会启动串行口接收过程。外设送来的串行数据从 RXD 引脚输入，同步移位脉冲从 TXD 引脚输出，供给外设作为输出移位脉冲，用于移出数据。

当一帧数据完全移入单片机的 SBUF 后，由硬件电路将中断标志 RI 置 1，产生串行口中断请求。接收方可在查询到 RI＝1 后或在串行口中断服务程序中将 SBUF（接收）中的数据读走。如要再接收数据，必须用指令将 RI 清 0，再重复上述过程。串行口方式 0 输入时序如图 11-8 所示。

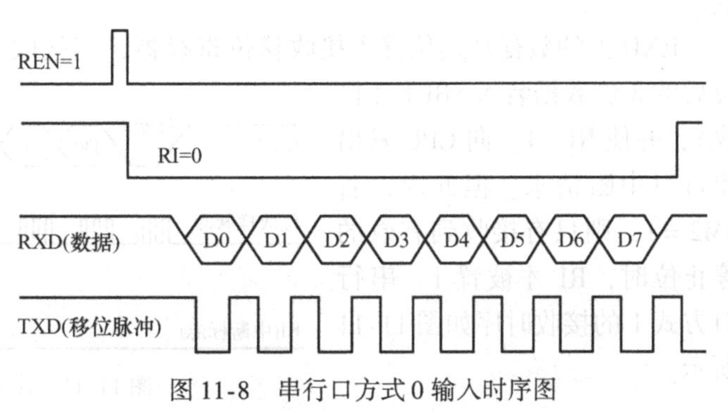

图 11-8　串行口方式 0 输入时序图

2. 工作方式 1

方式 1 为波特率可调的 8 位通用异步通信方式。发送或接收的一帧信息为 10 位，分别为 1 位起始位，8 位数据位和 1 位停止位。

（1）数据发送　发送时，数据从 TXD 端输出。当执行“MOV　SBUF，A”指令时，数据被写入 SBUF（发送），启动发送器发送。当发送完一帧数据后，置中断标志 TI 为 1。

如图 11-9 所示，在 TI = 0 时，当执行一条写 SBUF 的指令后，即可启动串行口发送过程：发送电路自动在写入 SBUF 中的 8 位数据前后分别添加 1 位起始位和 1 位停止位。在发送移位脉冲作用下，从 TXD 引脚逐位送出起始位、数据位和停止位。发送完一个字符帧后，自动维持 TXD 线为高电平，并使发送中断标志 TI 置 1，产生串行口中断请求。通过软件将 TI 清 0，便可继续发送。

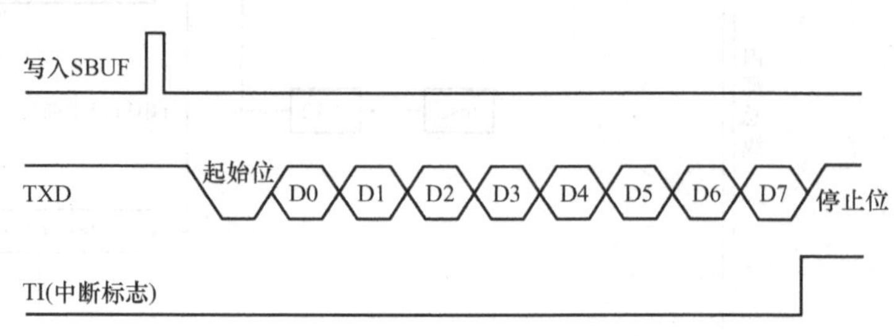

图 11-9　串行口方式 1 的发送时序图

（2）数据接收　接收时，数据从 RXD 端输入。当允许接收控制位 REN 为 1 后，串行口采样 RXD，当采样到由 1 到 0 跳变时，确认是起始位为 0，启动接收器开始接收一帧数据。当 RI = 0 且接收到停止位为 1（或 SM2 = 0）时，将停止位送入 RB8，8 位数据送入 SBUF（接收），同时置中断标志 RI = 1。所以，方式 1 接收时，应先用软件清除 RI 或 SM2 标志。

如图 11-10 所示，当使用指令使 RI = 0、REN = 1 时，串行口开始接收过程：接收控制器先以速率为所选波特率的 16 倍的采样脉冲对 RXD 引脚电平进行采样，当连续 8 次采样到 RXD 线为低电平时，便可确认 RXD 线上有起始位。此后，接收控制器就改为对第 7、8、9 三个脉冲采样到的值进行位检测，并以三中取二原则来确定所采样数据的值。

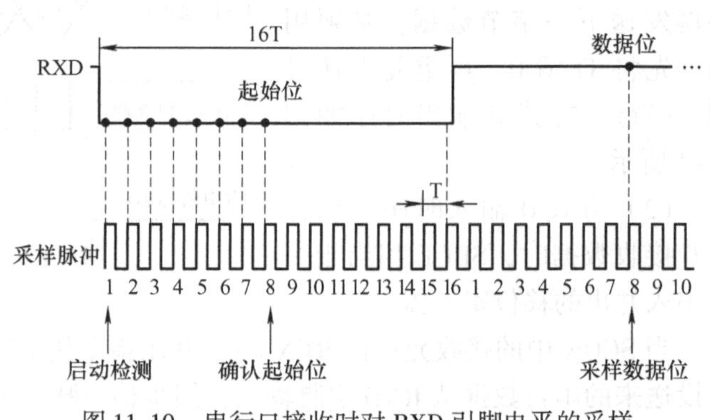

图 11-10　串行口接收时对 RXD 引脚电平的采样

RXD 上的数据被逐位移入接收移位寄存器，当接收到停止位时，将去除起始位和停止位后的 8 位数据装入 SBUF（接收），并使 RI = 1，向 CPU 发出串行口中断请求。但此时，若 SM2 = 1，则只有接收到有效的停止位时，RI 才被置 1。串行口方式 1 的接收时序如图 11-11 所示。

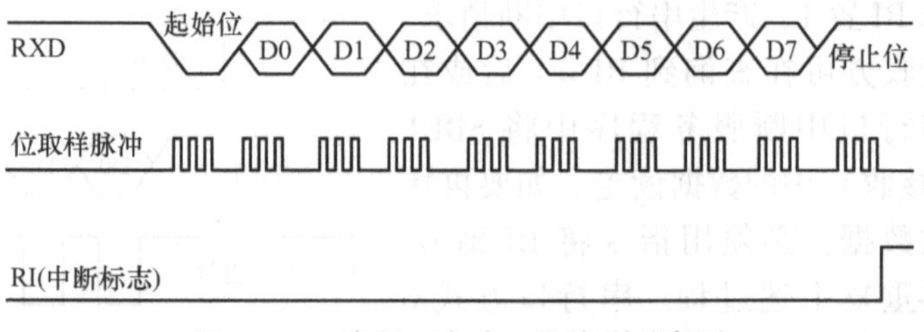

图 11-11　串行口方式 1 的接收时序图

3. 方式2、方式3

在方式2、方式3下，串行口为9位异步通信接口，发送、接收的一帧信息为11位：1位起始位(0)、8位数据位、1位可编程位和1位停止位(1)。传送波特率与SMOD有关。其数据帧格式如图11-12所示。

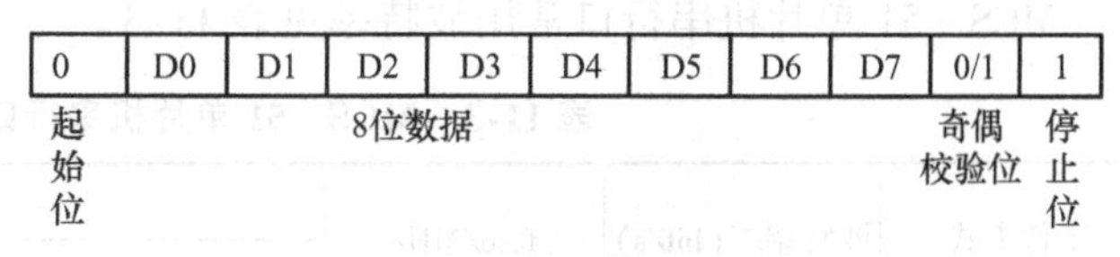

图11-12 方式2和方式3数据帧格式

(1) 数据发送 串行口工作于方式2、方式3进行数据发送时，数据由TXD端输出，附加的第9位数据为SCON中的RB8（由软件设置）。用指令将要发送的数据写入SBUF，即可启动发送器。发送完一帧信息时，TI由硬件置1。

(2) 数据接收 当REN=1时，允许接收。与方式1相同，CPU开始不断采样RXD，将8位数据送入SBUF中，接收到的第9位数据送入RB8中，当RI=0、SM2=0和接收到第9位数据为1这三个条件同时满足时，置RI=1，否则接收数据无效。

11.2.3 串行口的波特率

在串行通信中，为了保证接收方能正确识别数据，收发双方必须事先约定串行通信的波特率。MCS-51单片机在不同的串行口工作方式下，其串行通信的波特率是不同的。其中，方式0和方式2的波特率是固定的；方式1和方式3的波特率是可变的，由T1的溢出率决定。计算公式如下：

1) 方式0的波特率 = fosc /12。

2) 方式1的波特率 = $(2^{SMOD}/32)\times$(T1溢出率)。

3) 方式2的波特率 = $(2^{SMOD}/64)\times$fosc。

4) 方式3的波特率 = $(2^{SMOD}/32)\times$(T1溢出率)。

由于T1每溢出一次所需的时间即为T1的定时时间，所以T1溢出率等于T1定时时间的倒数。计算公式如下：

$$\text{T1 的定时时间} = (2^n - \text{计数初值}) \times 12/\text{fosc}$$

$$\text{T1 溢出率} = 1/(\text{T1 的定时时间}) = \text{fosc}/[(2^n - \text{计数初值}) \times 12]$$

其中，n是T1的位数，取值与T1的工作方式有关：若T1工作在方式0，则n=13；若T1工作在方式1，则n=16；若T1工作在方式2或方式3，则n=8。

因为T1的工作方式2为自动重装入初值的8位定时器/计数器模式，所以用做串行口的工作方式1和方式3的波特率发生器最恰当。

[例11-1] 通信波特率为2400bit/s，fosc=11.0592MHz，T1工作在方式2，其SMOD=0，计算T1的初值X。

根据波特率 = $2^{SMOD}/32\times n$ 得，n=76800。

根据n = fosc/［12×(256-X)］得，X=244，即X=F4H，相应的程序为：

```
MOV  TMOD,#20H;设置 T1 工作在方式 2
MOV  TL1,#0F4H;设置 T1 的计数初值
MOV  TH1,#0F4H;设置 T1 的重载计数值
SETB  TR1;启动 T1
```

MCS－51 单片机串行口常用波特率见表 11-3。

表 11-3 MCS－51 单片机串行口常用波特率

工作方式	波特率/（bit/s）	fosc/MHz	T1			
			SMOD	$C/\overline{T}$	方式	初值
方式 0	1M	12	×	×	×	×
方式 2	375k	12	1	×	×	×
	187.5k	12	0	×	×	×
方式 1 方式 3	62.5k	12	1	0	2	FFH
	19.2k	11.059	1	0	2	FDH
	9.6k	11.059	0	0	2	FDH
	4.8k	11.059	0	0	2	FAH
	2.4k	11.059	0	0	2	F4H
	1.2k	11.059	0	0	2	E8H
	137.5	11.059	0	0	2	1DH
	110	12	0	0	1	FEEBH
方式 0	0.5M	6	×	×	×	×
方式 2	187.5k	6	1	×	×	×
方式 1 方式 3	19.2k	6	1	0	2	FEH
	9.6k	6	1	0	2	FDH
	4.8k	6	0	0	2	FDH
	2.4k	6	0	0	2	FAH
	1.2k	6	0	0	2	F3H
	0.6k	6	0	0	2	E6H
	110	6	0	0	2	72H
	55	6	0	0	1	FEEBH

11.3 串行口的应用

11.3.1 串行口方式 0 的应用

串行口在方式 0 下，通过外接一个并入串出的 8 位移位寄存器 CD4014，可以作为并行输入口使用。如图 11-13 所示，单片机通过外接 CD4014，将 8 路开关状态从串行口读入单片机。

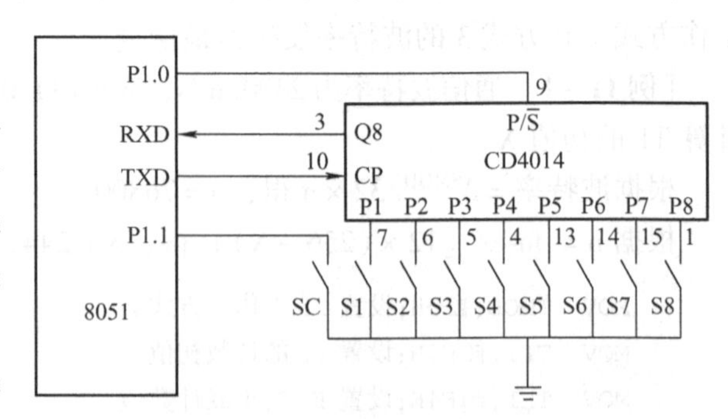

图 11-13 单片机与 CD4014 连接电路

CD4014 是一个 8 位并入串出移位寄存器，CP 为同步移位脉冲输入端，P1 ~

P8为并行输入端，Q8为串行输出端。P/$\overline{S}$为控制端，若P/$\overline{S}$=0，则CD4014为串行输出；若P/$\overline{S}$=1，则CD4014为并行输入。

如图11-13所示，开关SC用于提供控制信号，当SC闭合时，表示要求单片机读入开关量。

[**例11-2**] 设计汇编程序对P1.1引脚进行查询，发现P1.1=0，即开关SC闭合时，便通过P1.0设置CD4014的P/$\overline{S}$=1，然后再启动单片机串行口方式0接收过程，即可将CD4014并行输入的开关状态通过串行口输入到单片机中。

汇编程序如下：

```
        ORG  0500H
        CLR  ES                 ;关串行口中断,使用查询方式控制
START:JB   P1.1,$               ;若 SC 未闭合, 则等待
        SETB  P1.0              ;若 SC 未闭合,令 CD4014 并行输入开关量
        NOP                     ;适当延时
        NOP
        CLR  P1.0               ;令 CD4014 停止并行输入,准备串行输出
        MOV  SCON,#10H          ;置串行口为方式 0,RI=0,REN=1,启动接收
        JNB  RI, $              ;若未接收完,则等待
        CLR  RI                 ;接收完,清 RI
        MOV  A,SBUF             ;将开关量读入单片机的 A 中
        SJMP  START             ;准备下一次读入开关量
        END
```

MCS-51单片机串行口方式0为移位寄存器方式，可以外接一个串入并出的移位寄存器，从而扩展一个并行口。串行口外接CD4094扩展8位并行输出口，如图11-14所示，8位并行口的各位都接一个发光二极管。STB为控制端，若STB=0，则CD4094关闭并行输出，输出锁定；若STB=1，则CD4094为并行输出状态，CD4094打开并行输出。

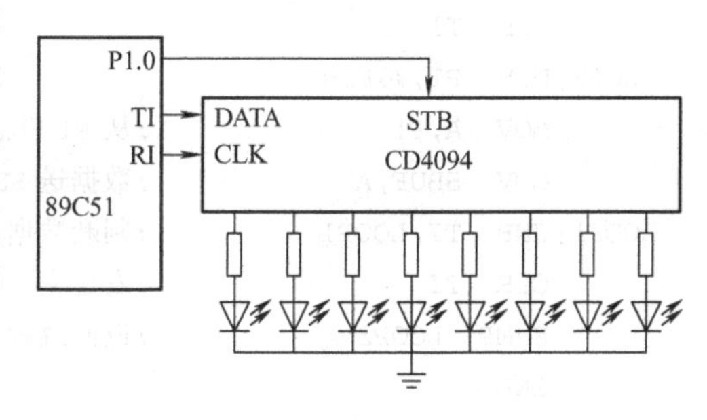

图11-14 单片机与CD4094连接电路

[**例11-3**] 如图11-14所示，设计汇编程序使**发光二极管呈流水灯状态**。

汇编程序如下：

```
        ORG  2000H
START:MOV  SCON,#00H        ;置串行口工作方式 0
        MOV  A,#80H         ;最高位灯先亮
        CLR  P1.0           ;关闭并行输出
        CLR  TI             ;清 TI 标志
OUT0: MOV  SBUF,A           ;开始串行输出
OUT1: JNB  TI,$             ;判断是否输出结束
```

```
        CLR  TI                 ;清 TI 标志
        SETB  P1.0              ;打开并行口输出
        ACALL  DELAY            ;延时
        RR  A                   ;循环右移
        CLR  P1.0               ;关闭并行输出
        JMP  OUT0               ;循环
```

11.3.2 串行口其他工作方式的应用

[例 11-4] 设计串行口发送程序，将 P1 口的状态通过串行口进行发送，串行口工作在方式 1，波特率为 2400bit/s。

编写发送程序的一般方法：先初始化串行口和 T1，然后将发送数据送入 SBUF，查询 TI 位，当 TI 为 1 后，复位 TI 并立即发送下一帧数据，直至数据发送完毕。

汇编程序如下：

```
        ORG  0000H
        LJMP  0100H
        ORG  0100H
START:MOV  TMOD,#20H            ;设定 T1 为方式 2
        MOV  TL1,#0F4H          ;送定时初值(fosc=11.059)
        MOV  TH1,#0F4H          ;波特率为 2400bit/s
        SETB  TR1               ;启动 T1
        MOV  SCON,#40H          ;设定串行口为方式 1
        MOV  PCON,#00H          ;PCON 中的 SMOD=0
        CLR  TI
LOOP2:MOV  P1,#0FFH
        MOV  A,P1               ;从 P1 口输入数据
        MOV  SBUF,A             ;数据送 SBUF 发送
LOOP1:JNB  TI,LOOP1             ;判断数据是否发送完毕
        CLR  TI                 ;发送完一帧后清标志
        SJMP  LOOP2             ;返回继续
        END
```

串行口的发送也可以采用中断的方式进行处理，在串行口发送完一帧后，自动触发串行口的中断程序进行处理，串行口中断程序中必须将 TI 标志清除，单片机才能响应下一次串行口中断。

[例 11-5] 用中断法编写出串行口方式 1 的发送程序。设单片机的主频为 6MHz，T1 用作波特率发生器，波特率为 2400bit/s，发送字符块在内部 RAM 的起始地址为 TBBLOCK 单元，字符块长度为 LEN。要求奇校验位在数据第 8 位发送，字符块长度 LEN 率先发送。

汇编程序如下：

```
        ORG  2100H
        TBLOCK  DATA 20H
```

```
        LEN   DATA 14H
START:
        MOV   TMOD,#20H          ;设置 T1 为方式 2
        MOV   TL1,#0F4H          ;波特率为 2400bit/s
        MOV   TH1,#0F4H          ;给 TL1 送重装初值
        MOV   PCON,#80H          ;令 SMOD 为 1
        SETB  TR1                ;启动 T1
        MOV   SCON,#40H          ;串行口为方式 1
        MOV   R0,#TBLOCK
        MOV   A,#LEN
        MOV   R2,A               ;字符块的长度送 R2
        MOV   SBUF,A             ;发送 LEN 字节
        SETB  EA                 ;开 CPU 中断
        SETB  ES                 ;开串行口中断
WAIT:   SJMP  WAIT
        ORG   0023H
        LJMP  TXSVE
        ORG   2150H
TXSVE:CLR   TI                   ;清 TI 标志
        MOV   A, @ R0            ;发送字符送 A
        MOV   C, PSW.0           ;奇偶校验位送 C
        CPL   C                  ;形成奇校验
        MOV   ACC.7,C            ;使 A 为奇数个 1
        MOV   SBUF,A             ;启动发送
        DJNZ  R2,NEXT            ;字符块未发送完,则 NEXT
        CLR   ES                 ;发送完,则关闭发送中断
NEXT:   INC   R0                 ;字符块指针加 1
        RETI
        END
```

编写串行口方式 1 的接收程序与发送程序类似：先初始化串行口和 T1，然后查询 RI 位，当 RI 为 1 后，复位 RI 并立即接收一帧数据，直至数据接收完毕。

[例 11－6] 设计串行口接收程序，将串行口收到的 8 位数据通过 P1 口的电平输出，串行口工作在方式 1，波特率为 2400bit/s。

汇编程序如下：

```
        ORG   0000H
        LJMP  0100H
        ORG   0100H
START:MOV   TMOD,#20H            ;选定 T1 为方式 2(自动重装)
        MOV   TL1,#0F4H          ;设定初值
        MOV   TH1,#0F4H          ;同上
        MOV   PCON,#00H          ;PCON 的 SMOD = 0
        SETB  TR1                ;启动 T1
```

```
        CLR   RI                  ;清接收标志
        MOV   SCON,#50H           ;设定串行口为方式1
LOOP1:  JNB   RI,LOOP1            ;判断是否接收到数据
        CLR   RI                  ;接收到数据后清接收标志
        MOV   A,SBUF              ;数据送累加器A
        MOV   P1,A                ;从P1口输出
        SJMP  LOOP1               ;继续
        END
```

11.4 MCS-51 单片机与 PC 间通信

很多情况下，个人计算机（PC）需要与单片机进行交互，实现数据传送和控制等功能，其中最常用的交互接口就是通过 RS-232 串行通信接口来实现数据的通信。本节介绍单片机与 PC 之间通过 RS-232 串行口完成通信的方法。

11.4.1 单片机与 PC 通信的接口电路

在设计硬件接口电路时，必须考虑以下几个问题：一是逻辑电平的匹配，二是驱动能力的匹配，三是元器件的选择以及其他电气特性。PC 的串行口通常采用 RS-232C 的信号电平。

RS-232C 标准规定采用负逻辑电平，如图 11-15 所示。信号源点的逻辑 0 电平范围为 +5 ~ +15V，逻辑 1 电平范围为 -5 ~ -15V；信号目的点的逻辑 0 电平范围为 +3 ~ +15V，逻辑 1 电平范围为 -3 ~ -15V，噪声容限为 2V。

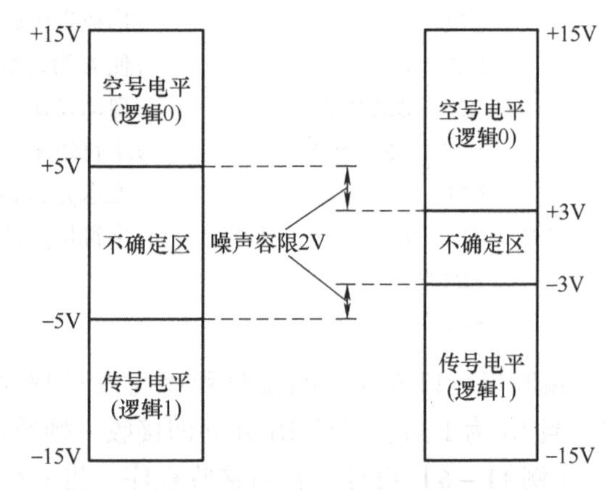

图 11-15 RS-232C 的信号电平

RS-232C 电平信号传送特性：

- RS-232C 的传送距离：最大距离 ≤15m。
- RS-232C 的传输速率：<20kbit/s。

由于 MCS-51 系列单片机的串行口不是标准 RS-232C 接口，采用的是正逻辑 TTL 电平，即逻辑 1 为 +2.4V，逻辑 0 为 +0.4V，所以使用 RS-232C 接口将 MCS-51 系列单片机与计算机或其他具有 RS-232C 接口的设备进行连接时，必须考虑电平转换问题。通常使用专用的电平转换芯片来进行电平转换。常用的 RS-232C 电平转换芯片有双电源的 MC1488 和 MC1489。MC1488 用于将输入的 TTL 电平转换为 RS-232C 电平，MC1489 用于将输入的 RS-232C 电平转换为 TTL 电平输出。它们的内部结构和引脚排列如图 11-16 所示，由 MC1488、MC1489 构成的电平转换电路如图 11-17 所示。

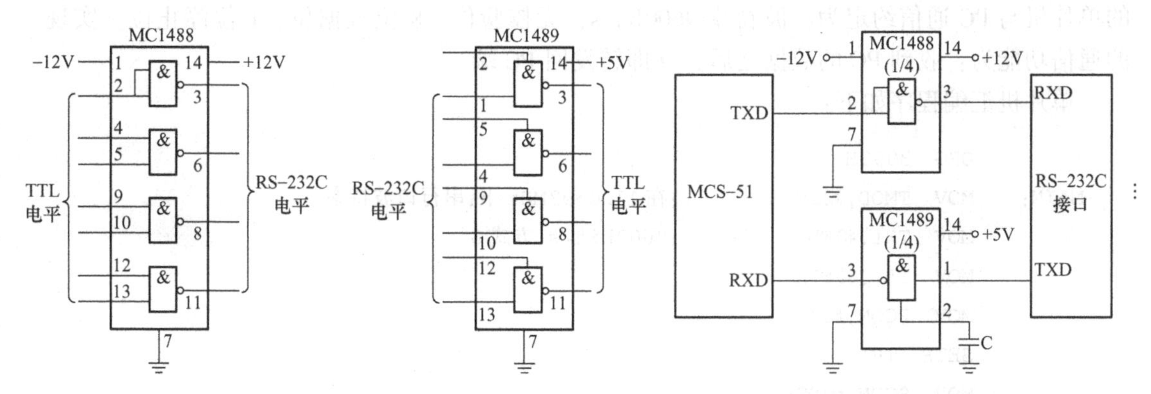

图11-16 MC1488、MC1489的内部结构和引脚排列

图11-17 MC1488、MC1489构成的电平转换电路

为了减少使用双电源的麻烦，通常也可以使用单电源供电的电平转换芯片，这种芯片体积更小，连接更简便，而且抗干扰能力更强，常见的有Maxim公司生产MAX232。它仅需要+5V电源，由内置的电子泵电压转换器将+5V转换成-10~+10V。该芯片与TTL/CMOS电平兼容，片内有两个发送器和两个接收器，使用比较方便。由它构成的电平转换电路如图11-18所示。

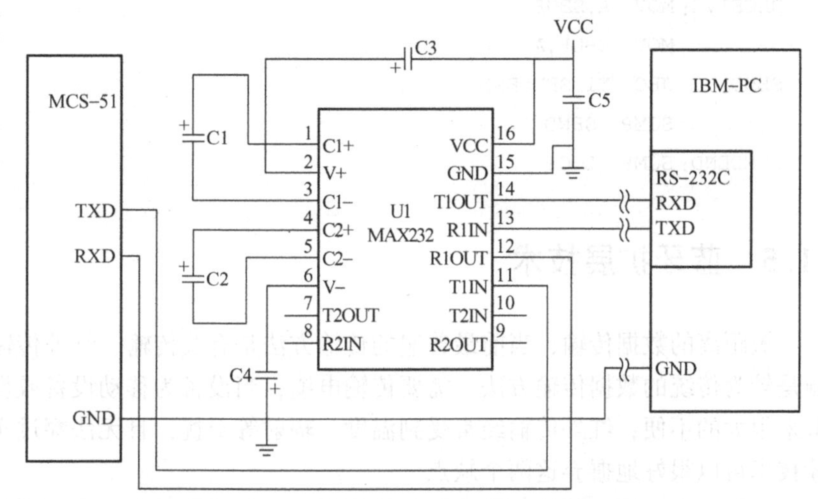

图11-18 由MAX232构成的电平转换电路

11.4.2 单片机与PC端通信程序设计

在使用单片机与PC进行通信时，通信双方必须预先制定通信协议，如数据传送格式、传输速率以及各自的工作方式。通常在PC端可以通过串行口收发软件来进行测试，如图11-19所示。单片机端只要按照约定的波特率、校验位、数据位和停止位进行接收和发送数据，就可以实现单片机与PC的串行通信。

图11-19 串行口调试助手简介

在单片机端，可以按照约定的通信规则进行数据的接收和发送。图11-19所示

的单片机与PC通信约定为：波特率9600bit/s，无校验位，8位数据位，1位停止位。实现的通信功能为：收到PC的数据之后，立即转发回PC端。

单片机汇编程序如下：

```
          ORG  3000H
MAIN:     MOV  TMOD,#20H        ;在11.0592MHz下,串行口波特率
          MOV  TH1,#0FDH        ;9600bit/s,方式3
          MOV  TL1,#0FDH
          MOV  PCON,#00H
          SETB  TR1
          MOV  SCON,#0D8H
LOOP:     JBC  RI,RECEIVE       ;接收到数据后立即发出去
          SJMP  LOOP
RECEIVE:  MOV  A,SBUF
          MOV  SBUF,A
SEND:     JBC  TI,SENDEND
          SJMP  SEND
SENDEND:  SJMP  LOOP
```

11.5 蓝牙扩展技术

短距离的数据传输，当前最普遍的传输方法是有线传输、红外传输和蓝牙传输。有线传输是较为传统的数据传输方法，需要传输电缆，当设备为移动设备或设备数目较多时，这将带来很大的不便；红外传输经常受到温度、辐射等干扰，且无法穿过实体进行传输；使用蓝牙技术可以很好地摒弃这两个缺点。

蓝牙技术是用于替代电缆或连线的短距离无线通信技术。它需要把数字信号转换成模拟信号以便在空间中传输，它采用的调制方式是高斯频移键控（GFSK）。

蓝牙设备采用GFSK调制技术，通信速率为1Mbit/s，实际有效速率最高可达721kbit/s，通信距离为10m，发射功率为1mW；当发射功率为100mW时，通信距离可达100m。

蓝牙是一种个人局域网无线技术，可以在短距离内实现设备的互相通信，目前已经广泛用于各种PC和消费电子产品，诸如手机、耳机、键盘鼠标、打印机等。

11.5.1 蓝牙技术概述

蓝牙技术规范就是蓝牙无线通信的协议标准，由蓝牙特别兴趣小组（SIC）制订。它规定了蓝牙应用产品应遵循的标准和需要达到的要求。蓝牙技术规范包括核心协议（cole）和应用框架（profile）两个文件。核心协议规范部分定义了蓝牙的各层通信协议，应用框架指出了如何采用这些协议实现具体的应用产品。这里重点研究蓝牙技术规范中的核心协议。协议部分分为四层：第一层为核心协议，包括Baseband、LMP、L2CAP、SDP；第二层为电缆替代协议：RFCOMM；第三层为电话传送控制协议层，包括TCS、Binary、AT指令集；最后

一层为可选协议，包括 PPP、UDP/TCP/IP、OBEX 等。除上述协议层外，规范还定义了主机控制器接口（HCI），它为基带控制器、连接管理器、硬件状态和控制寄存器提供指令接口。

蓝牙核心协议包括：

1）基带（Baseband）协议：基带和链路控制层确保网内各蓝牙设备单元之间由射频构成的物理连接。

2）连接管理协议（LMP）：负责蓝牙各设备间连接的建立。

3）逻辑链路控制和适配协议（L2CAP）：是一个为高层传输层和应用层协议屏蔽基带协议的适配协议。

4）服务发现协议（SDP）：在蓝牙技术框架中起到至关重要的作用，它是所有用户模式的基础。

11.5.2　蓝牙模块简介

1. HC－06 蓝牙模块简介

HC－06 是主从一体化的蓝牙串行口模块，主从可由指令切换。HC－06 控制方法包含 AT 指令模式和透传模式，当 HC－06 未和其他设备连接时，处于 AT 指令模式，可以用 AT 指令对 HC－06 进行设置；当 HC－06 蓝牙连接以后自动切换到透传模式，此时可用串行通信接口通过 HC－06 和连接的设备进行数据的收发。HC－06 引脚定义如表 11-4 所示。HC－06 基于蓝牙 V2.0 协议标准，可用于 GPS 导航系统、水电煤气抄表系统、工业现场采控系统，可以与蓝牙笔记本计算机、计算机加蓝牙适配器、PDA 等设备进行无缝连接。技术参数如下：

1）模块供电电压：3.3～3.6V。

2）默认参数：波特率为 9600bit/s、配对码为 1234、工作模式为从机。

3）核心模块尺寸大小：27mm×13 mm×2mm。

4）工作电流：不大于 50mA（以实测为准）。

5）通信距离：空旷条件下 10m，正常使用环境 8m 左右。

表 11-4　HC－06 引脚定义

引脚	定义	I/O 方向	说明
1	TXD	输出	UART 输出口，3.3V TTL 电平
2	RXD	输入	UART 输入口，3.3V TTL 电平
12	VCC		电源脚，要求直流 3.3V 电源，供电电流不小于 100mA
13	GND		模块公共地

2. HC－06 的 AT 指令使用

在未建立蓝牙连接时支持通过 AT 指令设置波特率、名称、配对密码，设置的参数可以掉电保存，HC－06 的 AT 指令如表 11-5 所示。蓝牙连接以后自动切换到透传模式。具体指令使用方法如下：

表 11-5 HC-06 蓝牙模块 AT 指令说明

指令	回应	说明
AT	OK	用于确认通信
AT+VERSION	OKlinvorV1.8	查看模块版本
AT+NAMEname	OKsetname	设定蓝牙名称
AT+PINxxxx	OKsetPIN	设定蓝牙配对密码（4 位数字）
AT+BAUD1	OK1200	设定波特率为 1200bit/s
AT+BAUD2	OK2400	设定波特率为 2400bit/s
AT+BAUD3	OK4800	设定波特率为 4800bit/s
AT+BAUD4	OK9600	设定波特率为 9600bit/s
AT+BAUD5	OK19200	设定波特率为 19200bit/s
AT+BAUD6	OK38400	设定波特率为 38400bit/s
AT+BAUD7	OK57600	设定波特率为 57600bit/s
AT+BAUD8	OK115200	设定波特率为 115200bit/s
AT+BAUD9	OK230400	设定波特率为 230400bit/s
AT+BAUDA	OK460800	设定波特率为 460800bit/s
AT+BAUDB	OK921600	设定波特率为 921600bit/s
AT+BAUDC	OK1382400	设定波特率为 1382400bit/s

（1）出厂默认参数　从机；波特率：9600bit/s；N，8，1；配对密码：1234。

（2）AT 指令集使用方法

1）测试通信。

发送：AT（1s 左右发一次）

返回：OK

2）修改蓝牙串行口通信波特率。

发送：AT+BAUD1

返回：OK1200

发送：AT+BAUD2

返回：OK2400

1——1200：设定波特率为 1200bit/s。

2——2400：设定波特率为 2400bit/s。

3——4800：设定波特率为 4800bit/s。

4——9600：设定波特率为 9600bit/s。

5——19200：设定波特率为 19200bit/s。

6——38400：设定波特率为 38400bit/s。

7——57600：设定波特率为 57600bit/s。

8——115200：设定波特率为 115200bit/s。

9——230400：设定波特率为 230400bit/s。

A——460800：设定波特率为 460800bit/s。

B——921600：设定波特率为 921600bit/s。

C——1382400：设定波特率为 1382400bit/s。

通常设置超过 115200bit/s 的波特率，信号的干扰会使系统不稳定。用 AT 指令设好波特率后，下次上电使用不需再设置，可以掉电保存波特率。

3）修改蓝牙名称。

发送：AT＋NAMEname

返回：OKname

参数 name 为所要设置的当前名称，即蓝牙被搜索到的名称，在 20 个字符以内。例如

发送：AT＋NAMEbill_ gates

返回：OKbill-gates

这时蓝牙名称改为 bill_ gates。

4）修改蓝牙配对密码。

发送：AT＋PIN××××

返回：OKsetPIN

参数××××为所要设置的配对密码。例如

发送：AT＋PIN8888

返回：OKsetPIN

这时蓝牙配对密码改为 8888（模块在出厂时的默认配对密码是 1234）。参数可以掉电保存，只需修改一次。

11.5.3　蓝牙模块与单片机的接口及应用

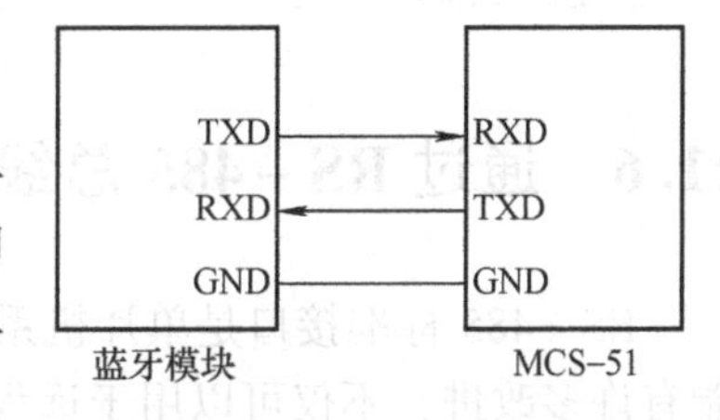

图 11-20　蓝牙模块与单片机的接口

单片机和蓝牙模块的连接示例如图 11-20 所示，且单片机的 P2.0、P2.1、P2.3 分别接指示灯 LED1、LED2 和 LED3。假设 HC－06 已和设备连接成功，设计程序，当单片机收到数字 1 时，仅 LED1 亮；当单片机收到数字 2 时，仅 LED2 亮；当单片机收到数字 3 时，仅 LED3 亮；当单片机收到其他数据时，LED1、LED2 和 LED3 都灭。

```
        ORG  3000H
MAIN:                       ;串行口初始化
                            ;10 位 UART(1 位起始位,8 位数据位,1 位停止位,无奇偶校验位)
        MOV  ES,#0H         ;关中断
        MOV  SCON,#50H      ;REN =1 允许串行接受状态,串行口工作于方式 1
        MOV  TL1,#0FDH      ;波特率为 9600bit/s(采用晶振频率为 11.0592MHz)
        MOV  TH1,#0FDH
        MOV  TMOD,#20H
                            ;T1 工作于方式 2,8 位自动重载模式,用于产生波特率
        ANL  PMOD,#7FH      ;波特率不倍增
        SETB  TR1           ;T1 开始工作,产生波特率
        CLR  TI
LOOP:
```

```
        CLR  RI
        JNR  RI,$             ;判断是否收到蓝牙数据
        MOV  A,SBUF
S1:     CJNE  A,#01H,S2       ;判断数据是否为1
        SETB  P2.0            ;设置 LED1 亮
        CLR  P2.1             ;设置 LED2 灭
        CLR  P2.2             ;设置 LED3 灭
        SJMP  DONE
S2:     CJNE  A,#02H,S3       ;判断数据是否为2
        CLR  P2.0             ;设置 LED1 灭
        SETB  P2.1            ;设置 LED2 亮
        CLR  P2.2             ;设置 LED3 灭
        SJMP  DONE
S3:     CJNE  A,#03H,SO       ;判断数据是否为3
        CLR  P2.0             ;设置 LED1 灭
        CLR  P2.1             ;设置 LED2 灭
        SETB  P2.2            ;设置 LED3 亮
        SJMP  DONE
SO:     CLR  P2.0             ;设置 LED1 灭
        CLR  P2.1             ;设置 LED2 灭
        CLR  P2.2             ;设置 LED3 灭
DONE: SJMP  LOOP              ;返回下一次数据读取
```

11.6 通过 RS-485 总线实现单片机的多机通信

RS-485 标准接口是单片机系统中常用的一种串行总线之一。与 RS-232C 比较，其性能有许多改进，不仅可以用于远程单片机串行通信系统设计，而且可以实现多机通信。

11.6.1 RS-485 通信接口介绍

MCS-51 单片机的串行口通信，只能通过外部引脚 TXD 与 RXD 来实现与外部的数据交换。但如果要实现单片机之间的远程通信，直接连接它们的 TXD 与 RXD 引脚是不可行的。因为首先 TTL 通信容易受噪声干扰；其次线路过长本身也会有压降；再次信号线与地线之间形成一个电容器，而电容器两端电压不能突变，容易导致 TTL 电平变形，进而导致传输错误。

因此要实现远程传输，通常可以采用一种差分传输接口标准 RS-485，它具备以下特点。

1）可以抑制共模干扰。差分传输的最大的优势是可以抑制共模干扰，尤其工业现场的环境比较复杂，干扰比较多。所以通信如果采用的是差分方式，就可以有效地抑制共模干扰。而 RS-485 就是一种典型的差分通信方式，它的通信线路是两根，通常用 A 和 B 或者 D+和 D-来表示。逻辑 1 以两线之间的电压差为 +(0.2~6)V 表示，逻辑 0 以两线间的电压差为 -(0.2~6)V 来表示。

2）RS－485 通信速度快，最大传输速率在 10Mbit/s 以上。

3）RS－485 内部的物理结构采用的是平衡驱动器和差分接收器的组合，抗干扰能力也大大增加。

4）传输距离最远可以达到 1200m 左右，但是它的传输速率和传输距离是成反比的，只有在 100Kbit/s 以下的传输速率，才能达到最大的通信距离，如果需要传输更远距离可以使用中继器。

5）可以在总线上进行联网实现多机通信，总线上允许挂多个收发器，从现有的 RS－485 芯片来看，可以挂 32、64、128、256 等设备的驱动器。

RS－485 的接口非常简单，和 RS－232 所使用的 MAX232 是类似的，只需要一个 RS－485 转换器，就可以直接和单片机的 UART 串行接口连接起来，并且使用的是和 UART 完全一致的异步串行通信协议。但是由于 RS－485 是差分通信，因此接收数据和发送数据是不能同时进行的，也就是说它是一种半双工通信。通常还有另外一种全双工的差分通信方式，称为 RS－422，也可以实现多机通信，不过传输时需要 4 条线，一定程度上增加了工业现场的施工难度和成本。以下为 RS－232C、RS－422A 和 RS－485 三种接口的说明和对比。

（1）RS－232C 接口

采用 RS－232C 接口存在的问题：

1）传输距离短，传输速率低。RS－232C 总线标准受电容允许值的约束，使用时传输距离一般不要超过 15m（线路条件好时也不要超过几十米）。最高传输速率为 20kbit/s。

2）有电平偏移。RS－232C 总线标准要求收发双方共地。通信距离较大时，收发双方的地电位差别较大，在信号地上将有比较大的地电流并产生压降。

3）抗干扰能力差。RS－232C 在电平转换时采用单端输入输出，在传输过程中干扰和噪声混在正常的信号中。为了提高信噪比，RS－232C 总线标准不得不采用比较大的电压振幅。

（2）RS－422A 接口　RS－422A 输出驱动器为双端平衡驱动器。如果其中一条线为逻辑 1 状态，另一条线就为逻辑 0 状态，比采用单端不平衡驱动对电压的放大倍数大一倍。RS－422A 接口结构如图 11-21 所示。

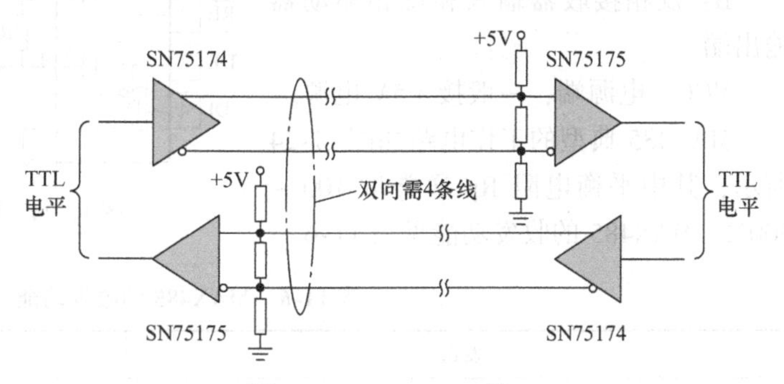

图 11-21　RS－422A 接口

差分电路能从地线干扰中提取有效信号，差分接收器可以分辨 200mV 以上电位差。若传输过程中混入了干扰和噪声，由于差分放大器的作用，可使干扰和噪声相互抵消，因此可以避免或大大减弱地线干扰和电磁干扰的影响。RS－422A 的传输速率为 90kbit/s 时，传输距离可达 1200m。

（3）RS－485 接口　RS－485 的信号传输采用两线间的电压来表示逻辑 1 和逻辑 0。由于发送方需要两根传输线，接收方也需要两根传输线。传输线采用差动信道，所以它的干扰抑制性极好，又因为它的阻抗低，无接地问题，所以传输距离可达 1200m，传输速率可达

1Mbit/s。RS－485 接口结构如图 11-22 所示。

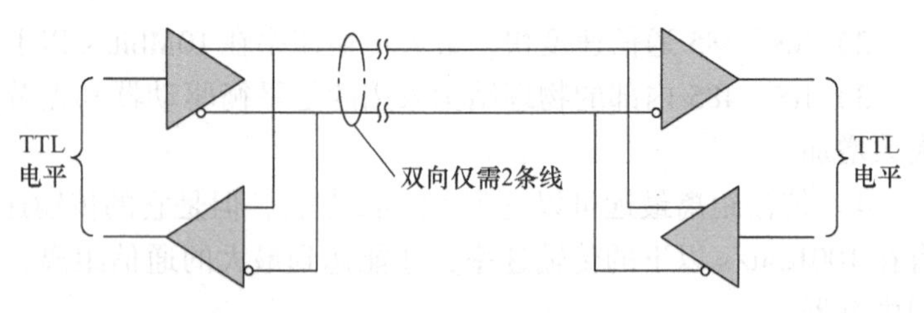

图 11-22　RS－485 接口

RS－485 是 RS－422A 的变形：RS－422A 用于全双工，而 RS－485 用于半双工。RS－485 是一种多发送器标准，在通信线路上最多可以使用 32 对差分驱动器/接收器。如果在一个网络中连接的设备超过 32 个，还可以使用中继器。

11.6.2　单片机主从式多机通信设计实例

1. 单片机扩展 485 接口电路

下面以 MAX485 为例来介绍 RS－485 串行接口的应用。MAX485 的封装有 DIP、SO 和 uMAX 三种，其中 DIP 封装的引脚如图 11-23 所示。

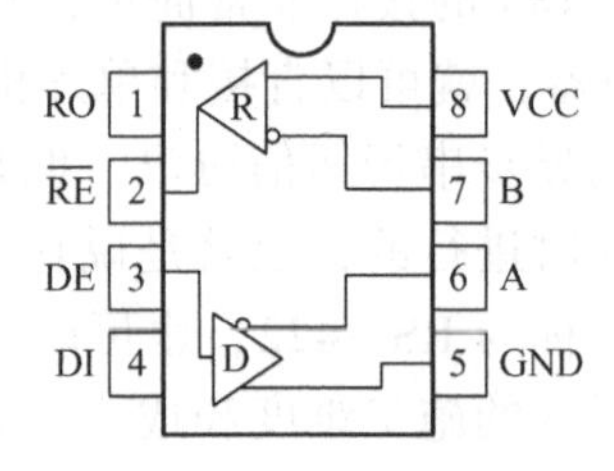

图 11-23　MAX485 芯片的 DIP 封装引脚图

引脚的功能如下：

RO：接收器输出端。若 A 比 B 大 200mV，则 RO 为高电平；反之为低电平。

$\overline{RE}$：接收器输出使能端。$\overline{RE}$为低电平时，RO 有效；$\overline{RE}$为高电平时，RO 呈高阻状态。

DE：驱动器输出使能端。若 DE＝1，驱动器输出 A 和 B 有效；若 DE＝0，则它们呈高阻态。若驱动器输出有效，器件作为驱动器用，反之作为接收器用。

DI：驱动器输入端。当 DI＝0 时，有 A＝0，B＝1；当 DI＝1 时，则 A＝1，B＝0。

GND：接地端。

A：同相接收器输入和同相驱动器输出端。

B：反相接收器输入和反相驱动器输出端。

VCC：电源端，一般接＋5V 电源。

MAX485 典型的工作电路如图 11-24 所示，其中平衡电阻 Rp 通常取 100～300Ω。MAX485 的收发功能见表 11-6。

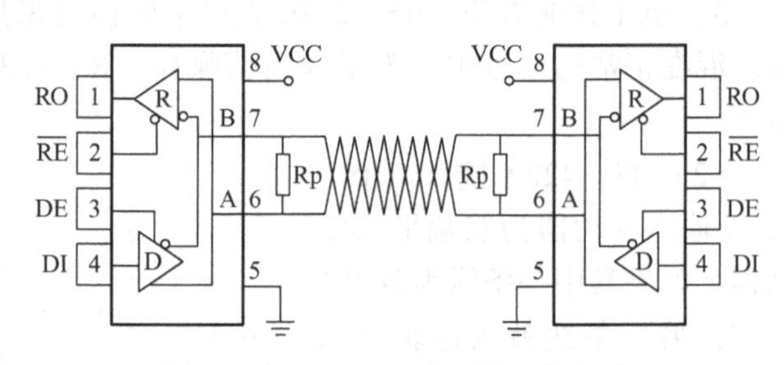

图 11-24　MAX485 典型的工作电路

表 11-6　MAX485 的收发功能

发送					接收			
输入			输出		输入			输出
$\overline{RE}$	DE	DI	A	B	$\overline{RE}$	DE	A－B	RO
X	1	1	1	0	0	0	＞＋0.2V	1
X	1	0	0	1	0	0	＜＋0.2V	0
0	0	X	Z	Z	0	0	输入开路	1
1	0	X	Z	Z	1	0	X	Z

注：X 表示高阻态，Z 表示输入不起作用或无效。

MCS－51 单片机与 MAX485 的接口电路如图 11-25 所示。P1.7 用来控制 MAX485 的接收或发送，其余的操作和单片机的串行口一样。

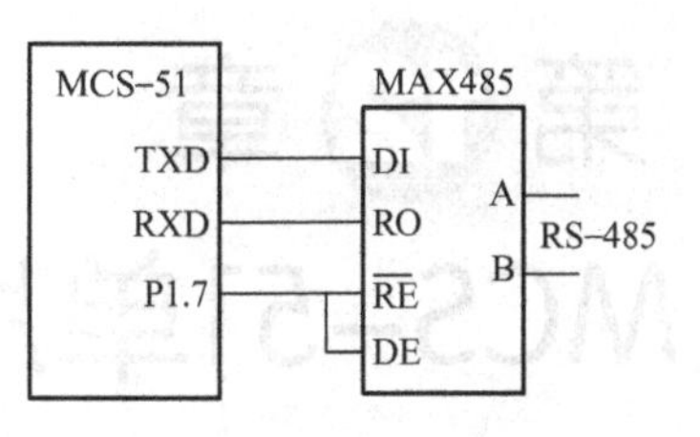

图 11-25　MCS－51 单片机与 MAX485 的接口电路

2. 主从式多机通信设计

由单片机构成的多机通信系统中，一般采用主从式结构。从机不主动发送指令或数据，一切都由主机控制，并且在一个多机通信系统中，只有一台单片机作为主机，各台从机不能相互通信，即使有信息交换也必须通过主机进行转发。采用 RS－485 构成的多机通信系统原理框图如图 11-26 所示，通常需要 RS－485 总线末端接一个匹配电阻，以吸收总线上的反射信号，保证正常传输信号干净和无毛刺。匹配电阻的取值应该与总线的特性阻抗相当。

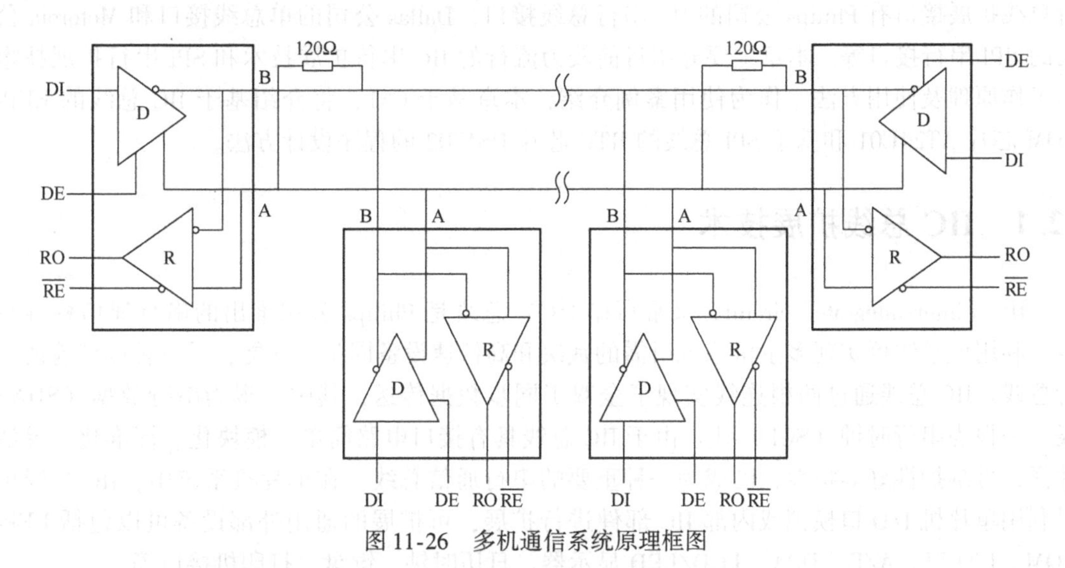

图 11-26　多机通信系统原理框图

思考题与习题

1. 单片机的串行口有哪几种工作方式？在初始化程序中，如何用软件填写特殊功能寄存器 SCON 加以选择？

2. 已知 T1 设置为方式 2，用作波特率发生器，系统时钟频率为 6MHz，求可能产生的最高和最低的波特率是多少？

3. MCS－51 单片机的系统时钟频率采用 6MHz，请编写串行通信的数据发送程序，发送片内 RAM 地址 50H～5FH 的 16B 数据，串行口设置为方式 1。

4. 单片机的双机通信系统波特率为 9600bit/s，MCS－51 单片机的系统时钟频率为 6MHz，用中断方式编写程序，将甲机片外 RAM 3400H～34A0H 的数据块通过串行口传送到乙机的片外 RAM 4400H～44A0H 单元中去。

5. 设计汇编代码实现以下功能：用 ADC0809 以 100Hz 的频率采集 1 个通道模拟信号，并将获得的数字量通过串行口发送到计算机，串行口工作在方式 1，波特率为 4800bit/s，单片机的工作频率为 11.0592MHz。

6. MCS－51 单片机的系统时钟频率为 11.0592MHz，设置串行口工作在方式 1，波特率为 4800bit/s，串行口的数据是两个字节一组进行接收和发送的，收到数据包含起始字节 E2H 和 DA 数值，则将 DA 数值通过 DAC0832 输出，并返回 E2H 和 55H。

7. 简述 485 总线的作用及硬件设计方案。

第12章 MCS-51单片机的串行扩展技术

单片机的并行总线扩展（利用三总线 AB、DB 和 CB 进行系统扩展）已不再是单片机系统唯一的扩展结构，除并行总线扩展技术外，近年来又出现了串行总线扩展技术。常见的串行总线扩展接口有 Philips 公司的 IIC 串行总线接口，Dallas 公司的单总线接口和 Motorola 公司的 SPI 串行接口等。本章主要介绍目前较为流行的 IIC 串行扩展技术和 SPI 串行扩展技术的工作原理及使用方法。作为使用案例介绍，本章基于 C51，将介绍基于 IIC 总线的 EEPROM 芯片 AT24C01 和基于 SPI 总线的 RTC 芯片 DS1302 的程序设计方法。

12.1 IIC 总线扩展技术

IIC（inter-integrated circuit，又常写作 I^2C）总线是 Philips 公司推出的串行通信标准总线，利用该总线可实现多主机系统所需的裁决和高低速设备同步等功能，是一种高性能的串行总线。IIC 总线通过两根连线实现了全双工同步数据传送，其中一根为串行数据（SDA）线，一根为串行时钟（SCL）线。由于 IIC 总线具有接口电路简单、模块化、标准化、灵活性强、可维护性好等特性，已成为一种重要的串行通信总线。在单片机系统中，IIC 总线可以利用单片机 I/O 口模拟或内部 IIC 部件进行扩展，可扩展的通用外部设备可以包括 EEPROM、I/O 口、A/D、D/A、LCD/LED 显示器、日历时钟、键盘、打印机接口等。

12.1.1 IIC 总线物理层

IIC 通信设备常用的连接方式如图 12-1 所示。

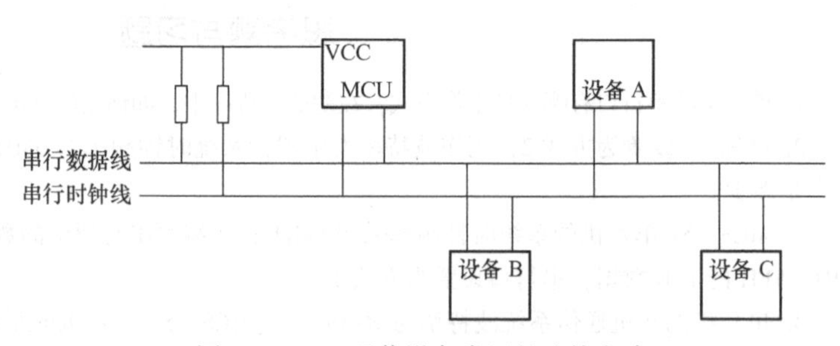

图 12-1 IIC 通信设备常用的连接方式

它的物理层有如下特性：

1）它是一个支持多设备的总线。总线指多个设备共用的信号线。在一个 IIC 通信总线中，可连接多个 IIC 通信设备，支持多个通信主机及从机。

2）一个 IIC 总线只使用两条总线线路，一条双向串行数据线，一条串行时钟线。数据线用来在主机和从机之间交互数据，时钟线用于数据收发同步。

3）为了避免总线信号的混乱，要求各设备连接到总线的输出端必须是漏极开路输出或集电极开路输出。总线通过上拉电阻接到电源。总线空闲时，因各设备都是开漏输出，上拉电阻使 SDA 线和 SCL 线都保持高电平。任一设备输出的低电平都将使相应的总线信号线变低，也就是说：各设备的SDA是“与”关系，SCL也是“与”关系。

4）IIC总线技术采用器件地址的硬件设置方法，通过软件寻址完全避免了器件片选线寻址的方法，从而使得硬件系统具有最简单而灵活的扩展方法。每个连接到总线的设备都有一个独立的地址，主机可以利用这个地址进行不同设备之间的访问。

5）多个主机同时使用总线时，为了防止数据冲突，会利用仲裁方式决定由哪个设备占用总线。

6）具有三种传输模式：标准模式传输速率为100kbit/s，快速模式为400kbit/s，高速模式下可达3.4Mbit/s。实际电路中的具体工作模式主要取决于系统中IIC器件接口的电气特性。

7）总线上允许连接的设备数以其电容不超过400pF为限。

12.1.2 IIC总线协议层

IIC的协议定义了通信的起始和停止信号、数据有效性、响应、仲裁、时钟同步和地址广播等环节。

（1）数据有效性规定

IIC总线进行数据传送时，时钟信号为高电平期间，数据线上的数据必须保持稳定。只有在时钟线上的信号为低电平期间，数据线上的高电平或低电平状态才允许变化，如图12-2所示。

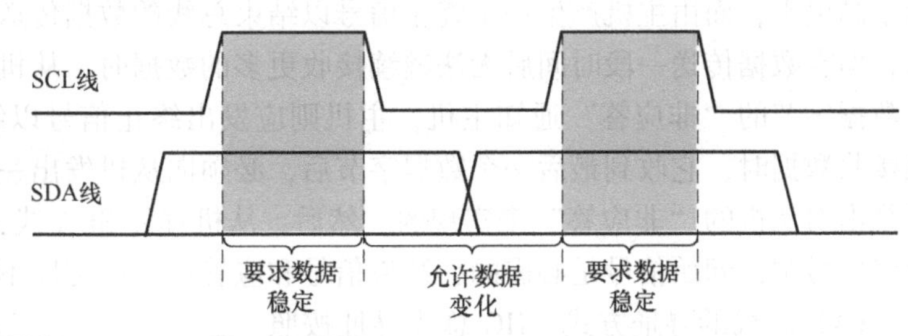

图12-2 IIC总线数据有效性规定时序图

每次数据传送都以字节为单位，每次传送的字节数不受限制。

（2）起始和停止信号

SCL线为高电平期间，SDA线由高电平向低电平的变化表示起始信号；SCL线为高电平期间，SDA线由低电平向高电平的变化表示终止信号，如图12-3所示。

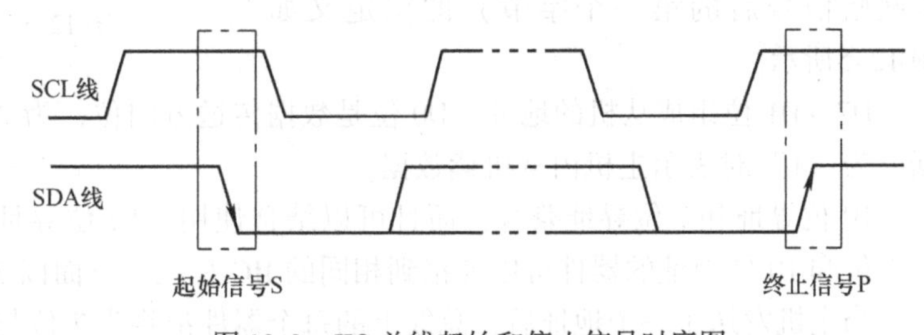

图12-3 IIC总线起始和停止信号时序图

起始和终止信号都是由主机发出的，在起始信号产生后，总线就处于被占用的状态；在终止信号产生后，总线就处于空闲状态。

（3）应答响应　每当发送器件传送完一个字节的数据后，后面必须紧跟一个校验位，这个校验位是接收端通过控制SDA线来实现的，以提醒发送端，接收端已经接收完成，数据传送可以继续进行。这个校验位其实就是数据或地址传送过程中的响应。响应包括“应答（ACK）”和“非应答（NACK）”两种信号。作为数据接收端时，当设备（无论主从机）接收到IIC总线传送的一个字节数据或地址后，若希望对方继续发送数据，则需要向对方发送“应答（ACK）”信号，即特定的低电平脉冲，发送方会继续发送下一个数据；若接收端希望结束数据传送，则向对方发送“非应答（NACK）”信号，即特定的高电平脉冲，发送方接收到该信号后会产生一个停止信号，结束信号传送。应答响应时序图如图 12-4 所示。

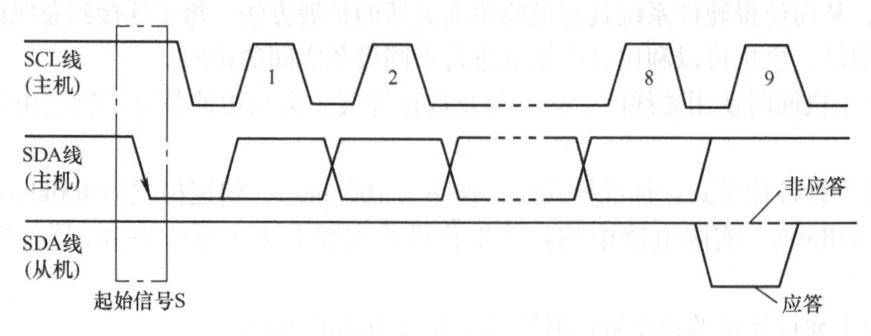

图 12-4　应答响应时序图

每一个字节必须保证是 8 位长度。数据传送时，先传送最高位（MSB），每一个被传送的字节后面都必须跟随一位应答位（即一帧共有 9 位）。由于某种原因从机不对主机寻址信号应答时（如从机正在进行实时性的处理工作而无法接收总线上的数据），它必须将数据线置于高电平，而由主机产生一个终止信号以结束总线的数据传送。如果从机对主机进行了应答，但在数据传送一段时间后无法继续接收更多的数据时，从机可以通过对无法接收的第一个数据字节的“非应答”通知主机，主机则应发出终止信号以结束数据的继续传送。当主机接收数据时，它收到最后一个数据字节后，必须向从机发出一个结束传送的信号。这个信号是由对从机的“非应答”来实现的。然后，从机释放 SDA 线，以允许主机产生终止信号。这些信号中，起始信号是必需的，结束信号和应答信号都可以不要。

（4）总线的寻址方式　IIC 总线寻址按照从机地址位数可分为两种，一种是 7 位，另一种是 10 位。采用 7 位的寻址字节（寻址字节是起始信号后的第一个字节）的位定义如图 12-5所示。

位	D7	D6	D5	D4	D3	D2	D1	D0
	从机地址							$R/\overline{W}$

图 12-5　7 位寻址字节位定义

D7 ~ D1 位组成从机的地址。D0 位是数据传送方向位，为“0”时表示主机向从机写数据，为“1”时表示主机由从机读数据。

10 位寻址和 7 位寻址兼容，而且可以结合使用。10 位寻址不会影响已有的 7 位寻址，有 7 位和 10 位地址的器件可以连接到相同的 IIC 总线。下面以 7 位寻址为例进行介绍。

当主机发送了一个地址后，总线上的每个器件都将头 7 位与它自己的地址比较，如果一样，器件会判定它被主机寻址，其他地址不同的器件将会忽略后面的数据信号。至于是从机接收器还是从机发送器，都由 $R/\overline{W}$ 位决定的。从机的地址由固定部分和可编程部分组成。在一个系统中可能希望接入多个相同的从机，从机地址中可编程部分决定了可接入总线该类器件的最大数目。例如一个从机的 7 位寻址位有 4 位是固定位，3 位是可编程位，这时能寻址 8 个同样的器件，即可以有 8 个同样的器件接入到该 IIC 总线系统中。

（5）数据传送　IIC 总线上传送的数据信号是广义的，既包括地址信号，又包括真正的数据信号。在起始信号后必须传送一个从机的地址（7 位），第 8 位是数据的传送方向位（$R/\overline{W}$），用“0”表示主机发送（写）数据（$\overline{W}$），“1”表示主机接收数据（R）。每次数据传送总是由主机产生的终止信号结束。但是，若主机希望继续占用总线进行新的数据传送，则可以不产生终止信号，马上再次发出起始信号对另一从机进行寻址。

在总线的一次数据传送过程中，可以有以下几种组合方式：

1）主机向从机发送数据，数据传送方向在整个传送过程中不变。

S	从机地址	0	A	数据	A	数据	A/$\overline{A}$	P

注意：灰底部分表示数据由主机向从机传送，无灰底部分则表示数据由从机向主机传送。A 表示应答，$\overline{A}$ 表示非应答（高电平）。S 表示起始信号，P 表示终止信号。

2）主机在第一个字节后，立即从从机读数据。

S	从机地址	1	A	数据	A	数据	$\overline{A}$	P

3）在传送过程中，当需要改变传送方向时，起始信号和从机地址都被重复产生一次，但两次读/写方向位正好相反。

S	从机地址	0	A	数据	A/$\overline{A}$	S	从机地址	1	A	数据	$\overline{A}$	P

12.1.3　基于 IIC 总线的 EEPROM 扩展

使用单片机来扩展外部的 IIC 设备，通常是由一主多从的方式来实现的。在 IIC 总线系统中，总线上只有一个主器件，其余都是带有 IIC 总线的外部器件。由于总线上只有一个主器件成为主节点，该主器件永远占据总线，不会出现总线竞争，主节点也不必有自己的节点地址。如果单片机内部没有 IIC 总线接口的部件，可以使用单片机的两根 I/O 口线来模拟 IIC 总线接口，只要时序满足 IIC 总线的要求，就可以控制 IIC 总线外扩设备。

在单片机的应用中，保存在 RAM 中的数据，掉电后就丢失了，保存在 ROM 中的数据，通常又不能随意改变。但是在很多应用中，通常需要记录应用程序的各种数据和参数，通常还需要不时改变或更新，且要求掉电之后数据还不能丢失，比如家用电表度数、电视机里边的频道记忆和各种启动参数等，通常需要使用 EEPROM 来保存数据，特点就是掉电后不丢失。

1. IIC 总线的 EEPROM 芯片 AT24C02 简介

AT24C01/02/04/08/16 是一个 1K/2K/4K/8K/16K 位串行 CMOS 芯片，内部含有 128/256/512/1024/2048 个 8 位字节，AT24C01 有一个 8 字节页写缓冲器，AT24C02/04/08/16 有一个 16 字节页写缓冲器。该器件通过 IIC 总线接口进行操作，它有一个专门的写保护功能。

本节所介绍的 AT24C02 是一个 2K 位串行 EEPROM，内部含有 256 个 8 位字节。AT24C02 有一个 16 字节页写缓冲器。AT24C02 引脚如图 12-6所示，引脚说明见表 12-1。

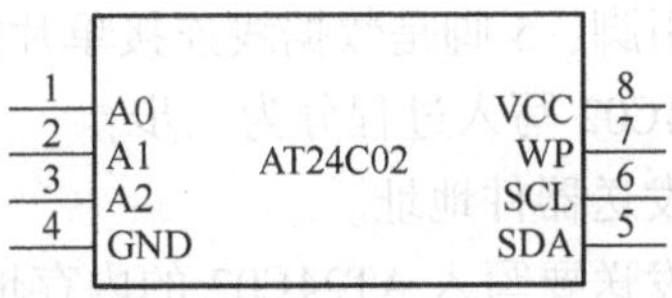

引脚	名称	AT24C02	名称	引脚
1	A0		VCC	8
2	A1		WP	7
3	A2		SCL	6
4	GND		SDA	5

图 12-6　IIC 总线的 EEPROM AT24C02 引脚图

表 12-1 AT24C02 引脚说明

引脚名称	功能
A0、A1、A2	器件地址选择
SDA	串行数据/地址
SCL	串行时钟
WP	写保护
VCC	接+(1.8~6.0)V 工作电压
GND	接地

SCL：AT24C02 串行时钟输入引脚，用于产生器件所有数据发送或接收的时钟。

SDA：AT24C02 双向串行数据/地址引脚，用于器件所有数据的发送或接收。

A0、A1、A2：器件地址选择这些输入引脚用于多个器件级联时设置器件地址，当这些引脚悬空时默认值为 0。使用 AT24C02 时最大可级联 8 个器件。如果只有一个 AT24C02 被总线寻址，这三个地址输入引脚（A0、A1、A2）可悬空或连接到 GND。

WP：写保护，如果 WP 引脚连接到 VCC，所有的内容都被写保护，即只能读。当 WP 引脚连接到 GND 或悬空时，允许器件进行正常的读/写操作。

AT24C02 的存储容量为 2KB，内容分成 32 页，每页 8B，共 256B。操作时有两种寻址方式：芯片寻址和片内子地址寻址。

（1）芯片寻址　AT24C02 的芯片地址为 1010，其地址控制字格式为 1010A2A1A0R/$\overline{W}$。其中 A2、A1、A0 为可编程地址选择位。A2、A1、A0 引脚接高、低电平后得到确定的三位编码，与 1010 形成 7 位编码，即为该器件的地址码。R/$\overline{W}$ 为芯片读写控制位，该位为 0，表示芯片进行写操作。

1	0	1	0	A2	A1	A0	R/$\overline{W}$

本节所介绍案例已经将芯片的 A0、A1、A3 连接到 GND，所以器件地址为 1010000，即 0x50（未计算最低位）。如果要对芯片进行写操作时，R/$\overline{W}$=0，写器件地址即为 0xA0；如果要对芯片进行读操作时，R/$\overline{W}$=1，此时读器件地址为 0xA1。同时将 WP 引脚直接接在 GND 上，此时芯片允许数据正常读写。

（2）片内子地址寻址　芯片寻址可对内部 256B 中的任意一个进行读/写操作，其寻址范围为 00~FF，共 256 个寻址单位。

2. 单片机外扩 AT24C02 设计实例

图 12-7 所示为 AT24C02 的硬件连接方法，1~4 脚接地线，7 脚 WP 低电平有效，6 脚是时钟线连接单片机的 P2.1 引脚，5 脚是数据线连接单片机的 P2.0 引脚。

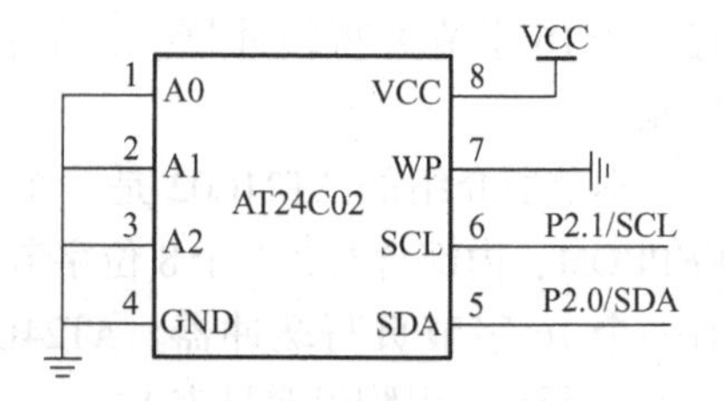

图 12-7 AT24C02 电路连接图

AT24C02 写入过程分为三步：

1）发送器件地址。

2）发送要写入 AT24C02 的内存地址。

3）发送要写入的数据。

发送器件地址的格式：1010A2A1A0$R/\overline{W}$。其中，高 4 位 1010 是 AT24CXX 系列的固定器件地址；接下来的 A2、A1、A0 是根据器件连接来决定的，本例的原理图中 A2、A1、A0 都接地，所以 A2A1A0 是 000；$R/\overline{W}$ 是选择读还是写，1 的时候是读，0 的时候是写，所以写入的地址为 0xA0。

AT24C02 读出过程：

1）发送写入的器件地址（0xA0）。

2）发送要读的 AT24C02 的内存地址。

3）发送读出的器件地址（0xA1）。

4）读取数据。

当读取的时候，地址的最后一位 $R/\overline{W}$ 位是选择读，也就是该位为 1，所以读取的地址是 0xA1。

本例程序的参考代码为 C51 代码，包含两个源代码文件：头文件 IIC. H 和 C 语言文件 IIC. C，并设计了六个函数接口：

1）IIC 总线的起始信号。

2）IIC 总线的结束信号。

3）IIC 总线发送数据。

4）IIC 总线接收数据。

5）AT24C02 写数据。

6）AT24C02 读数据。

控制 AT24C02 进行读写，只需调用最后两个函数即可。其中头文件源代码如下：

```
/* ---IIC.H AT24C02 文件---*/

#ifndef __IIC_H
#define __IIC_H
#include <reg51.h>
#include "iic.h"

sbit SCL = P2^1;   /* 时钟线*/
sbit SDA = P2^0;   /* 地址线*/

/*
 * 函数: void At24c02Write(unsigned char addr,unsigned char dat);
 * 函数功能:AT24C02 写数据
 * 使用方法:往里写 AT24C02 数据,传入地址和数据即可
 */

void At24c02Write(unsigned char addr,unsigned char dat);
```

```
/*
 * 函数: unsigned char At24c02Read(unsigned char addr);
 * 函数功能:AT24C02 读数据
 * 使用方法:读 AT24C02 数据,传入地址即可
 */

unsigned char At24c02Read(unsigned char addr);


/*
 * 函数: void IIC_Start_signal(void);
 * 函数功能:IIC 总线的起始信号
 */

void IIC_Start_signal(void);

/*
 * 函数: void IIC_Stop_signal(void);
 * 函数功能:IIC 总线的结束信号
 */

void IIC_Stop_signal(void);

/*
 * 函数: unsigned char IIC_SendByte(unsigned char dat, unsigned char ack);
 * 函数功能:IIC 总线的写数据
 */

unsigned char IIC_SendByte(unsigned char dat, unsigned char ack);

/*
 * 函数: unsigned char IICReadByte();
 * 函数功能:IIC 总线的读数据
 */
unsigned char IICReadByte();

/*
 * 函数: void Delay10us();
 * 函数功能:10us 延时
 */

void Delay10us();

#endif
```

IIC.C 文件源代码如下，包含头文件的六个函数声明的实现。

```
/*** IIC.C *** /
#include "iic.h"

/*******************************************************************************
 * 函数名:Start_signal(void)
 * 函数功能:IIC 总线起始信号
 * 输入:无
 * 输出:无
*******************************************************************************/

void IIC_Start_signal(void)
{
 SDA =1;
 Delay10us();
 SCL =1;
Delay10us();
 SDA =0;
 Delay10us();
 SCL =0;
 Delay10us();
}

/*******************************************************************************
 * 函数名:IIC_Stop_signal(void)
 * 函数功能:IIC 总线终止信号
 * 输入:无
 * 输出:无
*******************************************************************************/

void IIC_Stop_signal(void)
{
 SDA =0;
 Delay10us();
 SCL =1;
 Delay10us();
 Delay10us();
 SDA =1;
 Delay10us();
}
```

```
/****************************************************************************
 * 函数名:IIC_SendByte(unsigned char dat, unsigned char ack)
 * 函数功能:IIC 总线发送数据
 * 输入:dat,一个字节的数据
 * 输出:发送成功返回 1,发送失败返回 0
 * 备注:发送完一个字节 IIC_SCL=0, 需要应答则应答设置为 1,否则为 0
****************************************************************************/

unsigned char IIC_SendByte(unsigned char dat, unsigned char ack)
{
  unsigned char a=0,b=0;
  /* 最大 255,一个机器周期为 1us,最大延时 255us* /
  Replay:
    b=0;
    for(a=0;a<8;a++)        //要发送 8 位,从最高位开始
    {
      SDA=dat >> 7;
  /* 起始信号之后 IIC_SCL=0,所以可以直接改变 IIC_SDA 信号* /
       dat=dat << 1;
       Delay10us();
       SCL=1;
       Delay10us();          //建立时间大于 4.7us
       SCL=0;
       Delay10us();          //时间大于 4us
    }

    SDA=1;
    Delay10us();
    SCL=1;
    while(SDA && (ack == 1))
/* 等待应答,也就是等待从设备把 IIC_SDA 拉低* /
{
  b++;
  if(b > 200)
/* 如果超过 200us 没有应答发送失败,或者为非应答,表示接收结束* /
   {
    SCL=0;
    Delay10us();
    goto Replay;
/* 如果超过 200us 没有应答则发送失败,或者为非应答* /
/* 这时候系统启动重发机制* /
/* 使用 goto 语句返回到上面接着发* /
     }
```

```
 }

 SCL =0;
 Delay10us();
 return 1;
}

/**********************************************************************************
* 函数名:IICReadByte()
* 函数功能:IIC 总线接收数据
* 输入:无
* 输出:dat,数据
**********************************************************************************/

unsigned char IICReadByte()
{
 unsigned char a =0,dat =0;
 SDA =1;
 Delay10us();
 for(a =0;a <8;a + +)/* 接收 8 个字节* /
 {
   SCL =1;
   Delay10us();
   dat < < =1;
   dat |= SDA;
   Delay10us();
   SCL =0;
   Delay10us();
 }
 return dat;
}

/**********************************************************************************
* 函数名:Delay10us()
* 函数功能:延时
* 输入:无
* 输出:无
**********************************************************************************/

void Delay10us()
{
  unsigned char a,b;
  for(b =1;b >0;b - -)
```

```
    for(a=2;a>0;a--);
}
/*******************************************************************************
* 函数名:void At24c02Write(unsigned char addr,unsigned char dat)
* 函数功能:往 AT24C02 的一个地址写入一个数据
* 输入:地址和数据
* 输出:无
*******************************************************************************/

void At24c02Write(unsigned char addr,unsigned char dat)
{
    IIC_Start_signal();
    IIC_SendByte(0xa0, 1);      /* 发送写器件地址* /
    IIC_SendByte(addr, 1);      /* 发送要写入内存地址* /
    IIC_SendByte(dat, 0);       /* 发送数据* /
    IIC_Stop_signal();
}

/*******************************************************************************
* 函数名:unsigned char At24c02Read(unsigned char addr)
* 函数功能:读取 AT24C02 的一个地址的一个数据
* 输入:无
* 输出:无
*******************************************************************************/
unsigned char At24c02Read(unsigned char addr)
{
    unsigned char num;
    IIC_Start_signal();
    IIC_SendByte(0xa0, 1);      /* 发送写器件地址* /
    IIC_SendByte(addr, 1);      /* 发送要读取的地址* /
    IIC_Start_signal();
    IIC_SendByte(0xa1, 1);      /* 发送读器件地址* /
    num=IICReadByte();          /* 读取数据* /
    IIC_Stop_signal();
    return num;
}
```

12.2 SPI 总线扩展技术

SPI（serial peripheral interface）是 Motorola 公司推出的一种同步串行通信接口，用于单片机和外部扩展芯片之间的串行连接，目前已成为一种工业标准。各半导体公司推出了大量带有 SPI 的功能外设集成芯片，如 RAM、EEPROM、flashROM、A/D 转换器、D/A 转换器、实时时钟和 UART 等，为单片机应用系统的外部扩展提供了灵活的选择。由于 SPI 总线接口只占用单片机的 4 个 I/O 引脚线，采用 SPI 总线接外扩功能模块，可以简化电路设计，提高设计的可靠性。

12.2.1　SPI 总线的扩展结构

SPI 经常被称为 4 线串行总线，以主/从方式工作，数据传送过程由主机初始化。

如图 12-8 所示，其使用的 4 条信号线分别为：

1）SCLK：串行时钟，用来同步数据传送，由主机输出。

2）MOSI：主机输出、从机输入数据线。

3）MISO：主机输入、从机输出数据线。

4）SS：片选线，低电平有效，由主机输出。

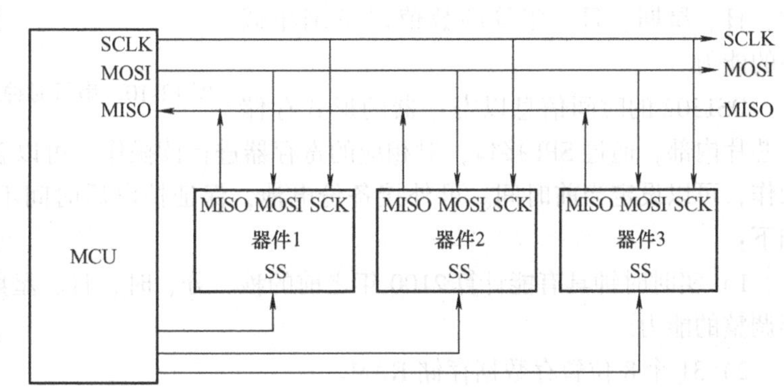

图 12-8　SPI 总线接口结构

在 SPI 总线上，某一时刻可以出现多个从机，但只能存在一个主机，主机通过片选线来确定要通信的从机。这就要求从机的 MISO 口具有三态特性，使得该口线在器件未被选通时表现为高阻抗。

一个 SPI 的主机通过 SPI 与一个从机进行同步通信，首先要保证两者之间时钟 SCLK 要一致，否则没法正常通信，即保证 SCLK 时序上的一致才可正常通信。

SPI 数据传送在一个 SPI 时钟周期内，会完成以下操作：

1）主机通过 MOSI 线发送一位数据，从机通过该线读取这一位数据。

2）从机通过 MISO 线发送一位数据，主机通过该线读取这一位数据。

这是通过移位寄存器来实现的。如图 12-9 所示，主机和从机各有一个移位寄存器，且两者连接成环。随着时钟脉冲，数据按照从高位到低位的方式依次移出主机寄存器和从机寄存器，并且依次移入从机寄存器和主机寄存器。当寄存器中的内容全部移出时，相当于完成了两个寄存器内容的交换。交换完所有数据位，主机使时钟空闲并通过/SS 禁用从机。

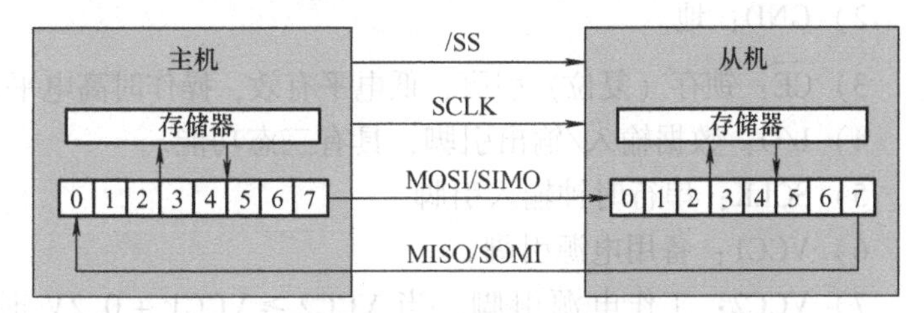

图 12-9　SPI 总线传输模型

12.2.2　基于 SPI 总线的 DS1302 扩展

1. 串行时钟芯片 DS1302 介绍

串行时钟芯片 DS1302 是 Dallas 公司推出的充电时钟芯片，内含有一个实时时钟/日历和 31 字节静态 RAM，通过简单的串行接口与单片机进行通信。DS1302 与单片机之间能简单地采用同步串行的方式进行通信，仅需用到三根通信线：①CE 复位；②I/O 数据线；③SCLK 串行时钟。如图 12-10 所示，DS1302 可以通过外接频率为 32768Hz 的晶振，芯片内部的电路对晶振频率 32768Hz 分频后获得周期为 1s 的秒信号，然后对秒信号计数，获得分、时、日、星期、月、年等的数值以及闰年调整的能力。

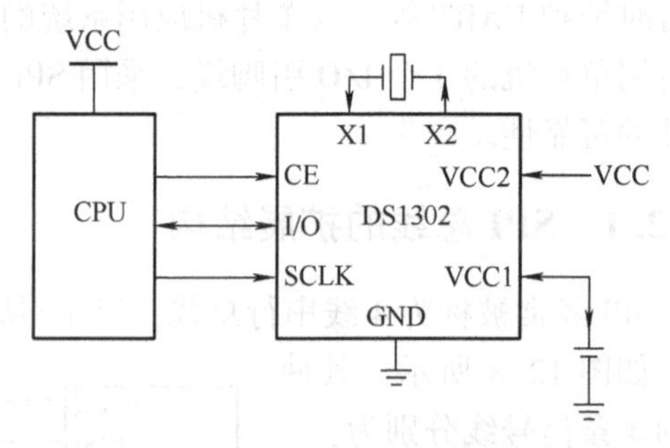

图 12-10　串行时钟芯片 DS1302 硬件连接示意图

DS1302 的时间信息以寄存器的形式存储在芯片内部，通过 SPI 接口，对相应的寄存器进行读操作，可以获得当前时间数值；进行写操作，可以设定当前时间。可外接备份电池，保证掉电后时间不丢失。其主要的性能指标如下：

1）实时时钟具有能计算 2100 年之前的秒、分、时、日、星期、月、年的能力，还有闰年调整的能力。

2）31 个 8 位暂存数据存储 RAM。

3）串行 I/O 口方式使得引脚数量最少。

4）宽范围工作电压 2.0 ~5.5V。

5）工作在 2.0V 时，电流小于 300nA。

6）读/写时钟或 RAM 数据时有两种传送方式，单字节传送和多字节传送字符组方式。

7）8 脚 DIP 封装或可选的 8 脚 SOIC 封装。

8）简单 3 线接口。

9）与 TTL 兼容，VCC =5V。

10）可选工业级温度范围 -40 ~ +85°C。

如图 12-11 所示，串行时钟芯片 DS1302 的引脚功能如下：

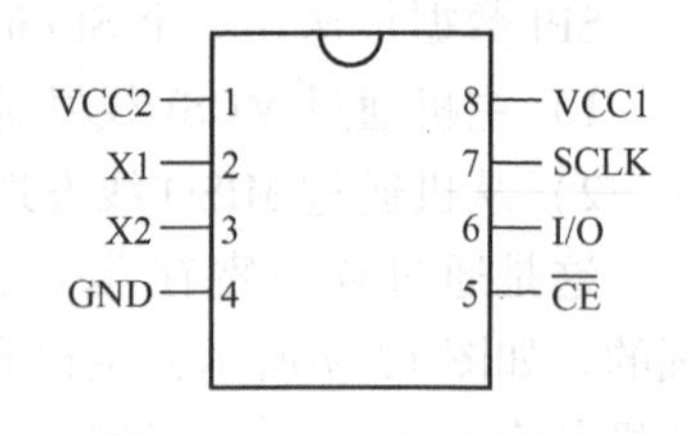

图 12-11　串行时钟芯片 DS1302 引脚图

1）X1、X2：频率为 32.768kHz 晶振接入引脚。

2）GND：地。

3）$\overline{CE}$：锁存（复位）引脚，低电平有效，操作时高电平。

4）I/O：数据输入/输出引脚，具有三态功能。

5）SCLK：串行时钟输入引脚。

6）VCC1：备用电源引脚。

7）VCC2：工作电源引脚，当 VCC2 ≥ VCC1 + 0.2V 时，由 VCC2 供电，当 VCC2 < VCC1 +0.2V 时，由 VCC1 供电。

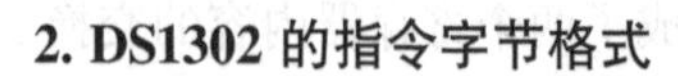

2. DS1302 的指令字节格式

操作 DS1302 的大致过程就是将各种数据写入 DS1302 的寄存器，以设置它当前时间的格式，然后使 DS1302 开始运作。DS1302 时钟会按照设置情况运转，再用单片机将其寄存器内的数据读出。操作 DS1302 通过 SPI 总线发送 DS1302 指令的方式来实现。

DS1302 指令的一个完整的通信帧由两字节组成。第一字节是指令字节，位定义如图 12-12所示。

1）bit0：读写标志。1 表示读操作，第二字节会由 DS1302 输出数据；0 表示写操作，

第二字节由单片机输出数据，DS1302 接收。

2）bit1～5：5 位地址，RAM 与寄存器地址列表与定义见表 12-2。

3）bit6：选择 RAM 区或寄存器区。

4）bit7：保持为 1，无用。

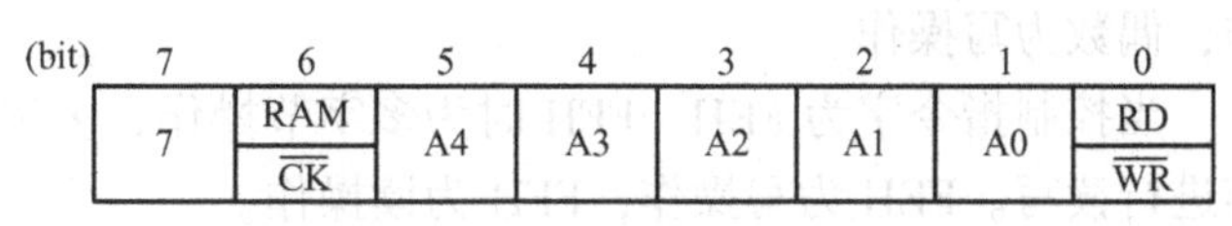

图 12-12　DS1302 的指令字节格式

表 12-2　DS1302 寄存器列表

读	写	bit 7	bit 6	bit 5	bit 4	bit 3	bit 2	bit 1	bit 0	范围
81H	80H	CH	10s			s				00～59
83H	82H		10min			min				00～59
85H	84H	$12/\overline{24}$	0	10 $\overline{\text{AM}}$/PM	h	时				1～12 或 0～23
87H	86H	0	0	10 日		日				1～31
89H	88H	0	0	0	10 月	月				1～12
8BH	8AH	0	0	0	0	0	日			1～7
8DH	8CH	10 年				年				00～99
8FH	8EH	WP	0	0	0	0	0	0	0	—
91H	90H	TCS	TCS	TCS	TCS	DS	DS	RS	RS	—

寄存器有年、月、日、时、分、秒、星期 7 个寄存器，写保护寄存器，充电寄存器。编程使用 DS1302 就是将初始时间、日期数据接入这几个寄存器，然后读取这几个寄存器来获取当前时间和日期。

寄存器说明：

1）DS1302 共有 12 个寄存器，其中有 7 个与日历、时钟相关，存放的数据为 BCD 码形式。

2）秒寄存器中的 CH 位为时钟暂停位，其为 1 时钟暂停，为 0 时钟开始启动。

3）小时寄存器的 D7 位为 12h 制/24h 制的选择位，当为 1 时选 12h 制，当为 0 时选 24h 制。当 12h 制时，D5 位为 0 是上午，D5 位为 1 是下午，D4 为小时的十位。当 24h 制时，D5、D4 位为小时的十位。

4）控制寄存器（8FH、8EH）中 D7 位（WP）为写保护位，时钟寄存器或片内 RAM 进行写时 WP 应清 0。当 WP＝1 时，写保护，禁止对任一寄存器的写操作。

5）慢充电寄存器（90H、91H）的 TCS 位为控制慢充电的选择位，当它为 1010 时才能使慢充电工作。DS 为二极管选择位。DS 为 01 时选择一个二极管，DS 为 10 时选择两个二极管，DS 为 11 或 00 时充电器被禁止，与 TCS 无关。RS 用于选择连接在 VCC2 与 VCC1 之间的电阻，RS 为 00，充电器被禁止，与 TCS 无关。

DS1302 的 RAM 区包含 31 个字节的 SRAM，可用于保存数据。因为 DS1302 具有备份电池，因此可以保证电源关闭后，这些数据仍然被保存。

片内 RAM 的操作有两种方式：单字节方式和多字节方式。当控制指令字为 C0H～FDH 时，为单字节读写方式，指令字中的 D5～D1 用于选择对应的 RAM 单元，其中奇数为读操作，偶数为写操作。

当控制指令字为 FEH、FFH 时为多字节操作，多字节操作可一次把所有的 RAM 单元内容进行读写。FEH 为写操作，FFH 为读操作。

3. DS1302 的程序设计

DS1302 的程序控制过程如下：

1）置 CE 高电平，启动输入输出过程。

2）在 SCLK 时钟的控制下，控制指令字写入 DS1302 的控制寄存器。

3）根据写入的控制指令字，依次读写内部寄存器或片内 RAM 单元的数据。

4）对于日历、时钟寄存器，根据控制指令字，一次可以读写一个日历、时钟寄存器，也可以一次读写 8 个字节，对所有的日历、时钟寄存器写的控制指令字为 0BEH，读的控制指令字为 0BFH。

图 12-13、图 12-14 为 DS1302 的接口时序，电路接口为三线制，高电平使能，写上升沿锁存，读下降沿锁存，先发送最低位。

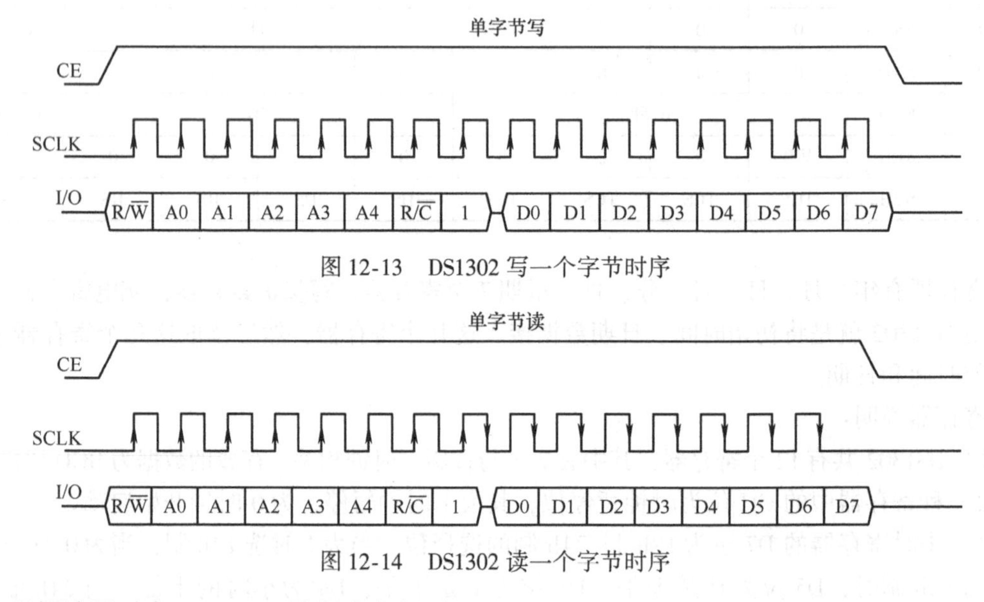

图 12-13 DS1302 写一个字节时序

图 12-14 DS1302 读一个字节时序

根据读写时序，DS1302 控制程序如下：

```
#define uchar unsigned char
sbit SCK = P3^6;      /* 实时时钟时钟线引脚* /
sbit RDA = P3^4;      /* 实时时钟数据线引脚 * /
sbit RST = P3^5;      /* 实时时钟复位线引脚 * /
/* 写入时间的地址* /
uchar code write_add[ ] = {0x8c,0x8a,0x88,0x86,0x84,0x82,0x80};
/* 读出时间的地址* /
uchar code read_add[ ] = {0x8d,0x8b,0x89,0x87,0x85,0x83,0x81};
/* 年周月日时分秒* /
uchar tim_dat[7] = {12,7,5,27,21,34,0};
```

```
/*****************************************************************************
* 函数名: void Write_Ds1302_Byte(unsigned  char temp)
* 函数功能: 往 DS1302 写入 1Byte 数据
* 输入: 待写入数据
* 输出: 无
*****************************************************************************/
void Write_Ds1302_Byte(unsigned  char temp)
{
 unsigned char i;
 for (i=0;i<8;i++)        /* 循环 8 次,写入数据* /
 {
   SCK=0;
   SDA=temp&0x01;         /* 每次传输低字节* /
   temp>>=1;              /* 右移一位* /
   SCK=1;                 /* 上升沿写有效* /
 }
}
/*****************************************************************************
* 函数名: void Write_Ds1302( unsigned char address,unsigned char dat )
* 函数功能: DS1302 某一地址写入数据
* 输入: 待写入地址,待写入数据
* 输出: 无
*****************************************************************************/
void Write_Ds1302( unsigned char address,unsigned char dat )
{
  RST=0;
  SCK=0;
  delayus(2);
  RST=1;                              /* 启动* /
  delayus(2);
  Write_Ds1302_Byte(address);         /* 发送地址* /
  Write_Ds1302_Byte(dat);             /* 发送数据* /
  RST=0;                              /* 恢复* /
}
/*****************************************************************************
* 函数名:uchar Read_DS1302_Byte(void)
* 函数功能:从 DS1302 读取 1Byte 数据
* 输入:无
* 输出:返回读取的数据
*****************************************************************************/

uchar Read_DS1302_Byte(void)
{
```

```
        uchar i,temp;
    for (i =0;i <8;i + +)                    /* 循环 8 次,读取数据* /
    {
      if(SDA) temp |=0x80;                   /* 每次传输低字节* /
      SCK =1;                                /* 读数据,下降沿有效* /
      temp > > =1;                           /* 右移一位* /
      delayus(2);
      SCK =0;
    }
  return (temp);
}
/*****************************************************************************
* 函数名: unsigned char Read_Ds1302 ( unsigned char address )
* 函数功能: 读取 DS1302 某地址的数据
* 输入:待读取数据的地址
* 输出: 返回读取的数据
*****************************************************************************/
unsigned char Read_Ds1302 ( unsigned char address )
{
 uchar i,temp;
 RST =0;
 delayus(2);
 SCK =0;
 delayus(2);
 RST =1;
 delayus(2);
 Write_Ds1302_Byte(address);         /* 读数据之前要先写地址* /
 temp =Read_Ds1302_Byte();           /* 读出数据返回* /
}
/*****************************************************************************
* 函数名: void Bcd_to_Hex(void)
* 函数功能: 时间 BCD 码格式转换
* 输入:无
* 输出:无
*****************************************************************************/

void Bcd_to_Hex(void)
{
 uchar i,tmp;
 for(i =0;i <7;i + +)
 {       /* BCD 处理* /
  tmp = tim_dat [i]/10;
  tim_dat [i] = tim_dat [i]% 10;
```

```
  tim_dat[i] = tim_dat[i] +tmp* 16;
 }
}

/***********************************************************************************
* 函数名: void Set_RTC(void)
* 函数功能: 设置初始时间
* 输入:无
* 输出:无
***********************************************************************************/
void Set_RTC(void)                  /* 设定初始时间* /
{
 unsigned char i,tmp;
 Write_Ds1302(0x8E,0X00);           /* 解除写禁止* /
 Bcd_to_Hex();                      /* BCD码转换为十六进制* /
 for(i =0;i <7;i + +)               /* 7次写入秒分时日月周年* /
 {
  Write_Ds1302(write_add[i], tim_dat[i]);
 }
 Write_Ds1302(0x8E,0x80);            /* 写保护* /
}
/***********************************************************************************
* 函数名: void Read_RTC(void)
* 函数功能: 读取当前时间
* 输入: 无
* 输出: 无
***********************************************************************************/
void Read_RTC(void)            /* 读取当前时间* /
{
 unsigned char i;
 for(i =0;i <7;i + +)          /* 分7次读取秒分时日月周年* /
 {
  tmp_time[i] =Read_Ds1302(read_add[i]);
 }
}
/***********************************************************************************
* 函数名: void v_ChargeEnable(void)
* 函数功能: 打开涓流充电
* 输入: 无
* 输出: 无
***********************************************************************************/
void v_ChargeEnable(void)
{
```

```
    Write_Ds1302 (0x8e,0x00);    /* 控制命令,WP=0,写操作* /
    Write_Ds1302 (0x90,0xa5);    /* 涓流充电,一个二极管,一个2kΩ的电阻* /
    Write_Ds1302 (0x8e,0x80);    /* 控制命令,WP=1,写保护* /
}
```

思考题与习题

1. 编写 IIC 程序，设计实现密码锁功能，利用 24C02 的地址 0x00 ~ 0x07 来存储 8 个字节的密码。

2. SPI 的单字节写时序如图 12-13 所示，其中单片机和 SPI 总线的引脚对应关系为：P3.4→I/O，P3.5→CE，P3.6→SCLK，用 C 语言写出 DS1302 的 SPI 时序的单字节写函数：void DS1302Write（uchar addr，uchar dat）。

3. 利用 DS1302 设计一个定时闹钟的功能程序。

第13章 C51语言编程基础

目前单片机应用设计与开发，很多情况下都可以使用 Keil C51 语言（简称 C51 语言）来编程。C51 语言是在标准 C 语言的基础上，根据单片机存储器硬件结构及内部资源，扩展相应的数据类型和变量，而在语法规定、程序结构与设计方法上，都与标准 C 语言相同。

本章将介绍 C51 语言的基础知识、C51 语言集成开发环境 Keil μVision3 以及单片机虚拟仿真平台 Proteus。

13.1 编程语言 C51

13.1.1 C51 语言简介

C51 语言是在标准 C 语言的基础上针对 51 单片机的硬件特点进行的扩展，并向 51 单片机上移植。目前，C51 语言已成为公认的高效、简洁的 51 单片机的实用高级编程语言。与汇编语言相比，用 C51 语言进行软件开发，有如下优点：

（1）可读性好　C51 语言程序比汇编语言程序的可读性好，因而编程效率高，程序便于修改、维护以及程序升级。

（2）模块化开发与资源共享　C51 语言开发的模块可直接被其他项目所用，能很好地利用已有的标准 C 语言程序资源与丰富的库函数，减少重复劳动，也有利于多个工程师的协同开发。

（3）可移植性好　C51 语言程序只需将与硬件相关之处和编译链接的参数进行适当修改，就可方便地移植到其他型号的单片机上。例如，为 51 单片机编写的程序通过改写头文件以及少量的程序行，就可以方便地移植到 PIC 单片机上。

（4）生成的代码效率高　代码效率比直接使用汇编语言低 20% 左右，如果使用优化编译选项，代码效率会提高。

13.1.2 C51 语言与标准 C 语言的比较

C51 语言与标准 C 语言有许多相同的地方，但也有自身特点。不同的嵌入式 C 语言编译系统与标准 C 语言不同，主要是由于它们所针对的硬件系统不同。对于 51 单片机，目前广泛使用的是 C51 语言。

C51 语言的基本语法与标准 C 语言相同，C51 语言在标准 C 语言的基础上进行了适合于

51 系列单片机硬件的扩展。C51 语言与标准 C 语言的主要区别如下：

（1）库函数不同　标准 C 语言中有些库函数不适合嵌入式控制器系统，被排除在 C51 语言之外，如图形函数。有些库函数可继续使用，但这些库函数都必须针对 51 单片机的硬件特点做出相应的开发。例如库函数 printf 和 scanf，在标准 C 语言中，这两个函数通常用于屏幕打印和接收字符，而在 C51 语言中，主要用于串行口数据的收发。

（2）数据类型有一定的区别　在 C51 语言中增加了几种针对 51 单片机特有的数据类型，在标准 C 语言的基础上又扩展了 4 种类型。例如，51 单片机包含位操作控制，因此 C51 语言与标准 C 语言相比就要增加位类型。

（3）变量存储模式不同　标准 C 语言是为通用计算机设计的，计算机中只有一个程序和数据统一寻址的内存空间，而 C51 语言中变量的存储模式与 51 单片机的存储器紧密相关。

（4）数据存储类型不同　51 单片机存储区可分为内部数据存储区、外部数据存储区以及程序存储区。内部数据存储区可分为 3 个不同的 C51 语言存储类型：data、idata 和 bdata。外部数据存储区分为 2 个不同的 C51 语言存储类型：xdata 和 pdata。程序存储区只能读不能写，在 51 单片机内部或外部，C51 语言提供了 code 存储类型来访问程序存储区。

（5）中断不同　标准 C 语言没有处理单片机中断的定义，C51 语言中有专门的中断函数。

（6）输入/输出处理不同　C51 语言中的输入/输出是通过 51 单片机的串行口来完成的，输入/输出指令执行前必须对串行口进行初始化。

（7）头文件不同　C51 语言与标准 C 语言头文件的差异是 C51 语言头文件必须把 51 单片机内部的硬件资源如定时器、中断、I/O 等相应的功能寄存器写入头文件内。

（8）程序结构不同　由于 51 单片机硬件资源有限，它的编译系统不允许太多的程序嵌套。另外，标准 C 语言所具备的递归特性不被 C51 语言支持。

但是从数据运算操作、程序控制语句以及函数的使用上来说，C51 语言与标准 C 语言几乎没有什么明显的差别。如果程序设计者具备了有关标准 C 语言的编程基础，只要注意 C51 语言与标准 C 语言的不同之处，并熟悉 51 单片机的硬件结构，就能够较快地掌握 C51 语言的编程。

13.2 C51 语言程序设计基础

13.2.1 C51 语言中的数据类型与存储类型

1. 数据类型

数据是单片机操作的对象，是具有一定格式的数字或数值，数据的不同格式就称为数据类型。C51 语言支持的基本数据类型见表 13-1。针对 51 单片机的硬件特点，C51 语言在标准 C 语言的基础上，扩展了 4 种数据类型（表 13-1 中最后 4 行），但不能使用指针对它们存取。

表 13-1　C51 语言支持基本数据类型

数据类型	位数	字节数	值域及说明
signed char	8	1	-128 ~ +127，有符号字符变量
unsigned char	8	1	0 ~ 255，无符号字符变量
signed int	16	2	-32768 ~ +32767，有符号整型数
unsigned int	16	2	0 ~ 65535，无符号整型数
signed long	32	4	-214748368 ~ +214748367，有符号长整型数
unsigned long	32	4	0 ~ 4294967295，无符号长整型数
float	32	4	-3.40E38 ~ +3.40E38，浮点数
double	64	8	-1.79E308 ~ +1.79E308，浮点数
*	24	1 ~ 3	对象指针
bit	1		0 或 1
sfr	8	1	0 ~ 255
sfr16	16	2	0 ~ 65535
sbit	1		可进行位寻址的特殊功能寄存器的某位的绝对地址

2. C51 语言的扩展数据类型

对扩展的 4 种数据类型说明。

(1) 位变量 bit　bit 的值可以是 1 (true)，也可以是 0 (false)。

(2) 特殊功能寄存器 sfr　特殊功能寄存器分布在片内数据存储区的地址单元 80H ~ FFH 之间，数据类型 sfr 占用一个内存单元，利用它可以访问 51 单片机内部的所有特殊功能寄存器。例如，“sfr P1 = 0x90” 这一语句定义了 P1 口在片内的寄存器，在程序后续的语句中可以用 “P1 = 0xff” 使 P1 口的所有引脚输出为高电平，通过这样的语句来操作特殊功能寄存器。

(3) 特殊功能寄存器 sfr16　数据类型 sfr16 占两个内存单元。它用于操作占两个字节的特殊功能寄存器。例如，“sfr16 DPTR = 0x82” 这一语句定义了片内 16 位数据指针寄存器 DPTR，其低 8 位字节地址为 82H，高 8 位字节地址为 83H。

(4) 特殊功能位 sbit　sbit 表示片内特殊功能寄存器的可寻址位。例如：

```
sfr  PSW=0xd0;    /* 定义 PSW 寄存器地址为 0xd0* /
sbit  PSW^2 =0xd2; /* 定义 OV 位为 PSW.2* /
```

符号 “^” 前是特殊功能寄存器的名字，符号 “^” 后面的数字是特殊功能寄存器可寻址位在寄存器中的位置，取值必须是 0 ~ 7。

注意不要把 bit 与 sbit 混淆。bit 定义的是普通的位变量，值只能是二进制的 0 或 1。而 sbit 定义的是特殊功能寄存器的可寻址位，它的值是可进行位寻址的特殊功能寄存器的某位的绝对地址，如 PSW 寄存器 OV 位的绝对地址 0xd2。

3. 数据存储类型

在讨论 C51 语言的数据类型时，必须同时提及它的存储类型，以及它与 51 单片机存储器结构的关系，因为 C51 语言定义的任何数据类型必须以一定的方式定位在 51 单片机的某一存储区中，否则没有任何实际意义。

51 单片机有片内、片外数据存储区，还有程序存储区。51 单片机片内的数据存储区是可读写的，51 单片机的衍生系列最多可有 256 个字节的内部数据存储区，其中低 128 字节可直接寻址，高 128 字节（80H ~ FFH）只能间接寻址，从 20H 开始的 16 字节可位寻址。内部数据存储区可分为 3 个不同的数据存储类型：data、idata 和 bdata。

访问片外数据存储区比访问片内数据存储区慢，因为片外数据存储区是通过数据指针加载地址来间接寻址访问的。C51 语言提供两种不同数据存储类型 xdata 和 pdata 来访问片外数据存储区。

程序存储区只能读不能写，可以是在 51 单片机的内部或者外部，或者在外部和内部都有，由 51 单片机的硬件决定。C51 语言提供了存储类型 code 来访问程序存储区，见表 13-2。

表 13-2　C51 存储类型与 51 单片机存储空间对应关系

存储区	存储类型	与存储空间的对应关系
DATA	data	片内 RAM 直接寻址区，位于片内 RAM 的低 128 字节
BDATA	bdata	片内 RAM 位寻址区，位于 20H ~ 2FH 空间
IDATA	idata	片内 RAM 的 256 个字节，必须间接寻址的存储区
XDATA	xdata	片外 64KB 的 RAM 空间，使用@ DPTR 间接寻址
PDATA	pdata	片外 RAM 的 256 个字节，使用@ Ri 间接寻址
CODE	code	程序存储区，使用 DPTR 寻址

下面对各存储区进行说明。

（1）DATA 区　寻址是最快的，应该把经常使用的变量放在 DATA 区，但是 DATA 区的存储空间是有限的，DATA 区除了包含程序变量外，还包含了堆栈和寄存器组。DATA 区声明中的存储类型标识符为 data，通常指片内 RAM 的 128 个字节的内部数据存储的变量，可直接寻址。例如：

```
unsigned char data system_status = 0;
unsigned int data unit_id[8];
char data inp_string[20];
```

标准变量和用户自声明变量都可存储在 DATA 区中，只要不超过 DATA 区的存储范围即可。由于 C51 语言使用默认的寄存器组来传递参数，这样 DATA 区至少失去了 8 个字节的空间。

（2）BDATA 区　它是 DATA 中的位寻址区，在这个区中声明变量就可进行位寻址。BDATA 区声明中的存储类型标识符为 bdata，指的是片内 RAM 可位寻址的 16 个字节存储区（字节地址为 20H ~ 2FH）中的 128 个位。

下面是在 BDATA 区中声明的位变量和使用位变量的例子。

```
unsigned char bdata status_byte;
unsigned int bdata status_word;
sbit stat_flag = status_byte^4;
if (status_word^15)
   { … }
stat_flag = 1;
```

C51 编译器不允许在 BDATA 区中声明 float 和 double 型变量。

（3）IDATA 区　IDATA 区使用寄存器作为指针来进行间接寻址，常用来存放使用比较频繁的变量。与外部存储器寻址相比，它的指令执行周期和代码长度相对较短。IDATA 区声明中的存储类型标识符为 idata，指的是片内 RAM 的 256 个字节的存储区，只能间接寻址，速度比直接寻址慢。

声明举例如下：

```
unsigned char idata system_status =0;
unsigned int idata unit_id[8];
char idata inp_string[16];
float idata out_value;
```

（4）PDATA 区和 XDATA 区　PDATA 区和 XDATA 区位于片外存储区，PDATA 区和 XDATA 区声明中的存储类型标识符分别为 pdata 和 xdata。

PDATA 区只有 256 个字节，仅指定 256 个字节的外部数据存储区。但 XDATA 区最多可达 64KB，对应的 xdata 存储类型标识符可以指定外部数据区 64KB 内的任何地址。

对 PDATA 区的寻址要比对 XDATA 区寻址快，因为对 PDATA 区寻址，只需要装入 8 位地址，而对 XDATA 区寻址要装入 16 位地址，所以要尽量把外部数据存储在 PDATA 区中。

对 PDATA 区和 XDATA 区的声明举例如下：

```
unsigned char xdata system_status =0;
unsigned int pdata unit_id[8];
char xdata inp_string[16];
float pdata out_value;
```

由于外部数据存储器与外部 I/O 口是统一编址的，外部数据存储器地址段中除了包含存储器地址外，还包含外部 I/O 口的地址。

（5）CODE 区　程序存储区 CODE 声明的标识符为 code，储存的数据是不可改变的。在 C51 语言编译器中可以用存储区类型标识符 code 来访问程序存储区。

声明举例如下：

```
unsigned char code a[ ] =
{0x00,0x01,0x02,0x03,0x04,0x05,0x06,0x07,0x08};
```

存储类型长度和取值范围见表 13-3。

表 13-3　存储类型长度和取值范围

存储类型	长度/bit	长度/byte	值域
data	8	1	0 ~ 255
idata	8	1	0 ~ 255
bdata	1		0 ~ 127
pdata	8	1	0 ~ 255
xdata	16	2	0 ~ 65535
code	16	2	0 ~ 65535

13.2.2　C51 语言的特殊功能寄存器及位变量定义

1. 特殊功能寄存器的 C51 语言定义

C51 语言允许使用关键字 sfr、sbit 或直接引用编译器提供的头文件来对特殊功能寄存器

SFR进行访问，特殊功能寄存器在片内RAM的高128字节，只能采用直接寻址方式。

（1）使用关键字定义sfr　为了能直接访问特殊功能寄存器SFR，C51语言提供了一种定义方法，即引入关键字sfr，语法如下：

sfr 特殊功能寄存器名字 = 特殊功能寄存器地址；

例如：

```
sfr IE = 0xA8;          /* 中断允许寄存器地址 A8H* /
sfr TCON = 0x88;        /* 定时器/计数器控制寄存器地址 88H* /
sfr SCON = 0x98;        /* 串行口控制寄存器地址 98H* /
```

如果要访问16位SFR，可使用关键字sfr16。16位SFR的低字节地址必须作为sfr16的定义地址，例如：

```
sfr16 DPTR = 0x82 /* 数据指针 DPTR 的低 8 位地址为 82H,高 8 位地址为 83H* /
```

（2）通过头文件访问SFR　各种衍生型的51单片机的特殊功能寄存器的数量与类型有时是不相同的，对单片机特殊功能寄存器的访问可以通过头文件的访问来进行。

为了用户处理方便，C51语言把51单片机（或52单片机）常用的特殊功能寄存器和其中的可寻址位进行了定义，放在一个reg51. h（或reg52. h）的头文件中。当用户要使用时，只需在使用之前用一条预处理命令#include <reg51. h>把这个头文件包含到程序中，就可以使用特殊功能寄存器和其中的可寻址位名称了。用户可以通过文本编辑器对头文件进行增减。

头文件引用举例如下：

```
#include <reg51.h>          /* 头文件为 51 型单片机的头文件* /
void main(void)
{
 TL0 = 0xF0;                /* 给 T0 低字节 TL0 设置时间常数,已在 reg51.h 中定义* /
 TH0 = 0x3F;                /* 给 T0 高字节 TH0 设置时间常数* /
 TR0 = 1;                   /* 启动 T0 * /
 …
}
```

（3）特殊功能寄存器中的位定义　对SFR中的可寻址位的访问，要使用关键字来定义可寻址位，共有3种方法。

1）sbit 位名 = 特殊功能寄存器^位置。例如。

```
sfr PSW = 0xD0;         /* 定义 PSW 寄存器的字节地址 0xD0H* /
sbit CY = PSW^7;        /* 定义 CY 位为 PSW.7,地址为 0xD7* /
sbit OV = PSW^2;        /* 定义 OV 位为 PSW.2,地址为 0xD2* /
```

2）sbit 位名 = 字节地址^位置。例如：

```
sbit CY = 0xD0^7;         /* CY 位地址为 0xD7* /
sbit OV = 0xD0^2;         /* OV 位地址为 0xD2* /
```

3）sbit 位名 = 位地址。这种方法将位的绝对地址赋给变量，位地址必须在0x80 ~ 0xFF

之间。例如：

```
sbit CY = 0xD7;          /* CY 位地址为 0xD7* /
sbit OV = 0xD2;          /* OV 位地址为 0xD2* /
```

片内 I/O 口的 P1 口的各寻址位的定义如下：

```
sfr P1 =0x90;
sbit P1_7 = P1^7;
sbit P1_6 = P1^6;
sbit P1_5 = P1^5;
sbit P1_4 = P1^4;
sbit P1_3 = P1^3;
sbit P1_2 = P1^2;
sbit P1_1 = P1^1;
sbit P1_0 = P1^0;
```

2. 位变量的 C51 语言定义

（1）C51 语言定义位变量　由于 51 单片机能够进行位操作，C51 语言扩展的数据类型 bit 用来定义位变量，这是 C51 语言与标准 C 语言的不同之处。

C51 语言采用关键字 bit 来定义位变量，一般格式为：

```
bit bit_name;
bit ov_flag;          /* 将 ov_flag 定义为位变量* /
bit lock_pointer;     /* 将 lock_pointer 定义为位变量* /
```

（2）函数可以包含类型为 bit 的参数，也可将其作为返回值　C51 语言程序函数可以包含类型为 bit 的参数，也可将其作为返回值。例如：

```
bit func(bit b0, bit b1);          /* 位变量 b0 与 b1 作为函数 func 的参数* /
{…
return(b1);                        /* 位变量 b1 作为函数的返回值* /
}
```

（3）位变量定义的限制　位变量不能用来定义指针和数组。例如：

```
bit * ptr;          /* 错误,不能用位变量来定义指针* /
bit array[ ];       /* 错误,不能用位变量来定义数组 array[ ]* /
```

在定义位变量时，允许定义存储类型，位变量都被放入一个位段，此段总是位于 51 单片机的片内 RAM 中，因此其存储类型限制为 data 或 idata，如果将位变量定义成其他类型都会导致编译时出错。

13.2.3　C51 语言的绝对地址访问

如何对 51 单片机的片内 RAM、片外 RAM 及 I/O 进行访问，C51 语言提供了两种比较常用的访问绝对地址的方法。

1. 绝对宏

C51 编译器提供了一组宏定义来对 code、data、pdata 和 xdata 空间进行绝对寻址。在程序中，用“#include <absacc.h>”对 absacc.h 中声明的宏来访问绝对地址，包括 CBYTE、CWORD、DBYTE、DWORD、XBYTE、XWORD、PBYTE、PWORD，具体使用方法参考 absacc.h头文件。其中：

1）CBYTE 以字节形式对 code 区寻址。

2）CWORD 以字形式对 code 区寻址。

3）DBYTE 以字节形式对 data 区寻址。

4）DWORD 以字形式对 data 区寻址。

5）XBYTE 以字节形式对 xdata 区寻址。

6）XWORD 以字形式对 xdata 区寻址。

7）PBYTE 以字节形式对 pdata 区寻址。

8）PWORD 以字形式对 pdata 区寻址。

例如：

```
#include <absacc.h>
#define PORTA XBYTE[0xFFC0]      /* 将 PORTA 定义为外部 I/O 口,地址为 0xFFC0,长度 8 位* /
#define NRAM DBYTE[0x50]         /* 将 NRAM 定义为片内 RAM,地址为 0x50,长度 8 位* /
```

片内 RAM、片外 RAM 及 I/O 的定义程序如下：

```
#include <absacc.h>
#define PORTA XBYTE[0xFFC0]      /* 将 PORTA 定义为外部 I/O 口,地址为 0xFFC0* /
#define NRAM DBYTE[0x40]         /* 将 NRAM 定义为片内 RAM,地址为 0x40* /
main( )
 {PORTA =0x3D;                   /* 数据 3DH 写入地址 0xFFC0 的外部 I/O 口 PORTA * /
  NRAM =0x01;                    /* 将数据 01H 写入片内 RAM 的 40H 单元* /
 }
```

2. _at _关键字

使用关键字_at_可对指定的存储器空间的绝对地址进行访问，格式如下：

[存储器类型] 数据类型说明符 变量名 _at_地址常数

其中，存储器类型为 C51 语言能识别的数据类型；数据类型为 C51 语言支持的数据类型；地址常数用于指定变量的绝对地址，必须位于有效的存储器空间之内；使用_at_定义的变量必须为全局变量。

使用关键字_at_实现绝对地址访问的程序如下：

```
void main(void)
{
data unsigned char y1_at_0x50;/* 在 data 区定义字节变量 y1,它的地址为 50H* /
xdata unsigned int y2_at_0x4000;/* 在 xdata 区定义字变量 y2,地址为 4000H* /
y1 =0xff;
y1 =0x1234;
…
while(1);
}
```

例如，将片外 RAM 2000H 开始的连续 20 个字节单元清 0，程序如下：

```
xdata unsigned char buffer[20]_at_0x2000;
void main(void)
{
 unsigned char i;
 for(i=0;i<20;i++)
  {
   buffer[i]=0
  }
}
```

如果把片内 RAM 40H 单元开始的 8 个单元内容清 0，则程序如下：

```
xdata unsigned char buffer[8]_at_0x40;
void  main(void)
{
  unsigned char j;
  for(j=0;j<8;j++)
   {
    buffer[j]=0
   }
}
```

13.2.4　C51 语言中断服务函数

由于标准 C 语言没有处理单片机中断的定义，为了能进行 51 单片机的中断处理，C51 语言编译器对函数的定义进行了扩展，增加了一个扩展关键字 interrupt。使用 interrupt 可以将一个函数定义成中断服务函数。由于 C51 语言编译器在编译时对声明为中断服务程序的函数自动添加了相应的现场保护、阻断其他中断、返回时自动恢复现场等处理的程序段，因而在编写中断服务函数时可不必考虑这些问题，减小了用户编写中断服务程序的烦琐程度。中断服务函数的一般形式为：

函数类型 函数名（形式参数表）interrupt n using n

关键字 interrupt 后的 n 是中断号，对于 51 单片机，n 取值为 0～4。关键字 using 后的 n 是所选择的寄存器组，using 是一个选项，可省略。如果没有使用关键字 using 指明寄存器组，中断函数中的所有工作寄存器的内容将被保存到堆栈中。

思考题与习题

1. 哪些变量类型是 51 单片机直接支持的？
2. 简述 C51 语言的数据存储类型。
3. 简述 C51 语言对 51 单片机特殊功能寄存器的定义方法。
4. 简述 C51 语言对 51 单片机片内 I/O 口和外部扩展的 I/O 口的定义方法。
5. C51 语言采用什么形式对绝对地址进行访问？

第14章 单片机应用系统的抗干扰及可靠性设计

影响单片机系统可靠安全运行的主要因素来自系统内部和外部的各种电气干扰，并受系统结构设计、元器件选择、安装、制造工艺的影响。这些都构成单片机系统的干扰因素，常会导致单片机系统运行失常，轻则影响产品质量和产量，重则会导致事故，造成重大经济损失。本章将主要从干扰源的来源、硬件以及电源系统、接地系统等方面研究分析并给出有效可行的解决措施。

14.1 干扰的来源及影响

单片机应用环境中，干扰以脉冲的形式进入单片机系统，主要有三条渠道：供电系统干扰、过程通道干扰和空间干扰。

（1）供电系统干扰　供电系统干扰是由于电源的噪声干扰引起的。工业现场运行的大功率设备众多，特别是大感性负载设备的起停，会使得电网电压大幅度涨落，出现浪涌现象，工业电网电压的欠电压或过电压往往达到额定电压的15%以上，持续时间长达几分钟、几小时、甚至几天。另外由于大功率开关的通断，电动机的起停和电焊等因素，电网上经常出现几百伏，甚至几千伏的尖脉冲干扰。

（2）过程通道干扰　过程通道干扰是干扰通过前向通道和后向通道进入系统。例如，开关量/模拟量输入和输出的信号线多至几百条甚至几千条，长度往往达几百或几千米，不可避免地将干扰引入单片机系统；大的电气设备漏电，接地系统不完善，或者测量部件绝缘不好，也会使通道中串入干扰信号；输入和输出通道以及电源的线路如果同出一根电缆中或绑扎在一起，各线路间会通过电磁感应而产生瞬间的干扰，尤其是0～15V的信号与交流220V的电源线同套在一根长达几百米的管中，其干扰更为严重。这种彼此感应产生的干扰，其表现形式是在过程通道中形成干扰电压，轻者会使测量的信号发生误差，重者会使有用的信号完全淹没。在单片机应用系统中，所采集数据的误差主要是由于干扰信号窜入了过程通道中，使信号发生了较大的偏差所致，这种偏差往往会造成系统误动作，使系统动作失常。

（3）空间干扰　空间干扰主要来源于周围的电气设备，如发射机、中频炉、晶闸管、逆变电源等发出的电干扰和磁干扰；广播电台或通信发射台发出的电磁波；空中雷电；甚至地磁场的变化也会引起干扰。这些空间辐射干扰会使单片机系统不能正常工作。

14.2 供电系统干扰及其抗干扰措施

电源噪声是电磁干扰的一种，其传导噪声的频谱大致为10kHz～30MHz，最高可达

150MHz。电源噪声，特别是瞬态噪声干扰，其上升速度快、持续时间短、电压振幅高、随机性强，对微机和数字电路易产生严重干扰。

根据传播方向的不同，电源噪声可分为两大类：

1）一类是从电源进线引入的外界干扰；

2）一类是由电子设备产生并经电源线传导出去的噪声。

从形成特点看，噪声干扰分串模干扰与共模干扰两种。

1）串模干扰是两条电源线之间（简称线对线）的噪声。

2）共模干扰则是两条电源线对大地（简称线对地）的噪声。

14.2.1　电源噪声来源、种类及危害

开关电源属于强干扰源，其本身产生的干扰直接危害着电子设备的正常工作。因此，抑制开关电源本身的电磁噪声，同时提高电子设备对电磁干扰的抗扰性，在设计和开发过程中需要特别的关注。

开关电源的干扰一般分为两大类：一是开关电源内部元器件形成的干扰；二是由于外界因素影响而使开关电源产生的干扰。

（1）内部元器件干扰　开关电源产生的电磁干扰主要是由基本整流器产生的高次谐波电流干扰和功率变换电路产生的尖峰电压干扰。

1）基本整流器的整流过程是产生电磁干扰最常见的原因。这是因为工频交流正弦波通过整流后不再是单一频率的电流，而变成一个直流分量和一系列频率不同的谐波分量。谐波（特别是高次谐波）会沿着输电线路产生传导干扰和辐射干扰，使前端电流发生畸变，一方面使接在其前端电源线上的电流波形发生畸变，另一方面通过电源线产生射频干扰。

2）功率变换电路是开关稳压电源的核心。产生这种脉冲干扰的主要元件为：

① 开关管。开关管及其散热器与外壳和电源内部的引线间存在分布电容，当开关管流过大的脉冲电流（大体上是矩形波）时，该波形含有许多高频成分；同时，开关电源使用的器件参数如开关功率管的存储时间、输出级的大电流、开关整流二极管的反向恢复时间，会造成回路瞬间短路，产生很大短路电流。另外，开关管的负载是高频变压器或储能电感器，在开关管导通的瞬间，变压器一次侧出现很大的涌流，造成尖峰噪声。

② 高频变压器。开关电源中的变压器，用作隔离和变压，但由于漏感的原因，会产生电磁感应噪声；同时，在高频状况下变压器层间的分布电容会将一次侧高次谐波噪声传递给二次侧，而变压器对外壳的分布电容形成另一条高频通路，使变压器周围产生的电磁场更容易在其他引线上耦合形成噪声。

③ 整流二极管。二次侧整流二极管用作高频整流时，由于反向恢复时间的因素，往往正向电流蓄积的电荷在加上反向电压时不能立即消除（因载流子的存在，还有电流流过）。一旦这个反向电流恢复时的斜率过大，流过线圈的电感就产生了尖峰电压，在变压器漏感和其他分布参数的影响下将产生较强的高频干扰，其频率可达几十兆赫兹。

④ 电容器、电感器和导线。开关电源由于工作在较高频率，会使低频元件特性发生变化，由此产生噪声。

（2）外部干扰　开关电源外部干扰可以以共模或差模方式存在。干扰类型可以从持续

期很短的尖峰干扰到完全失电之间进行变化，其中也包括电压变化、频率变化、波形失真、持续噪声或杂波以及瞬变等。电源干扰的类型见表 14-1。

表 14-1 开关电源外部干扰类型表

序号	干扰类型	典型的起因
1	跌落	雷击；重载接通；电网电压低
2	失电	恶劣的气候；变压器故障；其他原因的故障
3	频率偏移	发电机不稳定；区域性电网故障
4	电气噪声	雷达；无线电信号；电力公司和工业设备的飞弧；转换器和逆变器
5	浪涌	突然减轻负载；变压器的抽头不恰当
6	谐波失真	整流；开关负载；开关型电源；调速驱动
7	瞬变	雷击；电源线负载设备切换；功率因素补偿电容切换；空载电动机的断开

在表 14-1 中的几种干扰中，能够通过电源进行传输并造成设备的破坏或影响其工作的主要是电快速瞬变脉冲群和浪涌冲击波，而静电放电等干扰只要电源设备本身不产生停振、输出电压跌落等现象，就不会造成因电源引起的对用电设备的影响。

14.2.2 供电系统的抗干扰设计

抑制电磁干扰应该从干扰源、传播途径和受扰设备入手。首先应该抑制干扰源，直接消除干扰原因；其次是消除干扰源和受扰设备之间的耦合和辐射，切断电磁干扰的传播途径；再次是提高受扰设备的抗扰能力，降低其对噪声的敏感度。常用的方法是屏蔽、接地和滤波。

（1）屏蔽 采用屏蔽技术可以有效地抑制开关电源的电磁辐射干扰，即用电导率良好的材料对电场进行屏蔽，用磁导率高的材料对磁场进行屏蔽。

（2）接地 所谓接地，就是在两点间建立传导通路，以便将电子设备或元器件连接到某些叫作“地”的参考点上。接地是开关电源设备抑制电磁干扰的重要方法，电源某些部分与大地相连可以起到抑制干扰的作用。在电路系统设计中应遵循“一点接地”的原则，如果形成多点接地，会出现闭合的接地环路，当磁力线穿过该环路时将产生磁感应噪声。实际上很难实现“一点接地”，因此为降低接地阻抗，消除分布电容的影响，采取平面式或多点接地，利用一个导电平面作为参考地，需要接地的各部分就近接到该参考地上。为进一步减小接地回路的电压降，可用旁路电容减少返回电流的幅值。在低频和高频共存的电路系统中，应分别将低频电路、高频电路、功率电路的地线单独连接后，再连接到公共参考点上。

（3）滤波 滤波是抑制传导干扰的有效方法，在设备或系统的电磁兼容设计中具有极其重要的作用。电磁干扰滤波器作为抑制电源线传导干扰的重要单元，可以抑制来自电网的干扰对电源本身的侵害，也可以抑制由开关电源产生并向电网反馈的干扰。在滤波电路中，还采用很多专用的滤波元件，如穿心电容器、三端电容器、铁氧体磁环，它们能够改善电路的滤波特性。恰当地设计或选择滤波器，并正确地安装和使用滤波器，是抗干扰技术的重要组成部分。

14.3　过程通道干扰的抑制措施——隔离

过程通道是系统输入、输出以及单片机之间进行信息传输的路径。过程通道的干扰的抑制主要采用光电隔离技术。

14.3.1　隔离技术

隔离的实质是切断共地耦合通道，抑制因地环路引入的干扰。隔离是将电气信号转变为电、磁、光及其他物理量并将其作为中间量，使两侧的电流回路相对隔离又能实现信号的传递。图 14-1 采用隔离变压器隔离，用于无直流分量的信号较方便。因变压器线间分布电容较大，故应在一次侧、二次侧加屏蔽层，并将它接到二次侧的接地处。

图 14-2 采用继电器隔离，常用于数字系统。继电器把引入的信号线隔断，而传输的信号通过触点传递给后面的回路。缺点是电感性励磁线圈工作频率不高、触点有抖动、有接触电阻及寿命短等。

图 14-3 采用光电耦合器隔离。中间环节借助于二极管的光发射和光电晶体管的光接收来进行工作，因而在电气上输入和输出是完全隔离的，且信号单向传输，输出信号与输入信号无相互影响，共模抑制比大，无触点，响应速度快（ns 级），寿命长、体积小、耐冲击，是一种理想的开关元件。缺点是过载能力有限，存在非线性及稳定性与时间、温度有关等现象。而光电耦合集成隔离放大器的应用，克服了以上缺点并能适用于模拟系统。

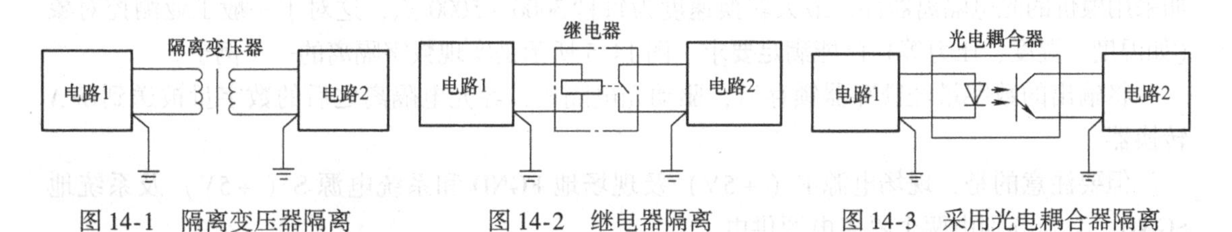

图 14-1　隔离变压器隔离　　图 14-2　继电器隔离　　图 14-3　采用光电耦合器隔离

模拟电路的抗干扰隔离技术还可将模拟信号变为数字信号，然后采用数字系统的某种电位隔离方法，特别是光电隔离法，最后由 D/A 转换器复原。

14.3.2　光电隔离的基本配置

采用光电耦合器可以将单片机与前向、后向以及其他部分切断电路的联系，能有效地防止干扰从过程通道进入单片机。其原理如图 14-4 所示。

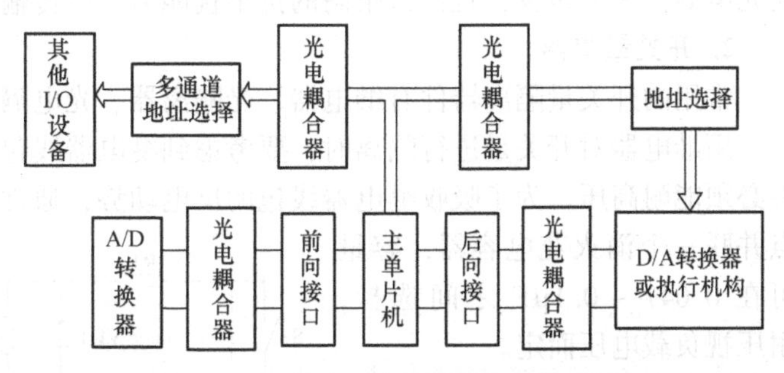

图 14-4　单片机光电隔离电路原理图

光电耦合的主要优点是能有效抑制尖峰脉冲以及各种噪声干扰，从而使过程通道上的信噪比大大提高。

14.3.3 光电隔离的实现

1. ADC、DAC与单片机之间的隔离

对CPU数据总线进行隔离是一种十分理想的方法，全部I/O口均被隔离。但是，由于在CPU数据总线上是高速（μs级）双向传输，这就要求频率响应为MHz级的隔离器件，而这种器件目前较难买到，价格较高。因此，这种方法采用的不多。通常采用下列方法将ADC、DAC与单片机之间的电气联系切断。

（1）对A/D、D/A进行模拟隔离 通常采用隔离放大器对模拟量进行隔离，但所用的隔离型放大器必须满足A/D、D/A转换的精度和线性要求。例如，如果对12位A/D、D/A转换器进行隔离，其隔离放大器要达到13位甚至14位精度，如此高精度的隔离放大器价格昂贵。

（2）在I/O与A/D、D/A之间进行数字隔离 这种方案最经济，也称数字隔离。A/D转换时，先将模拟量变为数字量，对数字量进行隔离，然后再送入单片机。D/A转换时，先将数字量进行隔离，然后进行D/A转换。这种方法的优点是方便、可靠、廉价，不影响A/D、D/A的精度和线性度。缺点是速度不高。如果用廉价的光电隔离器件，最大转换速度为每秒3000～5000点，这对于一般工业测控对象（如温度、湿度、压力等）已能满足要求。图14-5所示是实现数字隔离的一个例子。

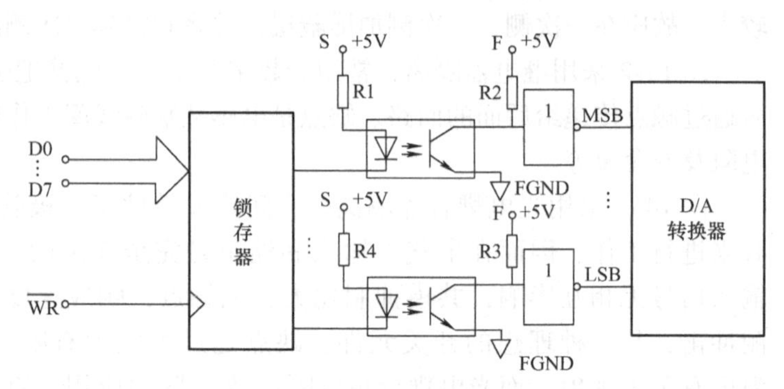

图14-5 数字隔离原理图

将输出的数字量经锁存器锁存后，驱动光电隔离，经光电隔离之后的数字量被送到D/A转换器。

但要注意的是，现场电源F（+5V）及现场地FGND和系统电源S（+5V）及系统地SGND，必须分别由两个隔离电源供电。

还应指出的是，光电隔离器件的数量不能太多，因为光电隔离器件的发光二极管与受光晶体管之间存在分布电容。当数量较多时，必须考虑将并联输出改为串联输出的方式，这可使光电器件大大减少，且保持很高的抗干扰能力，但传输速度下降。

2. 开关量隔离

常用的开关量隔离器件有继电器、光隔离器、光电隔离固态继电器（SSR）。

用继电器对开关量进行隔离时，要考虑到继电器线包的反电动势的影响，驱动电路的器件必须能耐高压。为了吸收继电器线包的反电动势，通常在线包两端并联一个二极管。其触点并联一个消火花电容器，容量可在0.047～0.1μF之间选择，耐压视负载电压而定。

对于开关量的输入，一般用电流传输的方法。此方法抗干扰能力强，如图14-6所示。

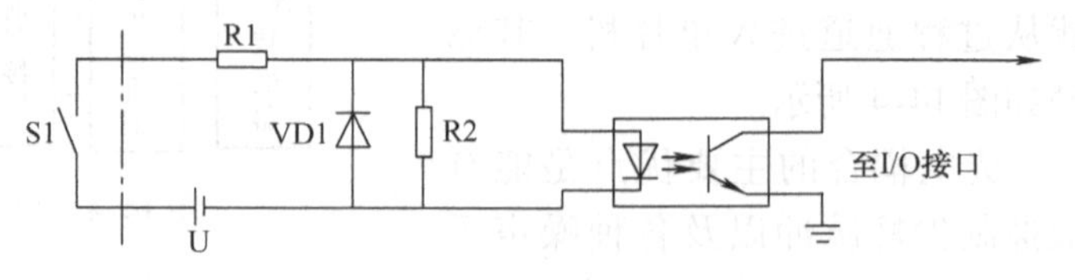

图14-6 开关量输入的光电隔离电路连接图

R1 为限流电阻，VD1、R2 为保护二极管和保护电阻。当外部开关闭合时，由电源 U 产生电流，使发光二极管导通，采用不同的 R1、R2 值以保证良好的抗干扰能力。

固态继电器代替机械触点的继电器优点十分明显。它是将发光二极管与晶闸管封装在一起的一种新型器件。当发光二极管导通时，晶闸管被触发而接通电路。固态继电器视触发方式不同，可分为过零触发与非过零触发两大类。

过零触发的固态继电器，本身几乎不产生干扰，这对单片机控制是十分有利的，但造价是一般继电器的 5 ~ 10 倍。

14.4　空间干扰及抗干扰措施

空间干扰主要指电磁场在线路、导线、壳体上的辐射、接收和解调。空间干扰来自应用系统的内部和外部。市电电源线是无线电波的媒介，而在电网中有脉冲源工作时，它又是辐射天线，因而任一线路、导线、壳体等在空间均同时存在辐射、接收、调制。空间干扰的抗干扰设计主要是地线系统设计、系统的屏蔽与布局设计。

14.4.1　接地技术

1. 接地种类

有两大类接地，一类接地是为人身或设备安全目的的，而把设备的外壳接地，这称之为外壳接地或安全接地；另一类接地是提供一个公共的电位参考点，这种接地称为工作接地。

（1）外壳接地　外壳接地是真正的与大地连接，以使漏到机壳的电荷能及时泄放到大地上，这样才能确保人身和设备的安全。

外壳接地的接地电阻应当尽可能低，因此在材料及施工方面均有一定的要求。外壳接地是十分重要的，但往往被人们所忽视。

（2）工作接地　工作接地是为了满足电路工作的需要而进行的。在许多情况下，工作地不与设备外壳相连，因此工作地的零电位参考点相对大地是浮空的。所以也把工作地称为“浮地”。

2. 接地系统

正确、合理地接地是单片机应用系统抑制干扰的主要方法。在单片机应用系统中，按单元电路的性质又可分为以下几种接地：

1）数字地（又称逻辑地），为逻辑电路的零电位。

2）模拟地，为 A/D 转换器、前置放大器或比较器的零电位。

3）功率地，为大电流网络部件的零电位。

4）信号地，通常为传感器的地。

5）小信号前置放大器的地。

6）交流地，交流 50Hz 地线，这种地线是噪声地。

7）屏蔽地，为防止静电感应和磁场感应而设置的地。

3. 机壳接地与浮地的比较

全机浮空，即机器各个部分全部与大地浮置起来。这种方法有一定的抗干扰能力，但要求机器与大地间的绝缘电阻不能小于 50MΩ，且一旦绝缘下降，便会带来干扰。另外，浮空容易产生静电，导致干扰。

14.4.2 屏蔽技术

高频电源、交流电源、强电设备产生的电火花甚至雷电，都能产生电磁波，从而成为电磁干扰的噪声源。当距离较近时，电磁波会通过分布电容和电感耦合到信号回路而形成电磁干扰；当距离较远时，电磁波则以辐射形式构成干扰。

单片机使用的振荡器，本身就是一个电磁干扰源，又极易受其他电磁干扰的影响，破坏单片机的正常工作。因此，应采取屏蔽措施，防止电磁干扰。

屏蔽可分为以下三类：

1）电磁屏蔽，防止电磁场的干扰。

2）磁场屏蔽，防止磁场的干扰。

3）电场屏蔽，防止电场的耦合干扰。

电磁屏蔽主要是防止高频电磁波辐射的干扰，以金属板、金属网或金属盒构成的屏蔽体能有效地屏蔽电磁波的干扰。屏蔽体以反射方式和吸收方式来削弱电磁波，从而形成对电磁波的屏蔽作用。

磁场屏蔽是防止电极、变压器、磁铁、线圈等的磁感应和磁耦合，用高导磁材料做成屏蔽层使磁路闭合，一般接大地。当屏蔽低频磁场时，选择磁钢、坡莫合金、铁等磁导率高的材料；而屏蔽高频磁场则应选择铜、铝等导电率高的材料。

电场屏蔽是为了解决分布电容问题，一般接大地，其主要是指单层屏蔽。对于双层屏蔽，如双变压器，一次侧屏蔽接机壳（即接大地），二次侧屏蔽接到浮地的屏蔽盒。

当一个接地的放大器与一个不接地的信号源相连时，连接电缆的屏蔽层应接到放大器公共端。反之，应接信号源的公共端。高增益放大器的屏蔽层应接到放大器的公共端。

为了有效发挥屏蔽体的屏蔽作用，还应注意屏蔽体的接地问题。为了消除屏蔽体与内部电路的寄生电容，屏蔽体应按“一点接地”的原则接地。

14.5 印制电路板的抗干扰设计

印制电路板是单片机系统中器件、信号线、电源线的高密度集合体，印制电路板设计的好坏对抗干扰能力影响很大，故印制电路板设计决不单是器件、线路的简单布局安排，还必须符合抗干扰的设计原则。

14.5.1 地线及电源线设计

（1）地线宽度　加粗地线能降低导线电阻，使它能通过三倍于印制电路板上的允许电流。如有可能，地线宽度应在2～3mm及以上。

（2）接地线构成闭环路　接地线构成闭环路能明显地提高抗噪声能力。闭环设计能显著地缩短线路的环路，降低线路阻抗，从而减少干扰。但要注意环路所包围的面积越小越好。

（3）印制电路板分区集中并联一点接地　当同一印制电路板上有多个不同功能的电路时，可将同一功能单元的元器件集中于一点接地，自成独立回路。这就可使地线电流不会流到其他功能单元的回路中去，避免了对其他单元的干扰。

(4) 电源线的布置　电源线除了要根据电流的大小，尽量增加导体宽度外，采取使电源线、地线的走向与数据传递的方向一致，将有助于增强抗噪声能力。

14.5.2　去耦电容器的配置

印制电路板上装有多个集成电路，而当其中有些元件耗电很多时，地线上会出现很大的电位差。抑制电位差的方法是在各个集成器件的电源线和地线间分别接入去耦电容器，以缩短开关电流的流通途径，降低电阻的电压降。这是印制电路板设计的一项常规做法。

(1) 电源去耦　电源去耦就是在每个印制电路板入口外的电源线与地线之间并接去耦电容器。并接的电容器应为一个大容量的电解电容器（10 ~ 100μF）和一个 0.01 ~ 0.1μF 的非电解电容器。可以把干扰分解成高频干扰和低频干扰两部分，并接大电容为了去掉低频干扰成分，并接小电容为了去掉高频干扰部分。低频去耦电容用铝或钽电解电容器，高频去耦电容采用自身电感小的云母或陶瓷电容器。

(2) 集成芯片去耦　每个集成芯片都应安装一个 0.1μF 的陶瓷电容器，安装时，必须将去耦电容器安装在本集成芯片的 VCC 和 GND 线之间，否则便失去了抗干扰作用。如果遇到印制电路板空隙小而装不下时，可每 4 ~ 10 个芯片安置一个 1 ~ 10μF 的限噪声用的钽电容器。这种电容器的高频阻抗特别小，在 500Hz ~ 200MHz 范围内阻抗小于 1Ω，而且漏电流很小（<0.5μA）。

对于抗噪声能力弱，关断电流大的器件和 ROM、RAM，应在芯片的 VCC 和 GND 间直接加去耦电容器。

14.5.3　印制电路板布线的抗干扰设计

印制电路板的布线对抗干扰性能有直接影响。前面已经介绍了一些布线原则，下面予以补充说明。

1) 如果印制电路板上逻辑电路的工作速度低于 TTL 的速度，导线条的形状无什么特别要求；如果工作速度较高，即使用高速逻辑器件，用作导线的铜箔在 90°转弯处的导线阻抗如果不连续，也可能导致反射干扰的发生，所以宜采用图 14-7 中右侧的形状，把弯成 90°的导线改成 45°，这将有助于减少反射干扰的发生。

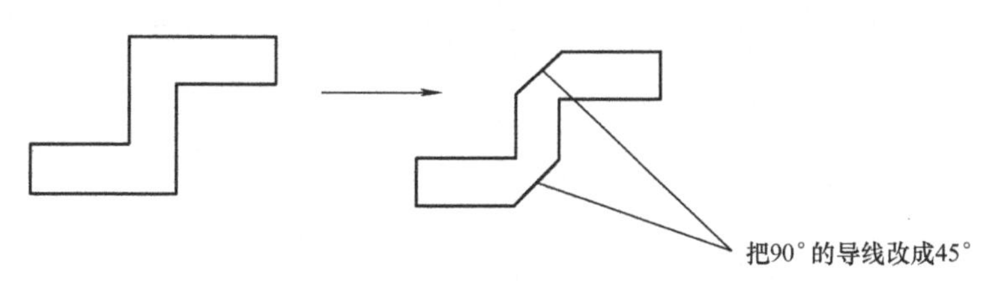

图 14-7　高速逻辑器件的布线原则

2) 不要在印制电路板中留下无用的空白铜箔层，因为它们可以充当发射天线或接收天线，可把它们就近接地。

3) 双面布线的印制电路板，应使双面的线条垂直交叉，以减少磁场耦合，有利于抑制干扰。

4) 导线间距离要尽量加大。对于信号回路，印制铜箔条的相互距离要有足够的尺寸，而且这个距离要随信号频率的升高而加大，尤其是频率极高或脉冲前沿十分陡峭的情况更要注意，只有这样才能降低导线之间分布电容的影响。

5）高电压或大电流线路对其他线路更容易造成干扰，低电平或小电流信号线路容易受到感应干扰，布线时使两者尽量相互远离，避免平行铺设，应采用屏蔽等措施。

6）所有线路尽量沿直流地铺设，尽量避免沿交流地铺设。

7）电源线的布线除了要尽量增加导体宽度外，采取使电源线、地线的走向与数据传递的方向一致，将有助于增强抗噪声能力。

8）走线不要有分支，这可避免在传输高频信号时导致反射干扰或发生谐波干扰，如图 14-8 所示。

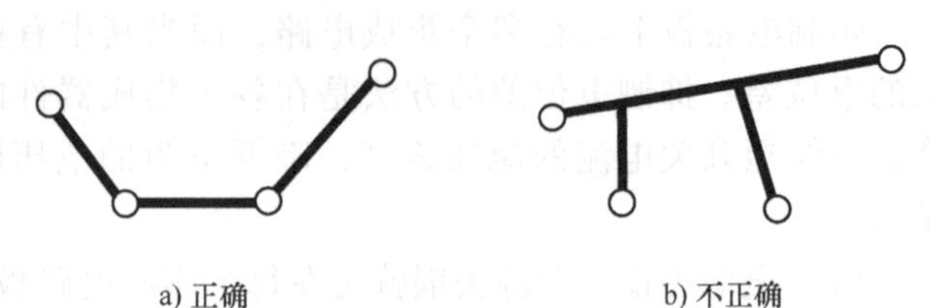

图 14-8 高频信号的布线原则

思考题与习题

1. 单片机的抗干扰措施有哪些？
2. 电源噪声有哪些种类？其来源和危害有哪些？
3. 设计一个光电隔离的简单电路。
4. 空间干扰有哪些种类？其危害有哪些？

第 15 章 单片机应用系统实例

前面系统介绍了 51 单片机的内部结构、存储器、中断定时器、接口及扩展和程序设计等。本章根据 51 单片机的性能和特点，重点介绍基于 51 单片机的综合应用实例。

15.1 出租车计价器

随着城市建设的日益完善，关乎城市面貌的出租车行业发展迅速，出租车计价器的大批量需求也是毫无疑问的，所以未来出租车计价器的市场还是有相当大的潜力。

汽车计价器是乘客与驾驶人双方的交易准则，是出租车中重要的仪器，关系着交易双方的利益。它是出租车行业发展的重要标志，具有良好性能的计价器无论是对广大出租车驾驶人还是乘客来说都是很必要的。因此，汽车计价器的研究也是有一定的应用价值的。

本节中出租车计价器的设计以 AT89S52 单片机为中心，采用 U18 霍尔式传感器对轮胎转数进行计数，实现对出租车里程的测量，并最终计算出结果。其中采用芯片 AT24C02 来保证系统在掉电时对单价、里程、车轮长度等信息进行存储，采用时钟芯片 DS1302 来显示时间并在系统需要时进行计时。输出采用两个 4 段数码显示管，而且根据按键有空车指示灯、等待查询指示灯、单程指示灯进行指示。

15.1.1 总体方案设计

本设计基于 AT89S52 单片机，利用单片机丰富的 I/O 口及其控制的灵活性，实现基本的里程计价功能和单双程价格调整、时钟显示功能等。计价器的单片机系统框图如图 15-1 所示。

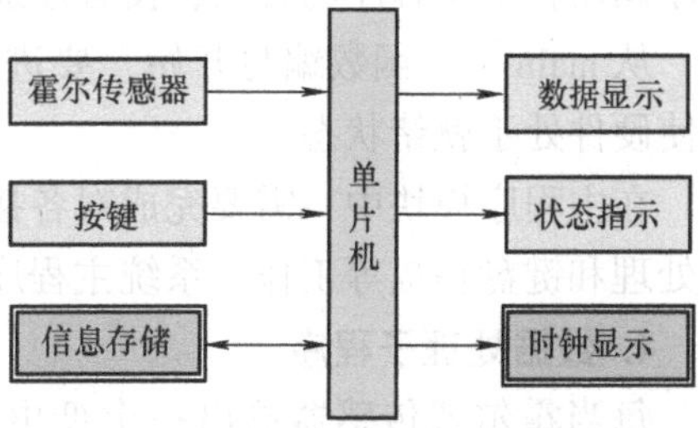

图 15-1 计价器系统框图

15.1.2 基本功能

1） 能显示里程，单位为公里（km），最后一位为小数位。

2） 能显示金额数，单位为元，最后一位为小数位。

3） 可设定单程价格和往返价格，单程价格为 2 元/km，往返价格为 1.5 元/km。

4） 起步公里数为 3km，价格为 5 元，若实际距离大于 3km，按规则 3） 计算价格。

5） 按暂停键，计价器可暂停计价；按查询键，可显示总等待时间。

6）提供空车指示功能，当无乘客时，按下功能切换按键，空车指示灯亮。

7）提供实时时间显示，无论计价器工作或者空车，都能显示实时时间，便于时间提醒。

8）提供信息存储功能，可以存储等待时间、里程和金额。

15.1.3 硬件设计方案

本设计采用基于 DS1302 的时钟电路对时间进行实时显示，单片机掉电对其没有影响。当出租车空车时就显示时间，给人时间提示。显示部分采用的是 LCD12864 液晶显示屏。

15.1.4 软件设计方案

本设计程序采取 C51 语言进行编写，使用 Keil μVision4 编译，其中包括里程计算和费用计算。

1. 里程计算

1）霍尔式传感器对车轮进行信号检测，产生并输出脉冲信号到单片机。

2）单片机对传感器输出的脉冲信号进行计数，并进行计算：每一个信号代表轮胎旋转一周，设轮胎的周长为 2m，产生的信号数为 500/km，里程显示为 N×2m =（2N） km。

2. 费用计算

1）出租车的起步价为 5 元，并且 3km 内不需额外计价。

2）出租车行驶 3km 后，单程为 2 元/km，往返为 1.5 元/km。

3）等待收费的标准为 5min 算 1km。

4）暂停时计价器暂停计价，不收费用。

3. 系统主程序

本设计中，软件设计采用模块化操作，利用各个模块之间的相互联系，在设计中采用主程序调用各个子程序的方法，使程序通俗易懂。

从 main（）函数编写开始，要进行初始化，包括对系统初始化和对硬件设备初始化，并使硬件处于就绪状态。

在主程序模块中，需要完成对各接口芯片的初始化、出租车起步价和单价的初始化、数据处理和键盘扫描等工作。系统主程序流程图如图 15-2 所示。

4. 数据处理子程序

每当霍尔式传感器输出一个低电平信号就使单片机中断一次，在计数中断服务程序中，里程和金额都相应变化，当然等待时间也换算成里程（当速度小于 5km/h 时，5min 相当于 1km）。计算程序根据里程数分别进入不同的计算公式。如果里程大于 3km，则执行公式：金额 =（里程 −3）× 单价 +5；否则，执行公式：金额 =5。程序流程图如图 15-3 所示。

5. 键盘扫描子程序

键盘采用查询的方式，放在主程序中。当没有按键按下时，单片机循环主程序；一旦有按键按下，便转向相应的子程序处理，处理结束再返回。

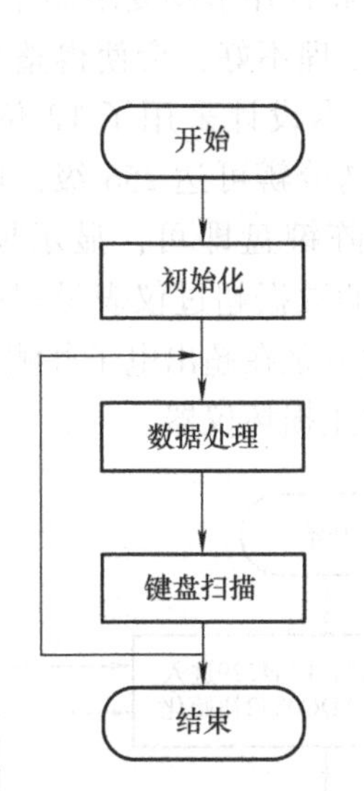

图 15-2 系统主程序流程图

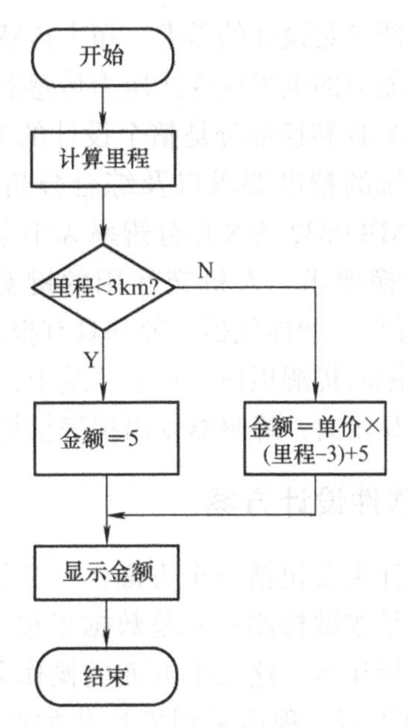

图 15-3 程序流程图

15.2 智能称重电子秤

电子秤是电子衡器中的一种，衡器是国家法定计量器具，是国计民生、国防建设、科学研究、内外贸易不可缺少的计量设备。衡器产品技术水平的高低，将直接影响各行各业的现代化水平和社会经济效益的提高。电子秤的应用领域主要分为工业计量和民用消费。在工业计量应用领域有电子天平、珠宝秤、市场计价秤等，而民用消费应用领域有厨房秤、人体秤、便携式口袋秤等。工业计量对秤的精度要求较高，而民用消费对秤的精度要求不高，但对秤的外观、智能性、便携性却有很高的要求。

本系统以 AT89C51 单片机为主控芯片，外部附以称重电路、显示电路、报警电路、键盘电路等构成智能称重系统电路，从而实现自动称重系统的称重功能、报警功能、数据计算功能以及人机交换功能。可以说，此设计所完成的电子秤很大程度上满足了应用需求。

15.2.1 总体方案设计

电子秤通过压力传感器来感知重量的变化。对传感器信号做适当转换后交给单片机处理。这里采用具有字符图文显示功能的 LCD 显示器，并连接外设键盘，实现丰富的人机交互。系统的整体框图如图 15-4 所示。

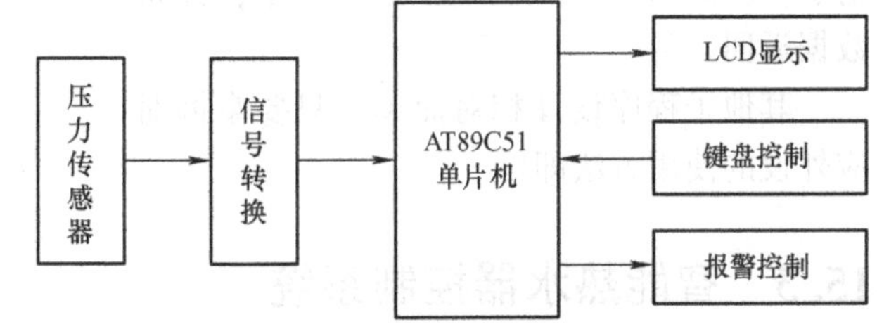

图 15-4 LCD 显示方案

15.2.2 硬件设计方案

电子秤的主控芯片采用 AT89C51 这个比较常用的单片机，其内部带有 4KB 的程序存储器，基本上能满足设计的需求。压力传感器的选择，直接关系到电子秤的精度。因此采用具有温度补偿能力的电阻应变式压力传感器，在仿真系统中将使用滑动变阻器作为压力传感器进行仿真。A/D 转换部分是整个设计的关键，这一部分处理不好，会使得整个设计毫无意义。根据系统的精度要求以及综合分析其优点和缺点，本设计采用了 12 位 A/D 转换器 ADC0832。ADC0832 为 8 位分辨率 A/D 转换芯片，其最高分辨可达 256 级，可以适应一般的模拟量转换要求。人机交互用的键盘就用简单的矩阵键盘即可，显示模块使用的是 LM4229 液晶屏。智能仪器一般都具有报警功能，当测量的数据超过仪表量程或者是超过用户设置的上限时提醒用户。在本系统中，设置报警的目的就是在超出电子秤测量范围以及总价不能正常显示时，蜂鸣器发出报警信号，提示用户，防止损坏仪器。

15.2.3 软件设计方案

软件设计主要包括三个方面：一是初始化系统；二是按键检测；三是数据采集、数据处理并进行显示。这三个方面的操作分别在主程序中进行。程序采用模块化的结构，这样程序结构清楚，易编程且易读性好，也便于调试和修改。

主程序模块主要完成编程芯片的初始化及按需要调用各模块（子程序），程序设计流程图如图 15-5 所示。

系统的子程序主要包括 A/D 转换启动及数据读取程序设计、显示程序设计、键盘输入控制程序设计以及报警子程序的设计等。

对于 A/D 转换和数据读取子程序，MCU 通过拉低 CS 电平、拉高 CLK 电平来启动 ADC0832 进行外部压力传感转换后的电压信号采样，每产生 8 个 CLK 脉冲，DATA 获得一位完整的 8bit 数据，此时 MCU 发送中断请求，拉高 CS 电平，拉低 CLK 电平，并将数据返回。

其他子程序设计相对简单，只要掌握对应外设的使用方法即可。

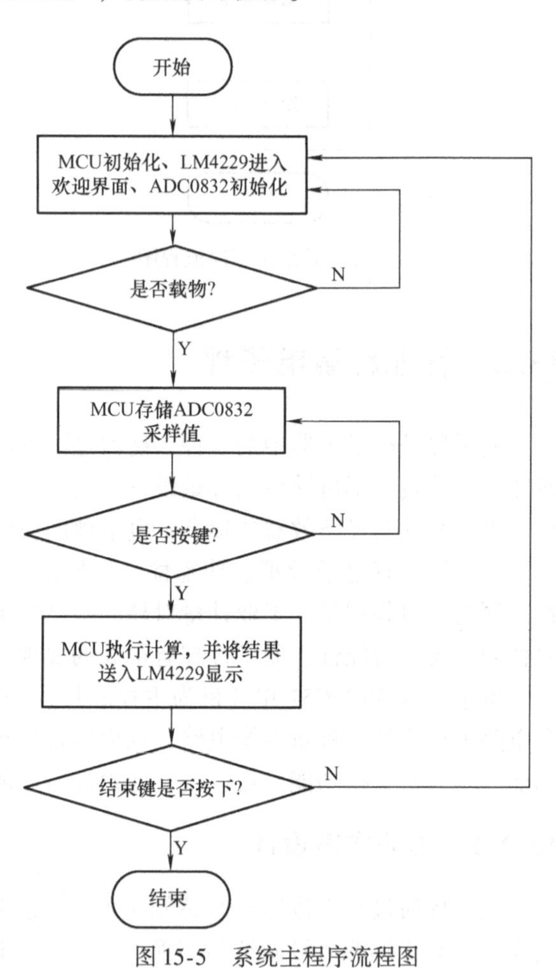

图 15-5 系统主程序流程图

15.3 智能热水器控制系统

随着科技的进步和人们生活水平的不断提高，热水器越来越普遍地走进千家万户，给人们的生活带来了极大的方便。同时，人们对热水器的智能化和安全性都提出了更高的要求。这就要求热水器具有一个智能控制系统，能够自动获取当前水温和水位信息，判断实际温度与预设温度的关系，从而实现加热的自动控制。

本次设计所提出的智能热水器控制系统，以 51 系列单片机为控制核心，通过温度传感器、水位传感器感知热水器状态，并通过按键、显示屏和用户进行人机交互，实现了定时加热、自动恒温的功能，同时也有过热、缺水的报警设计，给用户带来方便。本设计具有成本低、实用性强、温度控制精度高的特点。

15.3.1　总体方案设计

本设计所提到的智能热水器控制系统主要是实现对温度的自动控制、定时加热控制和智能报警的功能，因此，智能热水器控制系统主要由控制模块、显示模块、信息输入模块、加热模块、声光报警模块等几部分构成。系统总体设计框图如图 15-6 所示。

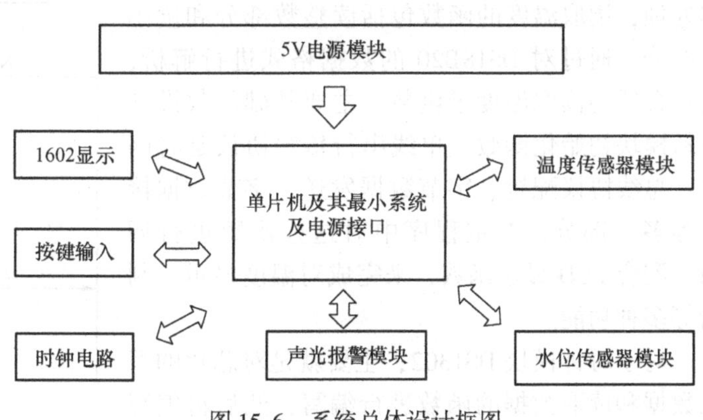

图 15-6　系统总体设计框图

15.3.2　硬件设计方案

对于主控芯片，本方案选择最简单的 8 位 51 系列的单片机 STC89C52RC，性能可靠，成本低，完全可以满足本系统的要求。对于显示模块，采用 LCD1602 字符型液晶屏，该液晶屏非常适合显示少量的、丰富的字符信息。对于输入模块，分为用户信息输入模块和传感器信息输入模块。用户信息输入就使用最简单的机械按键。传感器信息输入包括温度信息输入和水位信息输入两种。温度传感器采用 DS18B20，数字式输出，测温范围宽，能以单线串行方式与单片机通信。水位信息只需考虑是否缺水即可，因此直接封装一个断电触点，一端接地，当有水时，单片机对应端口电平被拉低，无水时端口电平被拉高，以此来检测是否缺水。

15.3.3　软件设计方案

软件系统主要的设计思路如下：

1）在系统打开后，显示当前的系统时间信息和水温信息，如果水温低于设定值则开始加热，如果水温高于设定值或状态为缺水就进行声光报警。

2）响应按键操作。当用户按下设置键时，进入功能选择菜单，功能选择菜单有三个，第一个是设置时间，第二个是设置定时加热开始和结束的时间，第三个是设置温度范围的上限和下限。

在软件程序的设计中，充分体现了模块化的设计思想，整个软件系统主要包括了整体初始化函数、LCD1602 基础函数、DS18B20 基础函数、DS1302 基础函数、按键扫描设置策略函数几个大的部分，然后在主程序中进行相关模块的函数调用，如传感器状态读取、温度智能判断、报警处理策略、键盘扫描等，完成系统所预期的操作功能。软件系统总体流程图如图 15-7 所示。

对于显示模块的程序，也就是操作 LCD1602 的一些相关指令，主要包括初始化、写命令子函数和写数据子函数等。除此之外，还要编写在进行时间设定过程中和在温度设定过程中要显示的内容，结合用户的输入，设置合适的光标显示处理。

对于温度传感器模块，主要是进行温度获取和处理，读取温度的函数包括读整数部分和读小数部分，通过对 DS18B20 的数据格式进行解析，编写合适的读取温度子函数。主要基础函数设计包括模块初始化函数、单线串行传输协议延时函数、总线协议配置、字节数据发送、字节数据接收等多个部分。在主程序中对这些函数进行调用，配合 LCD 显示函数，来完成对温度显示、判断等多种功能。

对于时钟模块 DS1302，主要就是对芯片的写入数据和读取数据的函数进行编写，然后再编写相应的日期设定函数。使用 write_ds1302_byt 函数进行数据准备工作，使用 write_ds1302 函数对数据进行写入，使用 read_ds1302 函数对时间数据进行读出，使用 set_rtc 函数对时间进行设置。

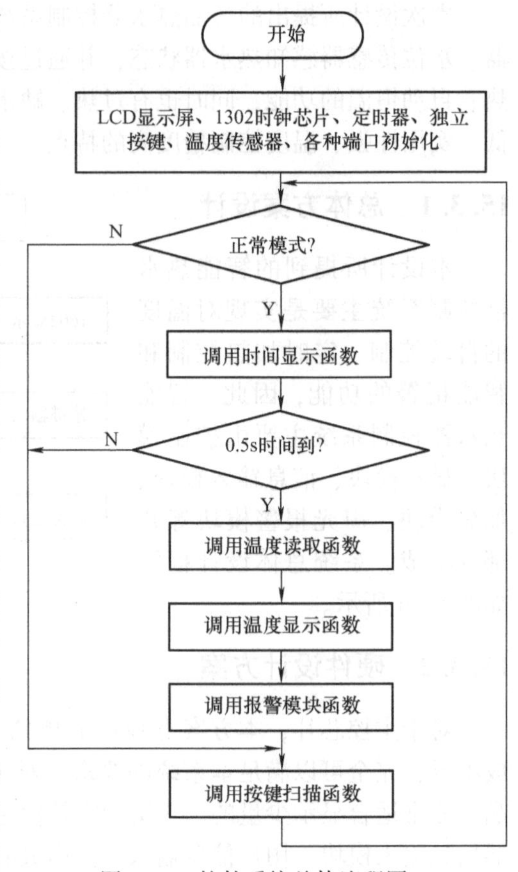

图 15-7 软件系统总体流程图

对于按键程序的设计，主要是按键扫描策略使用的设计。因为按键扫描和定义逻辑比较复杂，不仅要识别按下按键的次数、哪个按键，还要配合 LCD 显示函数，对不同的键值和状态进行显示，并通过控制 LCD1602 的光标位置与开闭，提示用户进行设置。按键扫描和设置程序单独做成一个子函数，在主程序中循环调用。在进行按键编程操作中，因为使用的是机械按键，会存在抖动的现象，造成检测不准确或按下次数误判，一般采用软件去抖的方式，即通过延时的方式，保证单片机读取到的键值的准确性。

主程序中主要包含各个功能函数的调用。在程序运行开始，对各个模块、端口和定时器初始化操作，然后进入循环结构。循环结构中通过标志位判断系统处于调节模式还是正常模式，并不断执行键盘扫描函数。正常模式下执行温度显示和时间显示，调用报警模块的子函数，进行温度、水位状态的检测和判断。在程序中设置了相应的判断标志位，通过这些变量值的判断来确定是否达到报警条件。水温低于设定温度则开启加热指示灯，高于设定温度则报警，如果缺水，也进行报警。

中断服务程序主要使用了定时器中断，使用 T0 定时 50ms，并在其中断服务程序中进行计数，为系统正常模式下的显示数据更新提供时间基准。

思考题与习题

1. 出租车计价系统由哪些部分组成？简述其设计思路。
2. 单片机系统设计实现中的输入和输出功能模块有哪些？简述其设计方案。

第16章 Keil C51软件使用

Keil C51 编译软件是应用最广泛的单片机开发仿真软件，界面友好，易学易用。Keil C51 软件提供丰富的库函数和功能强大的集成开发调试工具，包括 C 编译器、宏汇编、连接器、库管理和一个仿真调试器在内的完整开发方案，并通过 μVision 将以上部分组合在一起，可以完成从工程建立到管理、编译、链接、目标代码生成、软件仿真和硬件仿真等完整的开发流程。

16.1 Keil C51 软件简介

16.1.1 Keil μVision 集成开发环境

Keil μVision IDE 是基于 Windows 的开发平台，它集编辑、编译、仿真等于一体，同时支持汇编、C 语言的程序设计，支持众多不同公司的 C51 架构的芯片。2013 年 10 月，Keil 正式发布了 Keil μVision5 IDE。启动 Keil μVision5 应用程序，首先出现图 16-1 所示的启动界面。进入集成开发环境，出现图 16-2 所示的界面。Keil μVision5 编译环境包括菜单栏、工具栏、工程管理区、文件编辑窗口及输出窗口。

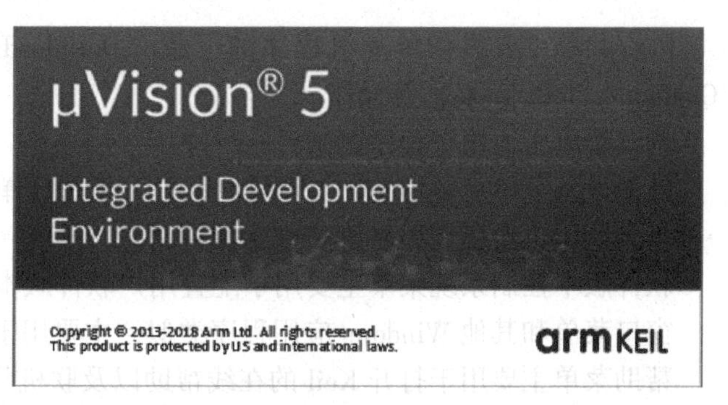

图 16-1 Keil μVision5 开发环境启动界面

1. 菜单栏

Keil 主界面中的菜单栏共有 11 个，软件提供的绝大多数功能都可以通过菜单来操作。Keil 软件菜单栏中的内容有时会根据项目配置和工作模式的不同出现一些差异，当菜单项不可用时会显示为灰色或隐藏。根据操作类型的不同菜单栏分为文件（File）菜单、编辑（Edit）菜单、视图（View）菜单、工程（Project）菜单、闪存（Flash）菜单、调试（Debug）菜单、外部设备（Peripherals）菜单、工具（Tools）菜单、软件版本控制系统（SVCS）菜单、窗口（Window）菜单、帮助（Help）菜单。

文件菜单和其他 Windows 文件菜单类似，用于文件常规操作。

编辑菜单主要用于文件编辑过程中的相关操作。

视图菜单主要用于显示和隐藏各种窗口和工具栏。

工程菜单主要用于项目管理和配置操作。

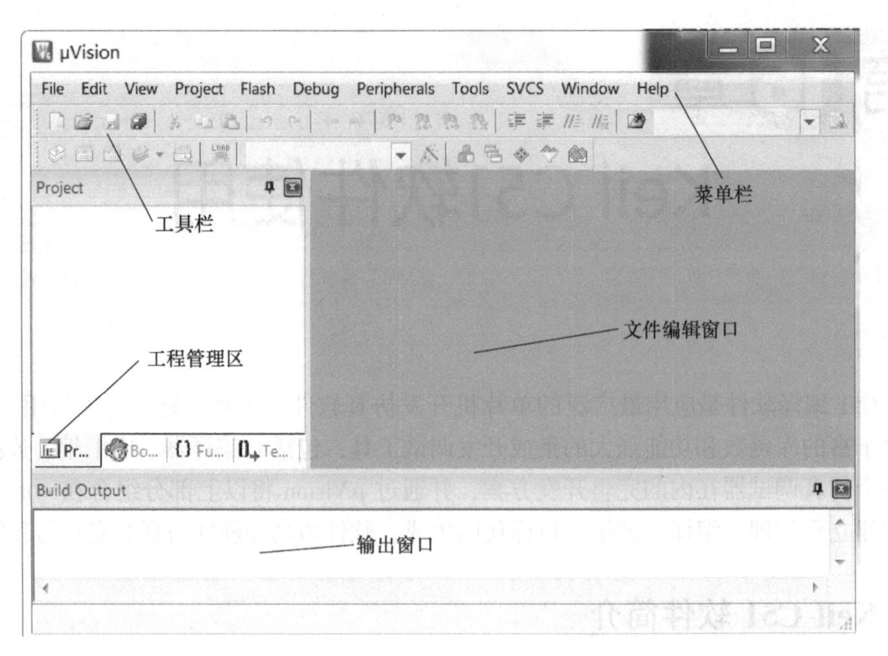

图 16-2 Keil µVision5 集成开发环境

闪存菜单主要提供单片机程序的下载（Download）、擦除（Erase）和配置 Flash 工具（Configure Flash Tools）等操作。

调试菜单主要用于程序调试。

外部设备菜单主要用于仿真调试时，打开或关闭单片机的片内资源仿真窗口。

工具菜单主要用于提供第三方软件控制。

软件版本控制系统菜单主要用于配置用户软件版本控制。

窗口菜单和其他 Windows 应用程序类似，主要用于排列管理子窗口。

帮助菜单主要用于打开 Keil 的在线帮助以及联机帮助。

2. 工具栏

工具栏提供了一种快速执行软件功能的便捷方法。将常用菜单命令以快捷按钮的形式列出来方便使用。Keil 的工具栏按用途分为文件工具栏、编译工具栏和调试工具栏三个。

文件工具栏用于与文件有关的操作和开始/停止调试模式、设置断点等。

编译工具栏用于与程序编译有关的操作。

调试工具栏用于与程序调试有关的操作，只有在仿真调试时可用。

3. 工程管理区

在程序编译阶段，工程管理区主要用于管理项目中的文件，可以添加、移除文件，编译单个文件或编译工程。

4. 文件编辑窗口

文件编辑窗口主要用于编辑源文件。在调试阶段还可以观察到显示与编译器创建的指令对应汇编代码的反汇编窗口。

5. 输出窗口

在程序编译阶段，该窗口显示编译输出。在程序调试阶段，该窗口可以显示指令窗口、观察窗口、串行口窗口等。

16.1.2　Keil 工程文件的建立

用 Keil 开发一个新的应用是从新建一个项目开始。项目（Project）也叫工程，它是 Keil 中一个特殊结构的文件，用于对应用中所有其他文件进行管理，包含应用中相关文件的关系和对应用目标的配置参数。只有建立一个项目并在其中添加程序文件后，才能进行程序的编译、连接、调试和运行等操作。

在 Keil 中新建一个项目的方法是执行菜单命令“Project”→“New μVision Project”，弹出图 16-3 所示的对话框，提示输入工程名和选择保存文件夹。选择文件夹“test”，并在文件名中输入“test1”，保存类型默认为“Project Files”，扩展名为“.uvproj”。

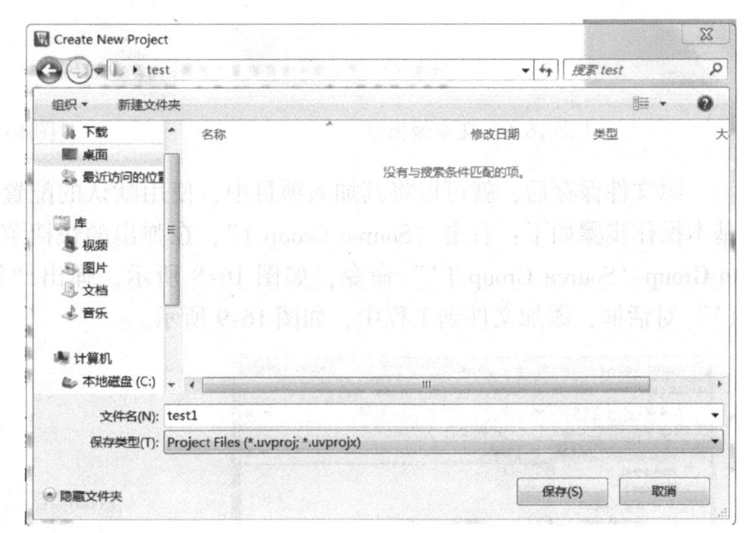

图 16-3　“Create New Project”对话框

保存工程后，弹出设备选择对话框，如图 16-4 所示。通过该对话框，可以选择不同公司生产的各类型单片机。

选择完毕，单击“OK”（确定）按钮后，弹出图 16-5 所示的“μVision”对话框，提示是否将启动代码复制到工程目录并添加到工程中，在这里单击“是（Y）”按钮，进入下一步。

执行“File”→“New”命令，新建源文件，输入源文件名称，如图 16-6 所示。

单击工作栏中的“Save As”按钮，弹出“Save As”对话框，如图 16-7 所示。C 语言设计文件要在文件名后添加“.c”扩展名，汇编语言设计文件则要在文件名后添加“.asm”扩展名。

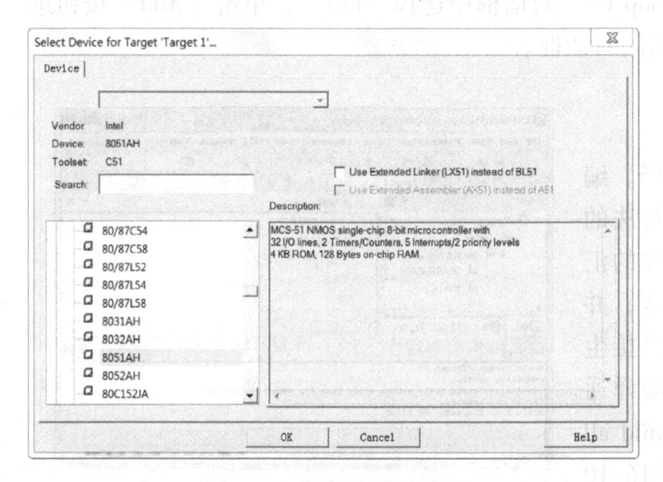

图 16-4　设备选择对话框

图 16-5　是否复制启动码

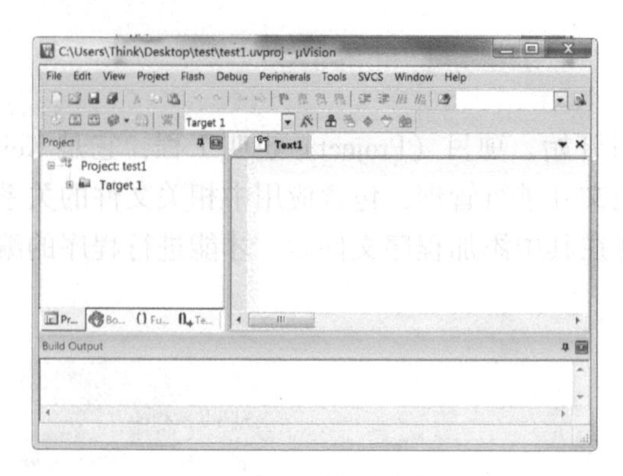

图 16-6 文本编辑框

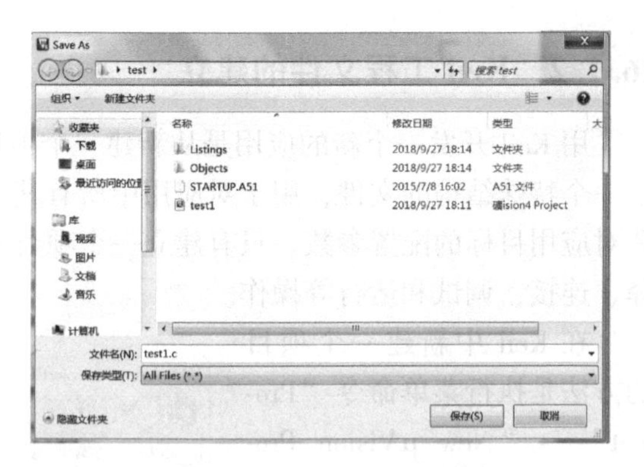

图 16-7 Save As 对话框

源文件保存后，就可以将其加入项目中，使用默认的配置进行编译、连接和调试运行。基本操作步骤如下：右击“Source Group 1”，在弹出的快捷菜单中执行“Add Existing Files to Group ‘Source Group 1’”命令，如图 16-8 所示，弹出“添加文件到组‘Source Group 1’”对话框，添加文件到工程中，如图 16-9 所示。

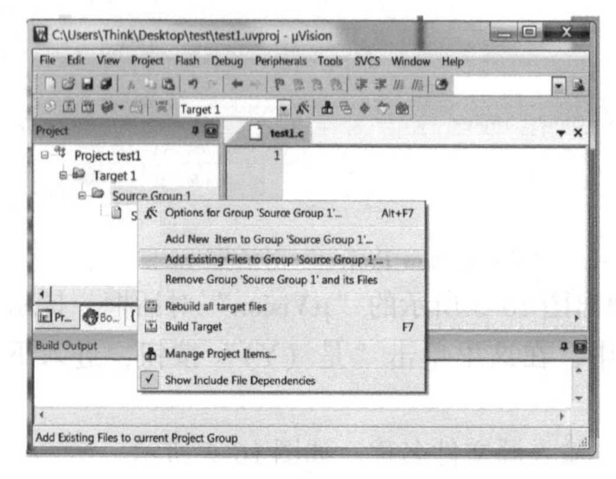

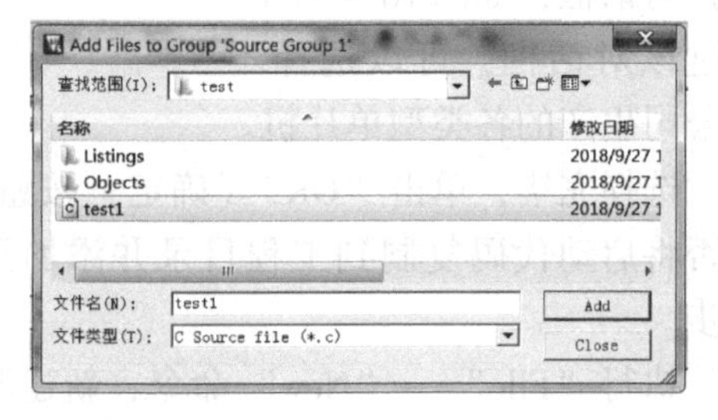

图 16-8 添加文件到工程　　图 16-9 添加文件到组 Source Group 1 对话框

在“Add Files to Group ‘Source Group 1’”对话框中选择“test1”，单击“Add”按钮进行文件添加，最后单击“Close”按钮关闭对话框。

16.1.3 工程项目的编译

源程序设计完成后，即可进行编译。编译是指读取源程序，对其进行词法和句法的分析，将高级语言指令转换成功能等效的汇编代码，再由汇编程序转换为机器语言，并且按照操作系统对可执行文件的要求链接生成可执行程序。Keil C51 开发系统的编译通过“Project”“Build Target”或“Rebuild all target files”命令实现。编译失败如图 16-10 所示，编译成功如图 16-11 所示。

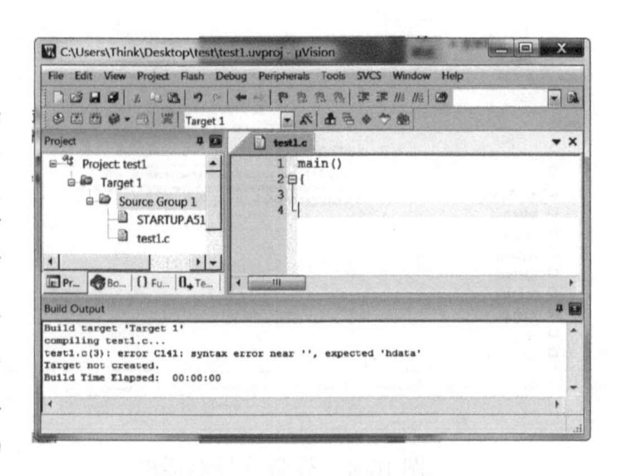

图 16-10 编译失败提示

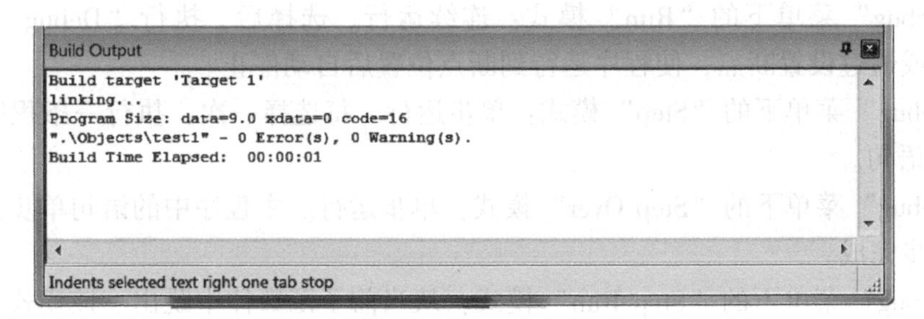

图 16-11　编译成功提示

16.1.4　工程项目的调试

Keil 支持两种仿真调试方式，软件仿真和在线仿真。

软件仿真无须实际单片机参与，它由微机来担当仿真器模拟单片机执行程序的过程，以及单片机内部资源的工作状况，但它不能仿真单片机外部器件。

在线仿真需要外部仿真器的参与，该方式中仿真器负责执行单片机程序，借助通信手段和相关协议，Keil 可对仿真器的执行过程进行控制。它能较真实反映应用系统的实际工作状况。

在 Keil 中选择哪种仿真方式，是通过“Option for Target（目标选项）”对话框中的“Debug（调试）”选项卡设置的，如图 16-12 所示。

程序编译连接通过后，通常会先使用软件仿真方式对程序进行调试，当目标硬件制作完成后，再使用在线仿真方式进行软硬件联调。选择软件仿真方式时，需选中“Debug”选项卡上的“Use Simulator”单选按钮，关闭对话框回到主界面后，再执行菜单命令“Debug”→“Start/Stop Debug Session”，或单击文件工具栏上的对应按钮，或按组合键 <Ctrl + F5> 进入 Keil 的调试模式主界面，如图 16-13 所示。再次执行菜单命令“Debug→Start/Stop Debug Session”会退出调试模式回到编译模式。

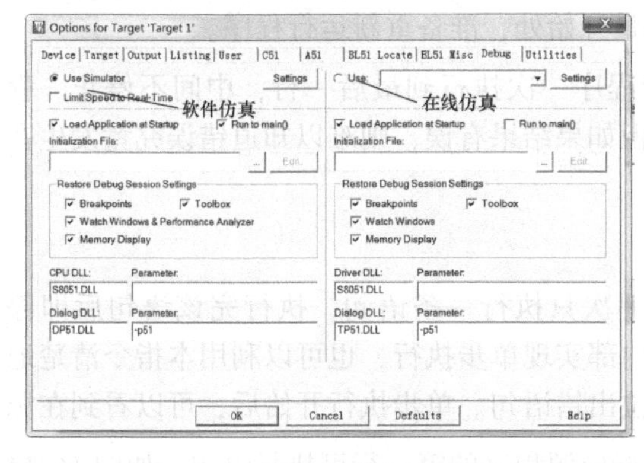

图 16-12　设置仿真方式对话框

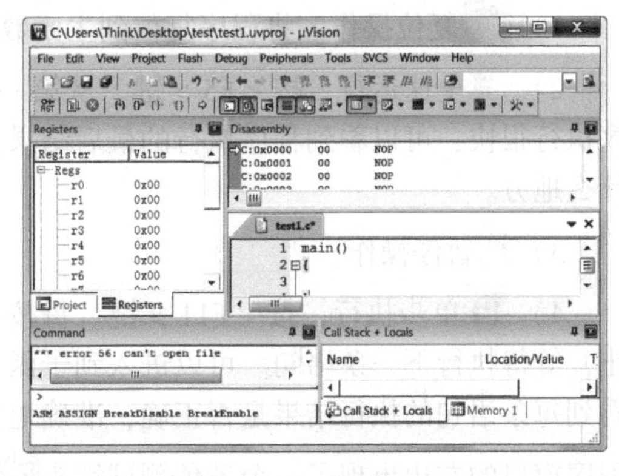

图 16-13　调试界面

进入调试模式后，Keil 中会出现一些调试窗口用于调试程序，包括输出窗口、变量观察窗口、存储器窗口、反汇编窗口、串行窗口。

调试运行方式主要有以下 4 种。

1）“Debug”菜单下的“Run”模式：连续运行。选择后，执行“Debug”→“Stop”命令停止，或通过设置断点，使程序运行到断点位置后自动停止。

2）“Debug”菜单下的“Step”模式：单步运行。每选择一次，执行一条程序（包括子函数）中的语句。

3）“Debug”菜单下的“Step Over”模式：单步运行。主程序中的语句单步执行，子程序函数体一步完成。

4）“Debug”菜单下的“Step Run”模式：从当前子函数体中跳出。该模式只有单步进入执行到子函数体中的语句之后才可选择。

调试完成后，执行“Debug”→“Start/Stop Debug Session”命令退出调试状态。

16.2 单片机程序开发

16.2.1 常用调试命令

选择菜单“Debug”→“Start/Stop Debug Session”或按组合键 < Ctrl + F5 >，即可进入调试状态。Keil 内建了一个仿真 CPU，用于模拟执行程序。该仿真 CPU 可以在没有任何硬件及仿真机的情况下对程序进行调试。

进入调试状态后的界面如图 16-14 所示。调试状态下的功能键全部出现。菜单“Debug”中的大部分命令可在工具条中找到相应的快捷按钮，其主要按钮符号、功能说明如下。

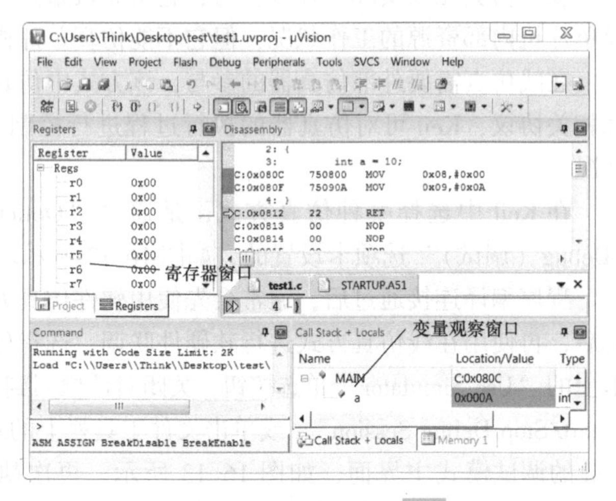

图 16-14 进入调试状态后按下时的界面

1）复位操作。将程序复位到主函数的最开始处，准备重新运行程序。

2）全速运行，按 < F5 > 键。从第一行程序一次执行到最后一行，中间不停止。程序执行很快，可以看到程序执行的最后结果。但如果结果有误，则难以知道错误究竟发生在什么地方。

3）暂停操作。

4）单步执行，按 < F11 > 键。每按下一次只执行一条语句，执行完该语句后即停止，等待执行下一条语句。可以进入到子函数内部实现单步执行，也可以利用本指令清楚地看到每条语句的执行结果是否正确，准确地定位出错语句。单步执行开始后，可以看到在源程序窗口的左边出现了一个黄色测试箭头，指向源程序的第一行可执行语句，如图 16-14 所示。每按下一次 < F11 > 键，执行该箭头所指的程序行。箭头所指行是当前命令行，即程序计数器 PC 所在之处。单步执行虽然可以检查出一些错误，但排错效率低。例如，在循环程序中，若循环 1 万次，则采用单步执行是不切实际的，此时就可以采用“执行到光标处指令”。

5）过程单步，按<F10>键。其功能是将C语言中的函数，或汇编语言中的子程序作为一个语句全速执行。不会进入到子函数内部，可直接跳过函数。这样便于检查子函数或子程序编写的正确性。

6）单步执行到函数外。使用该命令后，全速执行完调试光标所在的子程序或子函数，并执行主程序中的下一行程序。

7）执行到光标所在的行，按<Ctrl+F10>组合键。设置好光标后，使用该命令则全速执行所在行和光标所在行之间的所有语句，这样便于检查某一部分是否有错。例如，在延时循环中，就可检查延时时间是否符合要求。

灵活运用这几种调试命令，可大大提高查错的效率。除此之外，还有一些调试工具按钮，如下一状态、寄存器窗口、存储器窗口、串行窗口、性能分析等。

16.2.2　断点设置

调试程序时，一些程序行必须满足一定的条件才能被执行到（如程序中某变量达到一定的值、键被按下、串行口接收到数据、有中断产生等），这些条件往往难以预先确定。此类问题使用前面介绍的调试命令是很难实现的，此时就需要用到程序调试中的另一种非常重要的方法——断点设置。

断点设置的方法有多种，常用的是在某一程序行设置断点。设置好断点后，可以全速运行程序，一旦执行到断点所在的程序行，则暂停。可在此时观察变量的值，以确定前面的程序是否正确。

在菜单“Debug”中，与断点有关的选项如图16-15所示。这些选项所对应的快捷按钮也显示在调试界面下的工具条栏目中。

当所处的断点不是程序的某一条语句即不确定时，可以用“Breakpoints”选项设置断点，设置对话框如图16-16所示。

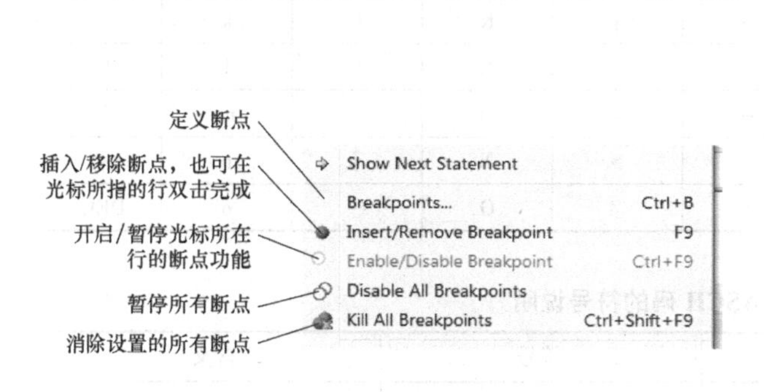

图16-15　断点设置选项及其功能

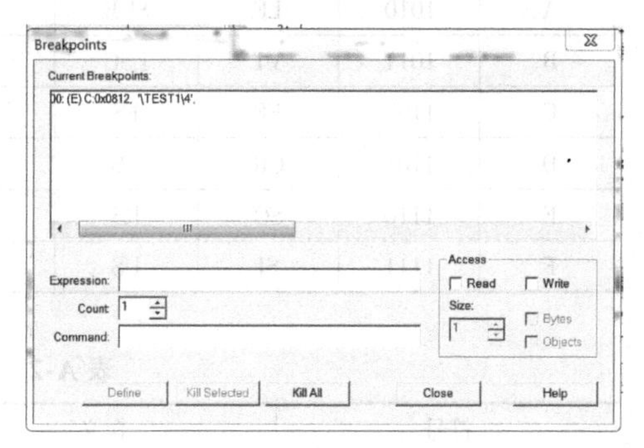

图16-16　“断点设置”对话框

思考题与习题

1. 简述Keil 51程序的编译流程。
2. 简述单片机程序调试过程中断点的作用。

附 录

附录 A　ASCII 码

表 A-1　ASCII 码字符表

低位		高位							
		0	1	2	3	4	5	6	7
		000	001	010	011	100	101	110	111
0	0000	NUL	DLE	SP	0	@	P	、	p
1	0001	SOH	DC1	!	1	A	Q	a	q
2	0010	STX	DC2	″	2	B	R	b	r
3	0011	ETX	DC3	#	3	C	S	c	s
4	0100	EOT	DC4	$	4	D	T	d	t
5	0101	ENQ	NAK	%	5	E	U	e	u
6	0110	ACK	SYN	&	6	F	V	f	v
7	0111	BEL	ETB	‘	7	G	W	g	w
8	1000	BS	CAN	(	8	H	X	h	x
9	1001	HT	EM	)	9	I	Y	i	y
A	1010	LF	SUB	*	:	J	Z	j	z
B	1011	VT	ESC	+	;	K	[	k	{
C	1100	FF	FS	,	<	L	\	l	|
D	1101	CR	GS	-	=	M	]	m	}
E	1110	SO	RS	.	>	N	↑	n	~
F	1111	SI	US	/	?	O	←	o	DEL

表 A-2　ASCII 码的符号说明

符号	含义	符号	含义
NUL	空	DLE	数据链换码
SOH	标题开始	DC1	设备控制 1
STX	正文结束	DC2	设备控制 2
ETX	本文结束	DC3	设备控制 3
EOT	传输结束	DC4	设备控制 4
ENQ	询问	NAK	否定

（续）

符号	含义	符号	含义
ACK	承认	SYN	空转同步
BEL	报警符	ETB	信息组传送结束
BS	退一格	CAN	作废
HT	横向制表	EM	纸尽
LF	换行	SUB	减
VT	垂直制表	ESC	换码
FF	走纸控制	FS	文字分隔符
CR	回车	GS	组分隔符
SO	移位输出	RS	记录分隔符
SI	移位输入	US	单元分隔符
SP	空格	DEL	删除

附录 B 图形字符代码表（汉字编码部分）实例图

第二字节																						
							b_7	0	0	0	0	0	0	0	0		1	1	1	1	1	1
							b_6	1	1	1	1	1	1	1	1		1	1	1	1	1	1
							b_5	0	0	0	0	0	0	0	0		1	1	1	1	1	1
							b_4	0	0	0	0	0	0	0	1		1	1	1	1	1	1
							b_3	0	0	0	1	1	1	1	0		0	0	0	1	1	1
							b_2	0	1	1	0	0	1	1	0		0	1	1	0	0	1
							b_1	1	0	1	0	1	0	1	0		1	0	1	0	1	0
第一字节							位／区	1	2	3	4	5	6	7	8	…	89	90	91	92	93	94
b_7	b_6	b_5	b_4	b_3	b_2	b_1																
0	1	0	0	0	0	1	1															
							…（	非	汉	字	图	形	符	号	）	…						
0	1	0	1	1	1	1	15															
0	1	1	0	0	0	0	16	啊	阿	埃	挨	哎	唉	衰	皑		谤	苞	胞	包	褒	剥
0	1	1	0	0	0	1	17	薄	雹	保	堡	饱	宝	抱	报		冰	柄	丙	秉	饼	炳
0	1	1	0	0	1	0	18	病	并	玻	菠	播	拨	钵	波		铲	产	阐	颤	昌	猖
0	1	1	0	0	1	1	19	场	尝	常	长	偿	肠	厂	敞		踌	锄	雏	滁	除	楚
0	1	1	0	1	0	0	20	础	储	矗	搐	触	处	揣	川		殆	代	贷	袋	待	逮
							…		（	一	级	汉	字	）		…						
1	0	1	0	1	1	1	55	住	注	祝	驻	抓	爪	拽	专		座	（	空	白	）	
1	0	1	1	0	0	0	56	亍	π	兀	丏	廿	卅	丕						攸		
							…		（	二	级	文	字	）		…						
1	1	1	0	1	1	1	87	鳌			鳏			鳔	鳕		鼯				鼾	
1	1	1	1	0	0	0	88															
							…		（	空	白	区	）			…						
1	1	1	1	1	1	0	94															

附录 C　C51 单片机指令集

表 C-1　数据传送类指令（共 28 条）

助记符	功能说明	字节数	振荡周期
MOV　A，Rn	寄存器内容送入累加器	1	12
MOV　A，direct	直接地址单元中的数据送入累加器	2	12
MOV　A，@Ri	间接 RAM 中的数据送入累加器	1	12
MOV　A，#data8	8 位立即数送入累加器	2	12
MOV　Rn，A	累加器内容送入寄存器	1	12
MOV　Rn，direct	直接地址单元中的数据送入寄存器	2	24
MOV　Rn，#data8	8 位立即数送入寄存器	2	12
MOV　direct，A	累加器内容送入直接地址单元	2	12
MOV　direct，Rn	寄存器内容送入直接地址单元	2	24
MOV　direct，direct	直接地址单元中的数据送入直接地址单元	3	24
MOV　direct，@Ri	间接 RAM 中的数据送入直接地址单元	2	24
MOV　direct，#data8	8 位立即数送入直接地址单元	3	24
MOV　@Ri，A	累加器内容送入间接 RAM 单元	1	12
MOV　@Ri，direct	直接地址单元中的数据送入间接 RAM 单元	2	24
MOV　@Ri，#data8	8 位立即数送入间接 RAM 单元	2	12
MOV　DPTR，#data16	16 位立即数地址送入地址寄存器	3	24
MOVC　A，@A+DPTR	以 DPTR 为基地址变址寻址单元中的数据送入累加器	1	24
MOVC　A，@A+PC	以 PC 为基地址变址寻址单元中的数据送入累加器	1	24
MOVX　A，@Ri	外部 RAM（8 位地址）送入累加器	1	24
MOVX　A，@DPTR	外部 RAM（16 位地址）送入累加器	1	24
MOVX　@Ri，A	累加器送入片外 RAM（8 位地址）	1	24
MOVX　@DPTR，A	累加器送入片外 RAM（16 位地址）	1	24
PUSH　direct	直接地址单元中的数据压入堆栈	2	24
POP　direct	堆栈中的数据弹出到直接地址单元	2	24
XCH　A，Rn	寄存器与累加器交换	1	12
XCH　A，direct	直接地址单元与累加器交换	2	12
XCH　A，@Ri	间接 RAM 与累加器交换	1	12
XCHD　A，@Ri	间接 RAM 与累加器进行低半字节交换	1	12

表 C-2　算术运算类指令（共 24 条）

助记符	功能说明	字节数	振荡周期
ADD　A，Rn	寄存器内容加到累加器	1	12
ADD　A，direct	直接地址单元加到累加器	2	12
ADD　A，@Ri	间接 RAM 内容加到累加器	1	12
ADD　A，#data8	8 位立即数加到累加器	2	12
ADDC　A，Rn	寄存器内容带进位加到累加器	1	12

（续）

助记符	功能说明	字节数	振荡周期
ADDC　A，dirct	直接地址单元带进位加到累加器	2	12
ADDC　A，@ Ri	间接 RAM 内容带进位加到累加器	1	12
ADDC　A，#data8	8 位立即数带进位加到累加器	2	12
SUBB　A，Rn	累加器带借位减寄存器内容	1	12
SUBB　A，dirct	累加器带借位减直接地址单元	2	12
SUBB　A，@ Ri	累加器带借位减间接 RAM 内容	1	12
SUBB　A，#data8	累加器带借位减 8 位立即数	2	12
INC　A	累加器加 1	1	12
INC　Rn	寄存器加 1	1	12
INC　direct	直接地址单元内容加 1	2	12
INC　@ Ri	间接 RAM 内容加 1	1	12
INC　DPTR	DPTR 加 1	1	24
DEC　A	累加器减 1	1	12
DEC　Rn	寄存器减 1	1	12
DEC　direct	直接地址单元内容减 1	2	12
DEC　@ Ri	间接 RAM 内容减 1	1	12
MUL　AB	A 乘以 B	1	48
DIV　AB	A 除以 B	1	48
DA　A	累加器进行十进制转换	1	12

表 C-3　逻辑操作类指令（共 25 条）

助记符	功能说明	字节数	振荡周期
ANL　A，Rn	累加器与寄存器相“与”	1	12
ANL　A，direct	累加器与直接地址单元相“与”	2	12
ANL　A，@ Ri	累加器与间接 RAM 内容相“与”	1	12
ANL　A，#data8	累加器与 8 位立即数相“与”	2	12
ANL　direct，A	直接地址单元与累加器相“与”	2	12
ANL　direct，#data8	直接地址单元与 8 位立即数相“与”	3	24
ORL　A，Rn	累加器与寄存器相“或”	1	12
ORL　A，direct	累加器与直接地址单元相“或”	2	12
ORL　A，@ Ri	累加器与间接 RAM 内容相“或”	1	12
ORL　A，#data8	累加器与 8 位立即数相“或”	2	12
ORL　direct，A	直接地址单元与累加器相“或”	2	12
ORL　direct，#data8	直接地址单元与 8 位立即数相“或”	3	24
XRL　A，Rn	累加器与寄存器相“异或”	1	12
XRL　A，direct	累加器与直接地址单元相“异或”	2	12
XRL　A，@ Ri	累加器与间接 RAM 内容相“异或”	1	12
XRL　A，#data8	累加器与 8 位立即数相“异或”	2	12
XRL　direct，A	直接地址单元与累加器相“异或”	2	12

（续）

助记符	功能说明	字节数	振荡周期
XRL direct，#data8	直接地址单元与8位立即数相“异或”	3	24
CLR A	累加器清0	1	12
CPL A	累加器求反	1	12
RL A	累加器循环左移	1	12
RLC A	累加器带进位循环左移	1	12
RR A	累加器循环右移	1	12
RRC A	累加器带进位循环右移	1	12
SWAP A	累加器半字节交换	1	12

表 C-4 控制转移类指令（共16条）

助记符	功能说明	字节数	振荡周期
ACALL addr11	绝对短调用子程序	2	24
LACLL addr16	长调用子程序	3	24
RET	子程序返回	1	24
RETI	中断返回	1	24
AJMP addr11	绝对短转移	2	24
LJMP addr16	长转移	3	24
SJMP rel	相对转移	2	24
JMP @A+DPTR	相对于DPTR的间接转移	1	24
JZ rel	累加器为0转移	2	24
JNZ rel	累加器非0转移	2	24
CJNE A，direct，rel	累加器与直接地址单元比较，不等则转移	3	24
CJNE A，#data8，rel	累加器与8位立即数比较，不等则转移	3	24
CJNE aR_i，#data，rel	间接RAM与8位立即数比较，不等则转移	3	24
DJNZ Rn，rel	寄存器减1，非0转移	3	24
DJNZ direct，rel	直接地址单元减1，非0转移	3	24
NOP	空操作	1	12

表 C-5 位操作类指令（共17条）

助记符	功能说明	字节数	振荡周期
CLR C	清进位	1	12
CLR bit	清直接地址位	2	12
SETB C	置进位位	1	12
SETB bit	置直接地址位	2	12
CPL C	进位位求反	1	12
CPL bit	直接地址位求反	2	12
ANL C，bit	进位位和直接地址位相“与”	2	24
ANL C，/bit	进位位和直接地址位的反码相“与”	2	24

（续）

助记符	功能说明	字节数	振荡周期
ORL　C，bit	进位位和直接地址位相“或”	2	24
ORL　C，/bit	进位位和直接地址位的反码相“或”	2	24
MOV　C，bit	直接地址位送入进位位	2	12
MOV　bit，C	进位位送入直接地址位	2	24
JC　rel	进位位为1则转移（CY=0不转移，CY=1转移）	2	24
JNC　rel	进位位为0则转移（和上一条指令相反）	2	24
JB　bit，rel	直接地址位为1则转移	3	24
JNB　bit，rel	直接地址位为0则转移	3	24
JBC　bit，rel	直接地址位为1则转移，该位清0	3	24

参考文献

[1] 胡汉才. 单片机原理及其接口技术 [M]. 4 版. 北京：清华大学出版社，2018.

[2] 李朝青，卢晋，王志勇，等. 单片机原理及接口技术 [M]. 5 版. 北京：北京航空航天大学出版社，2017.

[3] 李广弟，朱月秀，王秀山. 单片机基础 [M]. 2 版. 北京：北京航空航天大学出版社，2001.

[4] 张石. ARM Cortex-A9 嵌入式技术教程 [M]. 北京：机械工业出版社，2018.

[5] 汤嘉立，杨后川. 51 单片机 C 语言轻松入门 [M]. 北京：电子工业出版社，2016.

[6] 王瑾. PC 机与 AT89C51 单片机的串行通信 [J]. 才智，2012 (11)：83-84.

[7] 谢瑞和. 串行技术大全 [M]. 北京：清华大学出版社，2003.

[8] 张连春. 单片机系统硬件抗干扰常用方法实践 [J]. 丹东纺专学报，2004，11 (3)：8-10.

[9] 王幸之，王雷，翟成，等. 单片机应用系统抗干扰技术 [M]. 北京：北京航空航天大学出版社，2000.

[10] 陈松. 基于单片机的蓝牙应用系统的设计 [J]. 辽东学院学报 (自然科学版)，2008，15 (4)：210-213.

[11] 陈如琪. 微型机与单片机串行通信的实现 [J]. 北京印刷学院学报，2006，14 (1)：31-34.

[12] 赵霄. 基于单片机的蓝牙接口设计及数据传输的实现 [D]. 北京：北京交通大学，2008.

[13] 郭成林. AT89 系列单片机与 PC 机之间的串行通信接口设计 [J]. 山西电子技术，2008 (1)：32-33，76.